城市设计（上）

INTRODUCTION TO URBAN DESIGN

理论与方法

丁旭　魏薇　著

ZHEJIANG UNIVERSITY PRESS
浙江大学出版社

内容提要

本书是对城市设计概念、理论与方法的最新解读与介绍。全书分为三个部分。第一部分为绪论，论述了城市设计的概念、目标、范畴，城市设计学科的缘起与特点；第二部分城市设计理论，以历史发展为轴线，联系社会背景与面临的城市问题，详细介绍了古代、近代、现代、当代城市设计理论的发展脉络，对比了不同时期、不同流派城市设计理论的特点，并对未来发展做了展望；第三部分是城市设计方法，包含城市空间设计方法、城市设计分析方法、城市设计编制方法三方面内容。城市空间设计方法以空间实体为核心，从点、线、面及网络等角度入手，剖析了空间本质。这部分强调基本原理、研究方法、设计方法的 三 位 一体。

本书撰写的指导方针是"图文并茂、自成一体、资料丰富、面向实用"，力求"理论性、实用性、资料性"的统一。本书可作为高等院校建筑学、城市规划、风景园林、人文地理、艺术设计等专业的教材或参考书，也可供相关专业研究者、设计者及管理人员参考。

图书在版编目(CIP) 数据

城市设计. 上，理论与方法 / 丁旭主编. —杭州：
浙江大学出版社，2010. 1
ISBN 978-7-308-07363-9

Ⅰ.①城… Ⅱ.①丁… Ⅲ.①城市规划 – 建筑设计

Ⅳ.①TU984

中国版本图书馆 CIP 数据核字 (2010) 第 017803 号

城市设计（上）
理论与方法
丁 旭 主编

责任编辑　杜希武
封面设计　刘依群
出版发行　浙江大学出版社
　　　　　（杭州市天目山路 148 号　邮政编码 310007）
　　　　　（网址 : http://www.zjupress.com）
排　　版　杭州好友排版工作室
印　　刷　临安曙光印务有限公司
开　　本　787mm × 1092mm　1/16
印　　张　15.75
字　　数　335 千
版 印 次　2010 年 2 月第 1 版　2010 年 2 月第 1 次印刷
书　　号　ISBN 978-7-308-07363-9
定　　价　35.00 元

前　言
preface

　　《城市设计》课程是浙江大学的通识课程(全校公选),也是城市规划专业的核心课程。应浙江大学出版社之邀,我们浙江大学区域与城市规划系若干青年教师利用课余时间,历时三年形成了目前初步成果。本教材由上、下两册构成,上册为城市设计理论与方法,下次为城市设计实践与管理(待出版)。

　　城市设计理论与方法,由总论、城市设计理论发展、城市设计方法三部分内容构成。总论主要是界定了城市设计概念、范畴,城市设计学科缘起与特点等。"概念"的界定是本书立论的基础,"范畴"则从多个侧面描述了城市设计概念的具体内涵。城市设计学科"既古老又年轻",随着时代的发展,城市内部矛盾的变化,城市设计学科内涵获得了不断地更新与发展。城市设计理论纷繁复杂,本书试图以城市发展历史为轴线,结合各时代社会经济背景与矛盾问题的分析,以叙事方式讲述城市设计的发展"故事",给读者以清晰脉络,同时思考城市设计理论的未来发展。城市设计方法以文化为背景,对城市空间进行了系统的梳理,并对东西方城市空间进行了多方位的比较,使读者对城市空间有深层次的认识,在此基础上具体提出了空间设计的原则和方法。

　　城市设计实践与管理,将联系经典案例与作者们的第一手科研与设计实践,对不同层次与类型的城市设计做系统的介绍,总结它们各自特点与要求,突出设计方法,以求起到举一反三之功效。城市设计管理,包含城市设计实施、管理与评价三方面内容。如何实现城市设计由设计语言向管理语言的转译;如何实现规则管理与弹性管理的有机结合;如何开展城市设计评价,评价的标准与方法又是什么? 这些问题,都将在《城市设计》下册中提出作者的观点。

　　《城市设计》上册(即本书)由丁旭、魏薇合著完成。其中第一章,总论;第二章,城市设计理论发展,由丁旭撰写。第三章,城市空间设计方法;第四章,城市设计分析方法与编制,由魏薇撰写。

　　本书在写作过程中,得到了浙江大学区域与城市规划系李王鸣教授(博导)、东南大学建筑学院段进教授(博导)、德国基尔大学 Rainer Wehrhahn 教授(博导)、斯图加特大学 H. Bott 教授(博导)等的热情帮助与鼓励,在此表示感谢!还要非常感谢浙江大学出版社杜希武编辑对本书出版提供的专业支持。限于作者的水平和认识的局限性,书中存在谬误实属难免,敬请读者批评,不吝赐教,以便再版完善。

作　者
2009 年 11 月于浙大紫金港

目　录
contents

第3章　城市空间设计方法 \123

第1章 总 论

1.1 什么是城市设计

城市设计,顾名思义就是"设计城市"——指人们为达到某种特定的目标所进行的对城市外部空间和形体环境的组织与设计。通过设计使得城市空间整体发展有序,城市特色更为鲜明,人居环境品质得到提升,以更好地满足人类社会使用需求。城市设计的对象是"城市",这里的"城市"是一个广义的概念,不仅包括市镇,也将村落等人类聚居点包括在内,有时甚至包括大地景观,尺度具有延展性。"设计"则兼有双重属性:一是指通过一定的技术手段把面

临的环境问题物化的过程,体现了工程特性;二是指成果的控制与实施,偏向政策内涵。作为工程特性的城市设计,由于设计对象尺度的延展性,一般包含了传统"规划与设计"的双重内涵。"规划"意指预测与谋划,城市设计对象越宏观,尺度越大,规划的比重也就越大。《礼记·中庸》有:"凡事预则立,不预则废",指出了规划的重要性。"设计"则偏重于功能合理化组织与设施的具体安排,城市设计对象越微观,尺度越小,"设计"比重也就越大。

国标《城市规划基本术语标准》有关城市设计的定义是"对城市体型和空间环境所作的整体构思和安排,贯穿于城市规划的全过程"①。英国《不列颠百科全书》(1977

---

① 中华人民共和国国家标准《城市规划基本术语标准》GB/T50280-98.

1

年版）城市设计条目指出："设计是在形体方面所作的构思，用以达到人类某些目标——社会的、经济的、审美的或技术的。人们可以设计庭院、书籍版面、烟火晚会、排水渠道、等等。城市设计涉及城市环境可能采取的形体。城市设计师有三种不同的工作对象：（1）工程项目设计，是在某一特定地段上的形体创造。这一地段有确定的委托单位，具体的设计任务，预定的竣工日期，以及这一形体的某些重要方面完全可以做到有效的控制。例如公建住房、商业服务中心和公园等。（2）系统设计，是考虑一系列在功能上有联系的项目形体。这些项目分布范围很广，都是由一个统一的机构负责建造和管理的，但它们并不构成一个完整的环境。例如公路网、照明系统、标准化的路标系统等。（3）城市或区域设计，却有很多委托单位，设计任务要求并不明确，对各方的控制不是很有效而且经常有所变动。例如区域土地使用政策，新城组建，旧市区修复加以新的使用，等等，就是这一类设计。"①以上是有关城市设计概念的初步认识。

在专业研究层面，不同学科的人由于关注的角度不同，对城市设计的认识也就不同。大体上可分为三大类：授形论者、非授形论者与综合论者。授形论者主要从物质形体的显性角度来认识、理解城市，如《城市建设艺术》作者卡米诺·西特（Camillo Sitte）、吉伯德（Gibberd）、伊利尔·沙里宁（Eliel Saarine）、柯布西埃（Le Corbusier）等；非授形论者则更注重对形态背后的社会、政治、经济与文化等隐性因子作用机制的解析与认识，强调城市物质空间与人、社会文化等关系的互动，如：《城市意象》作者凯文·林奇（K.Lynch）、原美国纽约总设计师乔·巴纳特（Jonathan Barnet）、《美国大城市的生与死》作者雅各布（Jane Jacob）、《城市并非一棵树》作者亚历山大（Christopher Alexander）等；综合论者则既强调城市设计的设计属性，又强调城市设计的社会文化内涵，以及城市设计的控制管理属性。

1.1.1　授形论者观点

英国吉伯德在《市镇设计》一书中指出"在广义上可以认为，城市设计是包括城市中单个物体设计的，如一座建筑物和一个灯柱，在这个意义上，建筑师、工厂设计者也是城市设计师。……然而，我们必须强调，城市设计的最基本特征是将不同的物体联合，使之成为一个新的设计；设计者不仅考虑物体本身的设计，而且要考虑一个物体与其他物体的关系②"。城市设计最为显著的特征是关于"关系"的设计，"关系"总是大于要素之和。

E.N.培根（Edmund.N.Bacon）是美国宾夕法尼亚大学资深教授、费城总建筑师，他在《城市设计》一书中认为："城市设计主要考虑建筑周围或建筑之间的空间，包括相应的要素，如风景或地形所形成的三维空间的规划布局和设计。"在该书中他提出了"基本设计结构"与"同时运动系统"等概念，特别强调城市建设过程的艺术创作性，分析了建筑物与空间的关系，建筑物与地面的关系和建筑物之间的关系，并提出理解（Appreciation）、表现（Presentation）和实现（Realization）三个城市设计的基本环节③。

① 邹德慈.城市设计概论 [M].中国建筑工业出版社,2003.

② [英]F.吉伯德等著,程里尧译.市镇设计[M].建筑工业出版社,1983.

③ [美]埃德蒙.N.培根著,黄富厢,朱琪译.城市设计[M].建筑工业出版社,2003.

英国考文垂大学菲尔·哈伯德(Phil Hubbard)认为"广义而言,城市设计涉及城市的规划和设计,其范围是巨大的,或是整个城市的尺度,不仅仅包括建筑物本身的设计,还包括建筑物间的空间处理及其相互联系。因此,城市设计是一项独特的综合性学科活动,它要求建筑师、规划师和景观设计师的共同参与,并标识出城市有别于其他方面的品质之标志"[①]。

日本《城市规划教科书》(第三版)指出城市设计的目的是:"将建筑物、建筑与街道、街道与公园等城市构成要素作为相互关联的整体来看待、处理,以创造美观、舒适的城市空间。"[②]

还有些人认为:城市设计是处理建筑物之间的空间,所设计的是:从窗口向外能看见的一切东西(Tibbalds)。牛津大学的Paul Murrain教授认为:城市设计是有关公共领域(Public realm)的物质形体设计[③]。

1.1.2 非授形论者观点

美国著名学者凯文·林奇(K. Lynch),在《城市形态》(A Theory of Good City Form)一书中从城市社会文化的角度认为"城市设计的关键在于如何从空间安排上保证城市各种活动的交织……从城市空间结构上实现人类形形色色的价值观之共存"。并从综合论角度提出"把城市设计看作是一个过程、原型、准则、动机、控制的综合,并试图用广泛的、可改变的步骤达到具体的、详细的目标"[④]这从更为内在的角度阐明了城市空间作为承载城市活动的容器的功能,指出了城市空间作为社会活动产

图 1-1-1 对城市设计的几种认识
(资料来源:金广君.图解城市设计 \[M\].黑友江科学技术出版社,1999)

物的本质,并从历史、社会动机、人的意图等综合角度解析了城市设计运作规律与作用机制。

乔·巴纳特(Jonathan Barnet)在其《作为公共政策的城市设计》一书中指出"一个良好的城市设计绝非是设计者笔下浪漫花哨的图表与模型,而是一连串城市行政过程。这不仅有赖健全的城市设计体系与组织,同时城市设计者也应兼有行政的才能与卓越的领导能力将城市设计观念付诸实施"。他有句名言"设计城市,而不是设计建筑"(Design cities without design building)[⑤]。传统建筑师式的形体思维观,往往习惯于美好蓝图的构想,然而城市是大尺度的,城市环境的形成是长时间多方参与的结果,一个好的城市设计不仅应提出建设的蓝

---

① Pill Hubbard.Urban Design and Local Economic Development:a Case Study in Birmingham[J].cities,1995,12(4):243–251.

② 谭纵波.城市规划[M].清华大学出版社,2005.

③ 邹德慈.城市设计概论[M].中国建筑工业出版社,2003.

④ [美]凯文·林奇著,方益萍等译.城市意象[M].华夏出版社,2001.

⑤ J.Barnett.Urban Design as Public Policy[M].Architetual Record Book,1974.

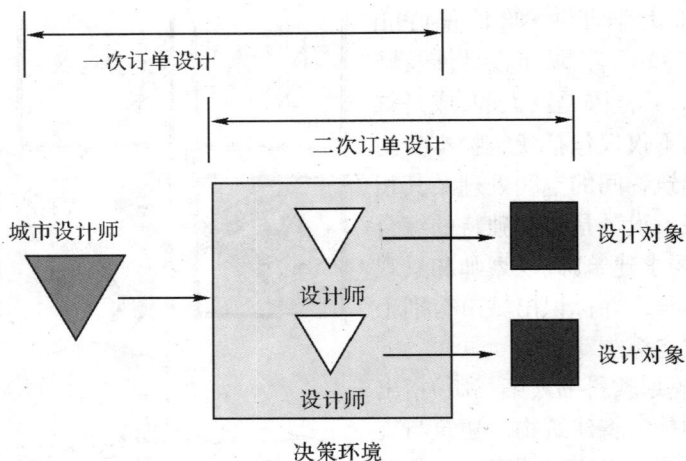

图 1-1-2　二次订单设计方法示意图

图，更关键的是如何实现这个蓝图的控制与策略。

　　1946 年，简·雅各布（Jane Jacob）出版的著作《美国大城市的生与死》（The Death and Life of Great American Cities）在美国社会引起轰动，并给当时的城市规划界带来巨大的冲击。她严厉抨击了"现代主义者"的城市设计基本观念，并宣扬了当代城市设计理念，认为城市永远不会成为艺术品，因为艺术是"生活的抽象"，而城市是"生动、复杂而积极的生活自身"，提出"要用生活代替艺术"。她还在书中写道"城市规划这一伪科学及其伙伴——城市设计的艺术，自今还未突破那些似是而非、以愿望代替现实，却又为人们所习以为常的迷信，过分的简单化和象征手法，使城市设计自今还没有走向真实的世界"。她认为"多样性是城市的天性"（Diversity is nature to big cities），而所谓的功能纯粹区，如中心商业区、市郊住宅区、文化密集区，实际上都是机能不良的地区。提出现代城市设计应有的解决办法是：对传统空间进行综合利用和小尺度有弹性的改造；保留老房子从而为传统的中小企业提供场所；保持较高居住密度，以保持复杂性；增加沿街店铺以增加街道活力；减小街区尺度，从而增加居民的接触；等等[1]。她开启了从社会学角度研究城市设计空间的先河，注重对城市活力与生活氛围的研究。

　　美国学者拉波波特（A.Rapoport）则从文化学和信息论的角度，认为城市设计是作为空间、时间、含义和交往的组织。城市形态塑造应该依据心理的、行为的、社会文化的及其他类似的准则，应强调有形的、经验的城市设计，而不是二维的理性规划[2]。

　　Varkki George 通过对已有的城市设计概念和理论的梳理，在《当代城市设计诠释》一文中提出城市设计是"二次订单设计"。指出二次订单设计方法（图 1-1-2）是城市设计特有的方法，这是城市设计有别

---

① [加]简·雅各布斯著，金衡山译.美国大城市的死与生[M].译林出　版社.2006
② 王建国.城市设计[M].东南大学出版社,1999.

于其他产品型设计学科(如建筑设计)的主要标志之一①。

1976年美国规划学会城市设计部出版的《城市设计评论》(Urban Design Review)杂志创刊号提出的城市设计定义是:"城市设计活动的目的在于发展一种指导空间形态的政策框架,它是在城市机理的层面上处理其主要元素之间关系的设计。城市设计既与空间有关又与时间有关,因为它的构成元素不但在空间中分布,而且在不同时间由不同的人建造完成。从这个意义上城市设计是对城市形态发展的管理。这种管理是困难的,因为它有多个甲方,发展计划不是那么明确,控制只能是不彻底的,而且没有明确的完成状态。城市设计的对象既包括城市人工环境,也含城市发展中涉及的自然环境。"②这个定义对城市设计的政策控制属性,以及它的"二次订单设计"特点作了很好的注释。

1.1.3 综合论者观点

更多的学者是从综合的角度来论述这一概念。如《城市设计的纬度》一书作者认为:"城市设计是一个为人创造较佳场所的过程,而不仅仅是'生产'它们",并认为这一定义可以分解为四个主题:"首先,城市设计是服务于人并围绕着人的;其次,它强调'场所'的意义与价值;第三,城市设计是对'现实'世界的操作,其领域必然受到经济(市场)和政治(调控)的界定和影响;第四,城市设计的过程。"作者进一步指出城市设计的"设计"不仅仅是作为一种审美观点的阐释,而更多地关注于有效地解决实际问题,以及对发展进程地预测与控制③。这是一种相对综合的定义方法。

英国皇家城市规划学会(RTPI)的一个研究小组,经过10年的实践与研究,提出了关于什么是城市设计的见解:

①城市设计是一种有关人们工作、生活、游憩以及随之受到大家关心和维护的那些场所的三维空间设计;

②城市设计是当详细的建筑和工程设计进行之前,实现二维的总体规划和规划大纲的有利桥梁;

③城市设计在城市建成区内的设计,其内容包括不同用途的建筑群,与之相适应的活动系统和服务设施,处于它们之间的空间和城市景观,并与城市社会、政治、行政、经济和物质结构不断的变化过程相联系;

④城市设计是一种创造性的活动,它可以在社会、经济、技术或者政治条件变化时,策划、改变和控制城市环境的形式和特征。④

《城市设计在澳大利亚》(Urban Design in Australia)一书认为:城市设计的核心总是集中在"公共领域质量"。城市设计是城市物质环境设计,应达到的目标是:便于公众参与和达到生态健康,有社会影响,有利于经济增长,技术创新和富有"场所意义"(meanings of place)。该书主张城市设计应具有功能性、环保性、社会性,是提高城市和区域质量的工具。并指出:城市设计作为一种广泛的公共政策,要对整个城市进行设计。⑤

① 金广君.美国城市设计导则介述[J].国外城市规划.2001(2).
② 时匡,[美]加里.赫克等.全球化时代的城市设计[M].中国建筑工业出版社,2006.
③ Matthew Carmona 等著,冯江等译.城市设计的纬度[M].江苏科学技术出版社,2005.
④ 邹德慈.城市设计概论[M].中国建筑工业出版社,2003.
⑤ 邹德慈.城市设计概论[M].中国建筑工业出版社,2003.

以上观点基本上概括了西方国家自1960年代以来城市设计方面的主要经验。

1.1.4 我国学者观点

齐康认为"城市设计是一种思维方式，是一种意义通过图形付诸实施的手段"[①]。原建设部总规划师陈为邦认为："城市设计是对城市体形环境所进行的规划设计，它是在城市规划过程中，对城市总体、局部、细部进行性质、功能、布局安排的同时，对城市空间体形环境在景观美学艺术上的规划设计。"[②]

王建国认为："城市设计是与其他城镇环境建设学科密切相关的，关于城市建设活动的一个综合性学科方向与专业。它以阐明城镇建筑环境中日趋复杂的空间组织和优化为目的，运用跨学科的途径，对包括人和社会因素在内的城市形体空间对象所进行的设计研究工作。……城市设计的本质内涵和精髓应是城镇建筑环境的设计，着重于在空间形体方面所作的构思。"[③]

金广君通过研究美国的城市设计导则认为："城市设计是设计了一个过程而非设计出具体产品。在设计过程中，其主要任务是对设计地段的环境分析、对设计导则和要求的制定、对控制方法和实施机制的建构、对设计意向的展示和说明、对设想的最终形态提出评价标准和引导手段。"[④]

王世福认为："城市设计的目标是建构理想和优秀的城市空间环境、维护和创造

城市空间特色和品质，以专业性的工作方法对整体空间的社会及心理属性进行认识、发觉，进而规划与设计，塑造城市空间品质的基本特征，包括地方感、人情味、多元化等。"并指出城市设计的专业内涵有三点：一，城市设计是强调三维城市空间形态及环境的城市规划；二，城市设计是从整体出发的设计，对建筑实施控制性的引导，但不等于对建筑进行设计；三，城市设计是公共行政的策略和手段[⑤]。

刘宛认为城市设计是一种主要通过控制城市公共空间的形成，干预城市社会空间和物质空间的发展进程的社会实践过程[⑥]。

我国学者对城市设计概念的认识是随着社会实践的不断丰富，各个时期城市建设的主要矛盾的转移而不断深化的。在1980年代前期，城市的主要矛盾是量的建设问题，所以这一时期更多从物质空间或者整体方法论的层面来认识城市设计。到了2000以后，市场机制在城市建设领域中起着基础作用，城市的主要矛盾已由量的扩展逐步转化为城市内涵的提升。相应的城市设计内涵出现了进一步扩大的趋势，融合进了诸多人文学科的知识，同时城市设计的控制与政策属性得到了普遍重视。

1.1.5 小 结

以上有关城市设计概念 7 的论述分别从不同角度揭示了城市设计不同层面的内涵。授型论的观点偏重于城市设计的物质

---

① 王建国.城市设计[M].东南大学出版社,1999.
② 王建国.城市设计[M].东南大学出版社,1999.
③ 王建国.城市设计[M].东南大学出版社,1999.
④ 金广君.美国城市设计导则介述[J].国外城市规划.2001(2).
⑤ 王世福.面向实施的城市设计[M].建筑工业出版社.2005.
⑥ 刘宛.城市设计概念发展评述,城市规划[J],2000(12):16-22.

图 1-1-3　奥地利多瑙河露天吧

属性,界定了城市设计的专业实践领域,也即城市体型与物质空间环境,但在方法论上更多的脱胎于传统形体环境决定论的思维,深受西特(Sitte)的《美学原则下的城市规划》(City Planning According to Artistic Principels,1889)和勒·柯布西埃(Le Corbusier)作品的影响。强调了城市设计的结果特征,注重城市空间的视觉质量和审美经验,某种程度上仅把城市当作建筑环境的扩大化。这种方法论在城市规模较小、城市功能不太复杂的情况下是适用的。非授型论者则关注对空间的认知与理解,更多的从城市政策、环境心理学、文化学、社会学等内在结构角度阐述了城市空间的形成机制与作用机理,强调城市空间作为居民日常活动的"容器"和社会交往的场所。当城市规模日益扩大,城市变成一个复杂的巨系统时,城市形态与环境也就更多的受非形态因素的控制与影响。综合论的观点则反映了城市设计的跨学科内涵的多面性与复杂性,但有时又不免陷入百科全书式的论述。现代城市设计思想在我国的兴起也有二三十年了,我国学者有关城市设计的研究一方面追踪了国际先进理论的前沿进展,另一方面对城市设计思想的本土化做了大量的卓有成效的探索。相关的城市设计概念表述总体上以强调城市环境的物质性为主,但也突出了城市环境的内涵属性,尤其近年来更充分地认识到城市设计作为建设引导与过程控制的公共政策属性。

图 1-1-4　德国基尔海滨咖啡巴

一种理想的城市设计概念应该是怎么样的呢？我们以为城市设计首先是一个发展的概念。不同发展时期，由于城市环境面临的主要矛盾问题不同，导致了城市设计任务的差异性与概念内涵的发展；其次城市设计应该有明确的专业内核。它是城市设计区别于其他专业的根本所在。明确的专业内核界定了城市设计专业实践的主导领域。再者，城市设计外延是模糊的。城市设计不仅是一个发展的概念，还具有面向对象的特性，在不同的国情与区域下，城市设计面临的矛盾与任务具有特殊性，由此决定了城市设计外延也即城市设计所需依借学科知识的不确定性。

基于上述观点，我们以为城市设计概念的内涵是：对城市不同层次形体环境的整体设计与控制，以便提高城市的环境质量与生活质量。城市设计专业的核心是关注城市公共价值（public realm）领域的物质形体环境设计；它是跨行业的多学科整合；城市设计既是一种设计行为又是一种控制过程并具有发展与面向对象的特性。具体来说包含如下几方面内容：

1. 城市设计关注的是公共价值领域的物质形体环境设计问题，物质环境建设除要考虑视觉美学与功能问题外还要考虑经济、政策、人文、心理、生理、社会、行为、生态等要求

首先，城市设计与建筑设计的最大区别就是价值取向的不同，建筑设计虽然要考虑城市规划的控制要求，但更多的是以建筑业主个体（或部门）价值为取向；而城市设计是以提高公共价值领域空间环境质量为己任的（图 1-1-3—图 1-1-5）。为了避免各种物业开发活动有可能对城市形态与景观产生负面影响，城市设计往往依托或转译为政府行政与法律的力量对开发行为提出干预与控制要求。其次，由于城市设计具有多纬度特性，创造一个好的环境需要考虑城市经济、政策、人文、心理、生理、社会、行为、生态等内容要求；再则，城市设计的核心目标是建构一种基于理性原则的城市空间秩序，物质形态环境是其研究的精髓与最终归宿。

2. 城市设计是一种跨学科的整合，是环境建设行业的"总协调者与指挥家"

城市设计是对不同"关系"的设计，也

8

图 1-1-5　杭州西湖六公园改造

有人称之为"二次订单设计"。城市综合环境质量的产生，并不是单一专业作用的结果。一个好的城市环境往往具有内在的多元性与统一性，总体上是和谐的。为了形成这样的环境，有必要在各个行业之间有一种共同遵守的"契约"，需要有一个"总协调者与指挥家"，那就是城市设计。Bentley（1988）认为城市设计的产生，最重要的原因是不同环境专业的制度与观念上的差异导致了有着"泾渭分明"的、"鸿沟天堑"的、"支离破碎的专业"。当不同环境专业的裂痕日益增大并成为一种制度时候，牺牲品就是"公共领域自身——决定我们每天对城市空间的体验的、建筑之间的空隙、街道和空间"（McGlynn，1993）。作为连接的城市设计，不仅仅表现在连接不同专业，还表现在联系城市环境不同方面[①]。比如物体与物体之间，物体与非物体之间等。城市设计的跨学科整合，首先是建筑、规划与景观的三位一体（吴良镛语），并推及更大的范围，包括经济、行政、环境心理、社会文化等的

大融合，从本质上看，这一主张融合而非分化的职业特性，应带来合作与包容的工作实践，并有助于城市设计问题的解决。

3. 城市设计既是一种设计又是管理过程

城市设计是针对城市环境中存在的问题，提出的一种专业应对，这种应对既有工程性，又有开发控制性。工程性的成果提供了一种理想环境的目标与蓝图，控制性内容则综合考虑了现实世界的经济和政治背景，为实现城市设计目标提供了一条兼具策略性与规定性的技术路径选择。单具产品性的城市设计是"乌托邦"式空想主义与"自上而下"的精英高明论，游离于城市设计实施的现实环境与城市环境的服务主体——城市居民，而只注重城市设计的过程性又不免陷于价值观与目标的缺失，都是偏而不全的。

4. 城市设计是发展的、面向对象的与为人的设计

城市设计概念是发展的，从历史来看经历了三个发展阶段：传统的建筑设计扩

---

① Matthew Carmona 等编著，冯江等译.城市设计的纬度[M].江苏科学技术出版社，2005.

表 1-2-1　城市设计与城市规划的关系

	主　要　观　点
媒介说	城市设计工作是承上启下的;城市设计是城市规划与建筑设计之间的"桥梁";建立总体规划—城市设计—建筑设计或总体规划—城市设计—区划—建筑设计的设计体系(扈万泰,2002)。
应对说	城市设计与城市规划相互平行、互为补充(马良伟,1998);城市设计贯穿于城市规划的各个阶段,不同层次的城市设计同相应层次的城市规划相对应(孙骅声,1989)。
独立论	城市设计是处于城市规划与建筑学(含园林建筑学)之间的一门独立学科(金广君,1998)。
一体论	城市设计、城市规划是一体的;城市设计与城市规划在实际的操作层面上紧密结合、密不可分(田保江,1996)。

资料来源:李亮,栗德祥.当前城市设计实践与研究中的若干问题[J].建筑学报,2007,(3):14-17.

大化,近代的城市美化,现代的内涵论、多元论的观点。城市设计具有面向对象的特征,由于各个城市社会、经济环境背景的特殊性,必然导致解决内容与方法的特殊性。在我国由于地区差异的存在,城市设计研究的重点与提供的成果形式应契合地方的不同需求。城市设计的最终目标是为人创造更好的场所环境,以人的需求为出发点,并把接受公众的评价、检验作为它的归宿。

5. 建筑群体及其周围的边角空间的处理是城市设计的核心问题

虽然城市环境具有整体关联性,并且城市设计外延也非常宽广,但是建筑群体及其周边环境是城市居民使用频率最高的地方,直接关乎居民生活质量的提高,成为评判城市环境质量最核心的一个环节(图1-1-3,1-1-4)。

1.2　城市设计与相关学科的关系

1.2.1　城市设计与城市规划的关系

"城市设计相对于传统城市规划,偏重三维的、立体的、景观上和城市结构形式上的设计,针对城市环境中丰富的人类生活系统"(B.Goodey,1987)。经几十年实践,城市设计所包含的范畴已经有了很大的拓展,乃至需要同城市规划加以区分了。国内学者对于城市设计与城市规划之间关系存在多种观点,归纳起来可以分别称之为"媒介说"、"应对说"、"独立论"与"一体论"等(表1-2-1)。

概括而言,城市设计与城市规划的关系主要有以下几点:

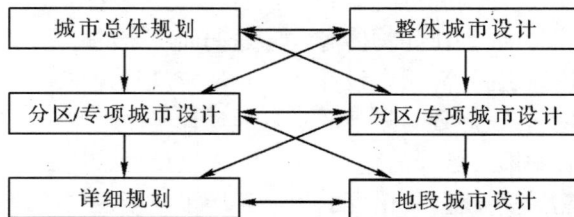

图 1-2-1　城市规划与城市设计的同关系
(资料来源:丁旭,城市设计的三要素与城市设计效用的发挥[J].浙江大学学报(工学版),2009(10):1897-1901.)

表 1-2-2　城市规划与城市设计的比较

序号	城市规划	城市设计
1	多从理性出发,从城市物的角度出发	多从感性出发,以城市中人为主体,依据人类的心理学进行城市设计
2	强调对城市效率、土地均衡方面的满足	强调对城市生活、人的生理、心理与行为的满足
3	追求便利性和富有功能的空间	追求舒适性和富有人情味的空间
4	注重社会、经济和环境的综合平衡	注重社会效益与环境效益
5	着重二维平面布置单功能空间	注重三维的多功能空间

1. 城市设计始终是城市规划的组成部分,它起到连接城市规划与建筑学的作用,是城市规划与建筑学之间的"减震器"

按美国规划家 Burehell 和 Hughes 的观点,城市规划由经济规划、社会规划、政策确定、物质规划四方面内容组成,城市设计关注的是其中的物质层面规划。故也有观点认为,现代城市设计的兴起,一定程度上是为了弥补现代城市规划因外延的扩大,导致对城市物质环境质量的忽视这一缺陷而产生的。城市规划一般可分为总体规划、详细规划两大阶段,其中大中城市可以增加分区规划这一层次;相应的城市设计也可分为总体城市设计、分区城市设计和地段城市设计,它们之间保持着一种"协同关系"(图 1-2-1)。城市规划由于内容的宏观性与一般性不能对城市空间形态与具体建筑设计起到很好的直接控制作用。当前许多城市环境质量不高、特色不明,在很大程度上即源于城市设计环节的缺失。城市设计作为城市规划有关物质环境内容的深化,一方面承担着传达总体空间形态的意图,另一方具体引导建筑设计,起到了承上启下的"减震器"作用。

2. 城市规划具有宏观战略性、计划控制性与法定性,城市设计偏重于微观战术性和方案指导性

城市规划"是对一定时期内城市的经济和社会发展、土地利用、空间布局以及各项建设的综合布局、具体安排和实施管理"[1]。城市规划尤其总体规划是从总体、全局的层面对城市建设的战略作出安排,并成为城市管理的法律依据;城市设计则更多从微观技术层面,对城市环境及其与人的关系作出安排,偏重于感性与审美倾向,是一种技术方案。城市设计本身并不包含为实现城市设计意图而采取的实施手段,只有方案得到公众认可,并借助城市规划的框架与实施体系才能得以落实。城市设计与城市规划的差别还表现在出发点、方法、目标与评价标准等上(表 1-2-2)。

3. 城市设计与城市详细规划的区别

城市设计与城市总体规划的区别是较为明显的,城市详细规划与城市设计都关注城市物质环境的设计与具体安排,相互间内容有重叠也有区分。详细规划除了内含管理控制功能外,在以下方面也表现出差异性。

---

① 中华人民共和国建设部.城市规划基本术语标准 GB/T50280—98.北京:中国建筑工业出版社,1998.

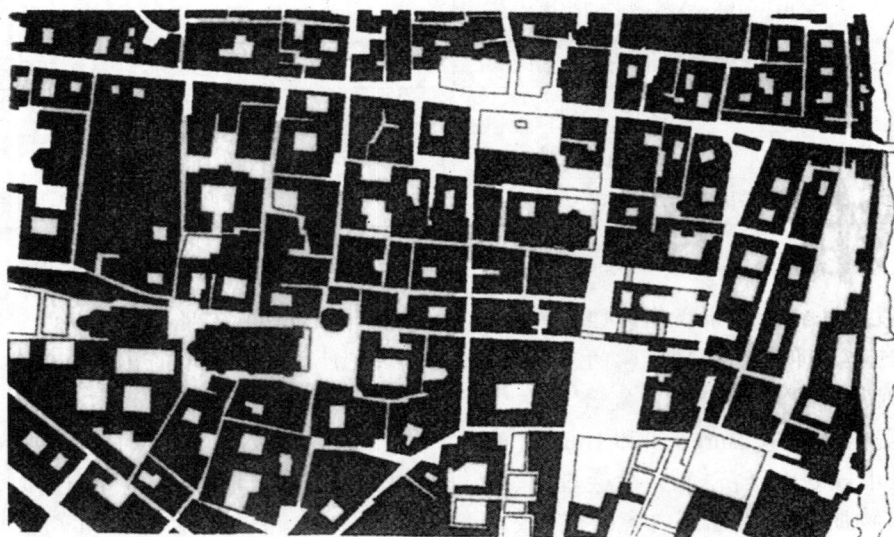

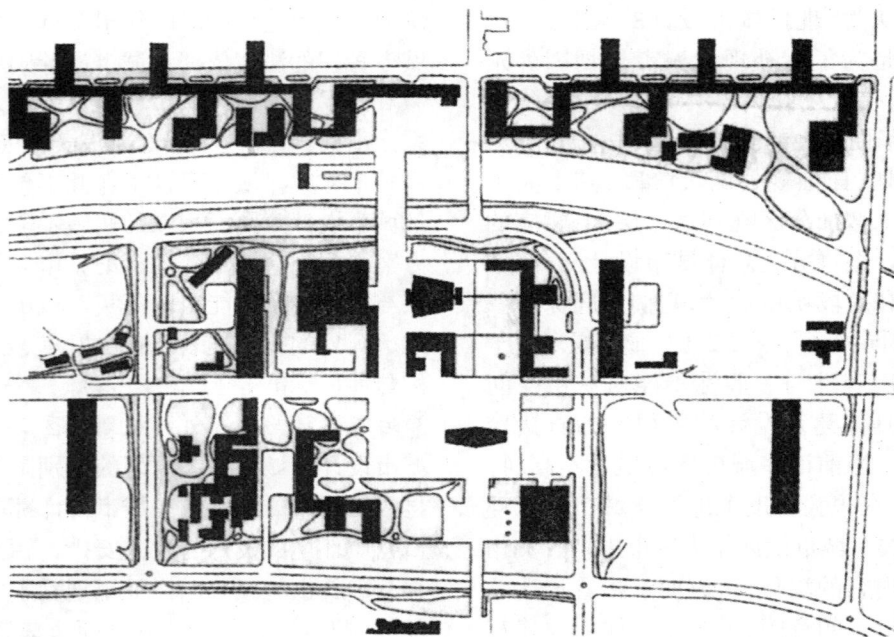

图 1-2-2　传统与现代城市的图底关系图
(资料来源：Matthew Carmona 等编著,冯江等译.城市设计的纬度[M].江苏科学技术出版社,2005)

（1）评价标准不同，前者以经济技术指标为主，后者偏重人对城市生活环境体验的评价，如艺术性、可识别性、舒适性等感性因子。

（2）重点上不同，城市设计注重三维，详细规划注重二维。

（3）内容构成有区别，城市设计关注体性物质环境，详细规划偏重工程技术与管理。

（4）提交成果与深度有别。城市设计1:500～1:200图文并茂，以导则形式；详细规划1:1000～1:500偏重法则与二维平面图。

1.2.2　城市设计与建筑学的关系

1. 互为表里，整体与个体的关系

城市设计与建筑设计同属空间设计，在设计手法上和理念上有相似之处，建筑的外立面构成城市外部空间的内壁，它们是互为表里的关系，在垂直投影上形成"图底关系"（图1-2-2）。建筑设计侧重于单体建筑的实体设计，也即"图"的设计，城市设计侧重于对建筑物之间、建筑物与空间之间以及空间本身的设计，也即"底"的设计，形成一种整体与个体的关系。当建筑物足够密集的时候，建筑物与空间之间的"图"、"底"关系可以互换（可逆），城市设计变成了对"没有屋顶的建筑（外部空间）"①的设计。

2. 价值取向不同

除了工作对象不同，城市设计与建筑设计的价值取向也不同。建筑师在设计的时候，当然也会考虑城市规划的要求，努力与周围环境取得协调等，但建筑师的思想理念最终必须获得客户——建筑业主的认同才能成为现实，建筑师更多体现的是各个委托业主的价值取向，代表的是个体的利益，具有片面追求经济利益的倾向，有可能对公共环境带来负效应。城市设计却与此相反，它代表的是公共利益，追求的是环境、社会利益的最大效益化，以"公平、公正"为价值伦理。

3. 松弛的限定与限定的松弛

由于建筑设计会带来外部环境负效应，城市设计对单体建筑是有限定的，但"城市设计只设计城市，不设计建筑"，这种限定是有弹性的，并不代替建筑师发挥职业专业才华。城市设计坚持的是"有所为，有所不为"。"为"就是基于公共利益的对各建成行业、各个单体的控制，城市设计成为建筑设计的形态框架或称"鸟笼"，这同时也要求城市设计具有法律地位与法的可操作形式；"不为"也即不越俎代庖，这里的关键是如何正确在"为"与"不为"之间把握好"度"的问题。城市设计师犹如交响乐的总指挥，各个单体建筑就像是乐手，好的音乐既离不开优秀乐手，更离不开好的城市设计师的指挥，如此才能演奏出一曲曲优美、和谐的城市乐章。城市设计也应成为个各个专业的环境观和共享的价值观。

1.2.3　城市设计与其他学科的关系

1. 时空共点力系

城市设计是关于城市空间形态塑造及其环境质量提升的学科。城市空间的形成除了在显性层面遵循一定的发展规律，如段进教授提出的"规模门槛律、区位择优律、不平衡发展律、自组织演化律"②以外，在隐性层面受到多重因素的制约与影响。从城市主客体角度而言，城市形态主要受

---

① [日]芦原义信.外部空间设计[M].中国建筑工业出版社,1985.
②段进.城市空间发展论[M].江苏科学技术出版社,1999.

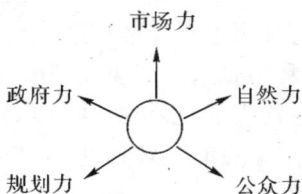

图 1-2-3　主客体角度的空间共点力系

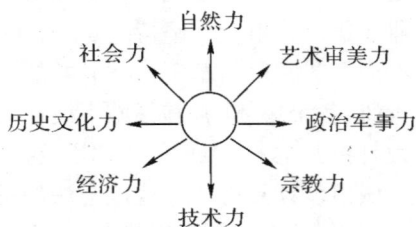

图 1-2-4　要素角度的空间共点力系

自然力、政府力、公众力、市场力和规划力五种力的作用（图 1-2-3）。其中自然力指城市的自然状况（如地形、水系、气候和植被等）和经济、科学技术水平等；政府力指政策、建设法规和历史遗址保护等；公众力指公众参与程度及主要受地域文化和宗教影响的公众价值取向、传统习俗和活动等；市场力指大公司、发展商、财团的价值取向和投资取向；规划力指规划理论、规划编制制度和设计主体的特点等。而从基本要素的角度而言，城市形态主要受自然力、经济力、技术力（含建造技术和规划技术）、历史文化力、社会力（政策法规及公众意识等）、政治军事宗教力、艺术审美力等作用（图

1-2-4）。上述作用力相互间形成了如同物理学上的"空间共点力系"结构①，区别的只是城市形态的形成是个历史过程，还需考虑时间维度的影响，也即"时空共点力系"。随着时代的发展，各力对城市形态产生的主导作用不停地此消彼长的，如古罗马时期的许多城镇营建主要受军事政治的作用，而今城市空间的主导作用力已让位于经济、法制等要素。

2. 多学科融贯的综合性学科

正因为城市空间形态受到多重隐性因素的影响，故而一个好的城市设计只有综合考虑各种因素才能创造出一个好的城市环境。熟悉掌握揭示各相关因子发展规律的相关学科知识，如经济学、社会学、行政管理学、美学、环境生态学等知识，成为个合格城市设计师所应具有的知识素养。这其中与城市设计学科紧密相关的学科除了城市规划、建筑学以外，尚有经济学、环境心理学、社会行为学、行政管理学等。从这种意义上说，城市设计是以城市环境问题为导向以各学科相关技能为支撑手段的，一门多学科融贯、交叉渗透的综合性学科。正如《城市设计的纬度》一书作者所言，城市设计"天生具有合作与跨学科的特征，是一种全面的、集合众多优秀技能和经验的整体方法"，它起着连着不同专业的作用。

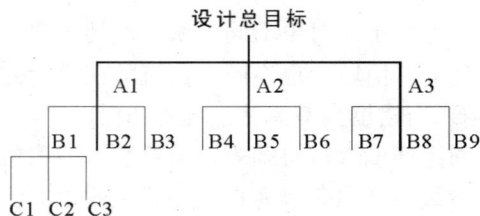

图 1-3-1　目标树

---

② 王建国.现代城市设计理论和方法[M].东南大学出版社,1991.

1.3 城市设计目标、原则与职能

1.3.1 城市设计目标

目标意指想要达到的境地或标准。城市设计目标是一切城市设计行为的指南。城市设计目标可分为：专业目标与具体目标；定性目标与定量目标；长远目标与阶段目标。

1. 专业目标与具体目标

城市设计是对城市不同层次形体环境的整体设计与控制，以便提高城市的环境质量与生活质量。城市设计的定义决定了城市设计专业的追求目标。专业目标具有长远性与理想性，在目前的条件（如法规的、经济的条件）下，不一定能实现的愿景，但它却指出了专业的行动方向，是城市设计活动的总目标。

具体目标是城市设计面向具体对象，依据设计项目的具体任务要求与实际条件而设定的标准。最基本的若干类，每一类还可以进一步细分，如此可以形成有层次的"目标树"（图 1-3-1）。

（1）功能目标

任何城市设计总是为了满足特定功能而采取的一种专业应对。如政府为了开发或改造某一特定地区，往往会对城市设计项目提出土地利用、交通组织、公共空间设置、地区经济发展甚至就业等提出特定要求。

（2）他人目标

传统城市设计多以绝对主义为价值取向，以少数精英意志取代公众意志，如昌迪加尔、巴西利亚、堪培拉和华盛顿等。在现代，城市设计师多以专业服务者的服务身份出现，在设计中除了要考虑开发者的要求，还需考虑政府管理、公众使用的要求，在实践中如何秉持公正原则，正确处理这三种群体的矛盾，尽可能减少他们相互间的破坏性冲突效果，是设计师面对的实践伦理问题。

（3）生态目标

设计应达到社会、经济、环境效益的综合与可持续发展。采取节能、节地、环保技术，考虑社会公平，并促进生态环境质量的提高，如大气、水体、绿化、卫生、生物多样性等。

（4）美学目标

美学目标是城市设计的传统目标与基本目标，是塑造好的城市环境的必要条件之一。传统城市设计美，注重于视觉美、静态美与标准美，如今在传统审美基础上，人们对美的标准增添了新的内涵，更强调对美感受的综合性（如听觉、嗅觉的体验）、动态性、时尚性与审美标准的多元化、平民化。城市物质形象如同人身上的外衣，讲求得体、个性与时尚以表现出一定的城市气质，区别的只是，城市形象强调恒定性与传承性，这源于城市的社会文化的稳定性与历史性。

2. 定性目标与定量目标

不列颠百科全书把城市设计标准定为：环境负荷、活动方便、环境特性、多样性、格局清晰、含义、开发等项，属于定性标准的范畴；定量标准是对城市设计标准的量化描述，包括对自然要素与人工要素。如纽约市城市设计导则就包括容积率、建筑物后退、高度、体量和基地覆盖率等一系列城市设计形体建设标准。

3. 长远目标与阶段目标

城市设计对象规模越大，阶段目标安排越为重要，长远目标一般应宏观、抽象，阶段目标则体现微观与具体。目标的分阶段设置较好地迎合了城市设计弹性控制原则，体现了城市设计实施的连续性与过程

鸟瞰图

性特点。阶段设置的关键是安排好阶段间的内容衔接。

1.3.2 城市设计原则

城市设计定义决定城市设计目标,城市设计原则则为目标的实现提供了规范城市设计活动的准则与约束。城市设计应遵循下面几项原则。

1. 以人为本原则（According to human）

城市设计的宗旨就是提高人居环境的质量，故而以人为本是城市设计工作的出发点与归宿点。E.沙里宁在《论城市》一书中提到:"在建设城市时要把对人的关心放在首要位置上。应按照这样的要求来协调物质上的安排。人是主人,物质上的安排就是为人服务的。"[①]以人为本具体可以反映在三方面:一,人的尺度。包括建筑、户外家具、道路空间、广场的铺设、等等,尤其是步行环境更应体现人性化尺度。二,人的需求与心理感受。凯文·林奇开辟环境心理学研究的先河,重视公众对现成环境的评价,以公众意识代替精英意志,体现了人的主体性。三,环境与人的互动。场所理论以塑造场所精神为己任,认为场所是物质、社会、文化、时间要素的有机整合。

2. 整体性（Wholeness）

城市设计区别与其他学科特质就是采用整体的思维,联系的观点看待问题。这种整体性首先体现在研究范围的整体性上,一个严谨、完整的城市设计体系至少包括从宏观、中观到微观三个层面的综合研究;其次还体现在思维方式、研究方法的整体性上。城市设计虽然最终的成果必然要落实到物质环境的建设上，但物质环境的形

---

① 上海市城市规划设计研究院.城市规划资料集(第五分册.城市设计.上)[M].中国建筑工业出版社,2005.

成是基于综合考虑多种社会人文因素的结果，在方法论上则强调融惯整合思维，打破专业的条块藩篱；再则，在环境的塑造上强调人工要素与自然要素的综合。

3. 特色原则（Characteristic）

赖特说"建筑是土生土长的"，城市环境亦然。一个好的环境往往是有机生成的，是城市设计应对场所各不相同的内在矛盾技巧解决与塑造的结果，好的环境必然是有特色的环境。全球化时代城市形象日益趋同，如何塑造地域形象个性，适应地域文化多元化发展的需求，成为当今城市亟待解决的问题。显然物质空间场所是地域文化的显性载体，故而保护与彰显地域文化是坚持特色之路的理性选择。

4. 公共价值原则（Public value）

城市设计是为了弥补现代城市规划对城市形体调控的缺少而产生的，它的主要职责之一就是避免各个建成环境对户外空间产生负面效应，损害公众环境质量与城市整体形象。维护环境场所公共价值是城市设计的专业价值观所在，也是它作为城市公共政策的前提。当然城市设计也并不总是以牺牲个体利益为代价的，相反城市设计能够促进城市经济的发展，能够带来城市整体效益的提升，这当然也就意味着对个体产生了利好性。

5. 可持续发展原则（Sustainable development）

1987年，以挪威首相布伦特兰夫人为主席的世界环境与发展委员会（WCED）公布了里程碑式的报告——《我们共同的未来》，向全世界正式提出了可持续发展战略，得到了国际社会的广泛接受和认可。"可持续"的含义是"持续发展是既要满足当代人的需求，又不对后代人满足其需求

图 1-3-2　项目导向型城市设计—宁波案例

平面图

图例

工业建筑

住宅建筑

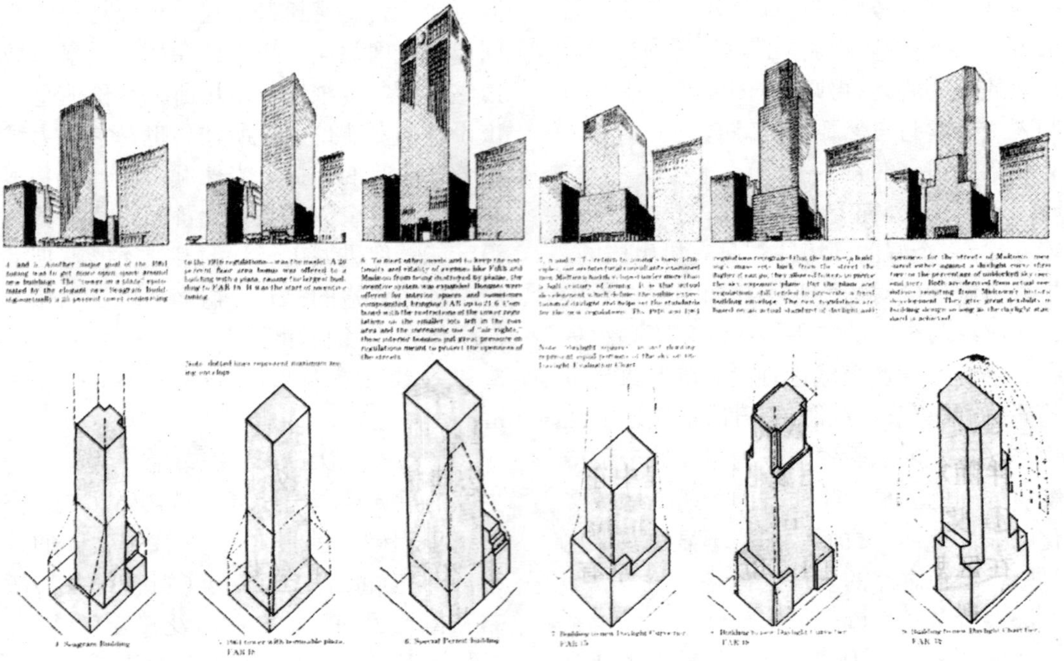

图 1-3-3　1961 年纽约区划条例对高层建筑的影响
(资料来源:谭纵波.城市规划[M].清华大学出版社,2005)

的能力构成危害的发展"。很多学者提出了可持续发展的城市设计原则,如 Michael Hough(1984)确立了五个生态设计原则:对进程和变化的理解,经济最大化,多样性,环境素养,环境改善①;美国人 I.L.麦克哈格(I.L.McHarg)在《设计结合自然》(Design with Nature)中提出了:人与自然相结合,强调自然与社会价值并重,以生物学和生态学观点研究城市等思想,等等。可持续思想在一定意义上是在平衡人类短期利益与环境长期利益之间寻求一个平衡点。

1.3.3　城市设计职能②

1. 作为城市发展建设的蓝图

　　城市设计经由一定的设计程序:问题的提出,目标的建立、分析与综合,方案比选,针对特定的城市环境问题提出城市环境的解决方案,也即对城市空间形态及环境作出具体安排和描绘,成为城市发展的建设蓝图。城市设计首先是一门工程设计学科,具有设计学的一般特性,强调的是艺术与技术的结合。城市设计的蓝图作用可分为两种情况:一种是项目导向,针对的是设计对象规模较小、目标明确、属于近期或一次性建设的项目,蓝图可以直接成为建设的依据;另一种是目标导向,适合的是对象宏观、需要长期分阶段开发才能形成,设计蓝图作为未来愿景,缺少具体项目支撑,只有把成果转译为可控可管理的规章条例,才能对实际发挥作用。项目导向型城

---

① Matthew Carmona 等编著,冯江等译.城市设计的纬度[M].江苏科学技术出版社,2005.
② 谭纵波.城市规划[M].清华大学出版社,2005.

市设计，往往成果缺少应有的弹性，不能适应灵活多变的城市建设情况，并且目标确定是精英主导型的，缺少公众参与（图1-3-2）。

2. 作为公共政策的城市设计

凯文·林奇认为城市形态是人的意图的结果，"只有人的活动才能改变这些聚落的形态，无论这些形态是多么的复杂、不明确或无效，都是人的动机所造成的"。城市中的这些"人"，大体包括政府、公众、开发商、规划师、个体与各种组织等。不同的城市主体的利益诉求并不一致，甚至有时是冲突矛盾的。城市设计作为关注公共价值（public realm）领域的物质质量的代言人与环境建设行业的"总协调者与指挥家"，一方面除了需要协调、平衡各个主体间的矛盾以外，还要避免开发商、个体与各种组织的形态意志对城市形态与景观的公共利益产生负面影响，城市设计往往依托或转译为政府行政与法律的力量对开发行为提出干预与控制要求（图1-3-3）。

各个国家或地区城市规划体系以及看待城市设计的观念不同，城市设计内容的体现方式各异，以下仅以城市设计制度实施最早且最为完善的美国为例说明之。美国各城市并未制定城市设计专门法，城市设计内容多借助于城市规划体系，尤其是区划法（Zoning），采用弹性与技巧的方式得以实现。主要的手段有以下几种。

（1）区划（Zoning）

以地块为单位，通过容积率、建筑后退、道路后退、道路后退斜线等指标，直接控制建筑物的位置、开发强度与体量外形。区划法是城市设计的基本法，考虑的仅是单纯的基本控制事项，很容易造成单调的城市景观。

（2）奖励区划（Incentive Zoning）

根据开发商对公共环境贡献的大小，

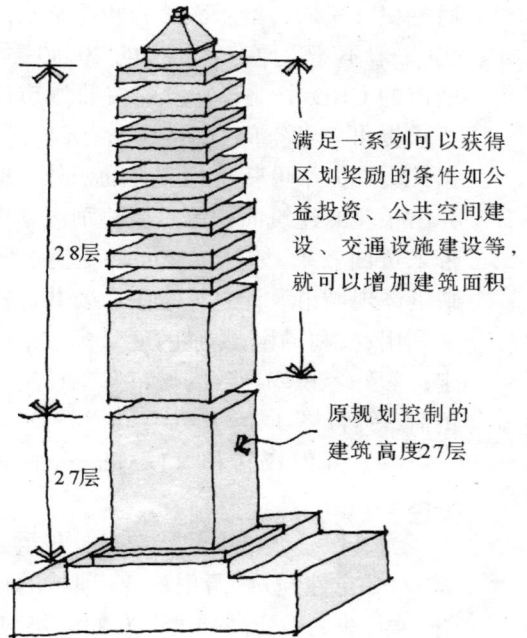

满足一系列可以获得区划奖励的条件如公益投资、公共空间建设、交通设施建设等，就可以增加建筑面积

原规划控制的建筑高度27层

28层

27层

图 1-3-4　美国西雅图城市设计奖励制
(资料来源:金广君.图解城市设计[M].黑龙江科学技术出版　社,1999)

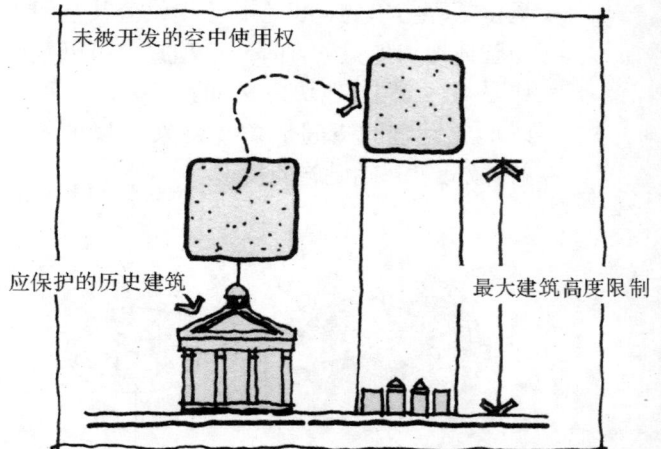

未被开发的空中使用权

应保护的历史建筑

最大建筑高度限制

图 1-3-5　空中开发权转让示意
(资料来源:金广君.图解城市设计[M].黑龙江科学技术出版社,1999)

通过积分累加，给予额外容积率奖励的办法(一般不超过原有容积率的 20%)。如在城市的 CBD 中，若开发商按照城市设计要求提供公共空间、廊道、人行天桥等，根据其贡献大小可获得相应奖励积分，据此算出相应的建筑面积等。但奖励区划也会带来负面效果，如开放空间的泛滥、任意，缺乏体现城市设计总体意图；公共设置无法利用；权利寻租；奖励的度量标准难以确定；额外容积率导致的城市基础设施额外负荷;等等(图 1-3-4)。

(3) 开发权转移 (Development right transfer)

为了保护城市中的特殊建筑与重要资源，如标志性建筑、历史建筑、独特的自然条件等，使之不受高强度开发的威胁，业主可以将开发权由一处转移到另一处基地，基地之间可以相邻也可以不相邻，如此既保护了城市的资源特色，又考虑了经济开发效益(图 1-3-5)。

(4) 规划单元开发区 (Planned Unite Development, PUD)

在严格的分区控制下，基地布局常常显得零碎与单调，也不利于提供公共空间与整体地块效益的发挥。这项技术可以看作是对区划中"地块主义"的一种改良，可以形成完整的空间形象并带来了规模效益,减低了基础设施的投入。

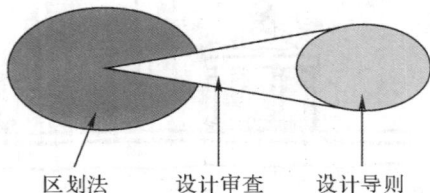

图 1-3-6 城市设计控制以设计导则为依据,借助区划法这个平台,通过设计审查程序得以落实

(5)区划特别法(Special Zoning Districts)

是基于保护或强化某地区特殊品质，而对其执行特定的城市设计控制的技术方法。如对城市中有价值的、有特色的历史街区、混和使用区、特殊使用区(如中国城)制定特别管理条例，以保护这些地区的特殊性或鼓励这些地区的经济发展。区划特别法把实施管理同城市的社会、经济和文化特色联系起来，变消极控制为积极引导，并也在一定程度上起着修正奖励区划的作用。

(6)设计审议制度(Design Review)

城市设计控制大体包括两部分内容，硬性的和弹性的。硬性内容通过区划法来审核(Check)，弹性内容则需要借助设计审议制度(Review)予以审查。设计审议制度以区划法为法律平台而又不受区划法条款、内容、格式的限制，并以设计导则为方向与依据，对城市设计项目进行个别审议，较好地平衡了城市设计程序的法律规定性与内容弹性之间的关系(图 1-3-6)。

1.4 城市设计的范畴

1.4.1 城市设计的主体

谁是城市设计者？ Matthew Carmona 等(2005)认为对城市形态的形成有影响的主要有两类人："自知的"与"不自知的"。政治人物、城市设计师、建筑师、景观建筑师、规划师、工程师和开发商等属于自知群体；而投资者、消防警察、社区团体、相关业主属于不自知群体。自知与不自知群体的共同作用造就了城市的现实形态。城市形态如受自知者群体主导，可称为"自上而下"型的城市，如受不自知群体主导则可称为"自下而上"型的城市。但好的城市形态并非意味着就是一个意外的结果 "它是充分考虑不同目的相互关系与合力作用后的产物"(巴纳特,1982)。城市设计师应对好的城市设计价值有着清醒的认识,并促使不自知者明确各自的职责,确保公共价值不被忽视。

凯文·林奇在《城市形态》一书中指出,城市是由许多不同群体来建设和维护的,其中一部分群体(形的提供者)起主导和决定作用,其余的则服从这些主导者。在美国,主导群体主要有:大的财团、大公司、大发展商、联邦机构、州和地区机构(城市规划机构)等,决定着城市的基本结构,控制着城市的发展过程,而每个家庭、中小开发商、企业主等公共群体(服从者)起着修正的作用。

在我国对城市形态起作用的主体主要有政府部门、开发商、规划部门、规划师(含建筑师等技术人员)、社会团体、个体业主等,随着政治民主化、法制化化进程的推进,公众的意志将会得到更多的体现。

1.4.2 城市设计的要素

城市设计关注的是城市公共价值(public realm)领域的物质形体环境设计。那么构成城市公共价值领域环境的要素有哪些呢?1970年旧金山城市设计把内容要素分为四部分:①内在的模式和意象,描述的是中等尺度的城市组织特征,它包含焦点、视点、地标和移动模式等;②外在的模式和意象,描述的是宏观尺度的特征,如天际线和整体意象等;③交通和停车,指的是街道的特征,包含秩序、清晰性、指向性、移动的方便与安全性等;④环境的质量,则包含了自然元素的存在、到达开放空间的距离、街道立面的视觉兴趣度、微气候、等等①。

凯文·林奇从城市意象的角度提出了著名的城市五要素理论。雪瓦尼(Shirvani)把它总结为八个基本类别。而我国学者也从城市设计属性角度把它归结为三类:自然要素、人工要素和社会要素②。应该说,国内外众多学者划分方式虽不尽相同,但大同小异。

城市设计除了对各个组成元素进行设计、控制以外,尤其关注各个元素之间的组合关系。这种组合不是A+B+C=ABC,而是等于X,也即产生了一种新的元素或景观,这才是城市设计最为重要的"活的灵魂"。同时,城市设计基本要素在城市宏观、中观、微观等不同层次的环境设计中所起的作用是有差别的(表1-4-1)。

以下仅就凯文·林奇与雪瓦尼的分类内容作一介绍。

1. 凯文·林奇五要素理论③

凯文·林奇(Kevin Lynch, 1918—1984)是美国著名城市设计家、麻省理工学院教授、现代城市设计理论的奠基人之一。他从环境心理学角度,通过对美国三个城市,波士顿、泽西城、洛衫矶的居民城市意象(Image)调查,得出一些公众意象(图1-4-1),并认为如下五要素,对识别一个城市有着至关重要的意义,它们是:道路、边界、区域、节点与标志物(图1-4-2)。

(1)道路可能是机动车道、步行道、长途干线、隧道或是铁路线,对许多人来说,它是感受一个城市的关键元素。人们以不同速度感受着城市环境元素沿着道路展开的布局。

(2)边界是一种线性要素,它是两个部分的边界线,是连续过程中的线形中断,如海岸、铁路线的分割、开发地的边界、围墙、

---

① 时匡,[美]加里.赫克等.全球化时代的城市设计[M].中国建筑工业出版社,2006.

② 阮仪三.城市建设与规划基础理论[M].天津科学技术出版社,1999.

③ [美]凯文·林奇著,方益萍等译.城市意象[M].华夏出版社,2001.

表 1-4-1　基本要素对各层次城市设计的影响

层　次	主要设计内容（部分）	基本要素及其影响作用				备　注
		城市用地	建筑实体	开放空间	使用活动	
宏观城市设计（总体城市设计）	城市格局	●	●	●	○	与城市总体规划相匹配
	城市形象、景观特色	○	●	●	○	
	城市开放空间体系	●	○	●	●	
	历史保护	○	●	●	●	
	旧区改造	●	●	●	○	
	新区开发	●	●	●	○	
	城市环境	●	●	●	●	
中观城市设计（局部范围或重点片区城市设计）	城市中心区	●	●	●	○	与城市分区规划、历史保护、绿地系统等专项规划相融合
	城市主轴地区	●	●	●	○	
	城市分区、开发区	●	●	●	○	
	滨水地区	●	○	●	●	
	历史保护地段	●	●	●	●	
	居住区	●	●	●	●	
	绿地系统	●	○	●	●	
	步行街区	●	●	●	●	
微观城市设计（重点地段或节点城市设计）	城市广场	●	●	●	●	与城市详细规划相协调
	标志性建筑及建筑群	●	●	●	○	
	小型公园绿地	●	○	●	●	
	城市节点	●	●	●	●	
	商业中心	●	●	●	●	

资料来源：上海市城市规划设计研究院.城市规划资料集（第五分册.城市设计.上）[M].中国建筑工业出版社,2005.

等等。边界或起着分割的作用，也或起着缝合的作用。

（3）区域是城市内中等以上的分区与二维平面，观察者有"进入"其中的感觉，具有某些能够识别的共同特征。

（4）节点是城市中能够进入的具有战略意义的点，它可能是连接点，如道路的交叉，也可能是聚集点，如广场，或成为区域的象征与核心。

（5）标志物是一种点状参照物，观察者只能位于其外，而不能进入其中。经常被用作确定身份或者结构的线索，如建筑、店铺、山峦等。

2. 雪瓦尼八要素[1]分类法

雪瓦尼（Shirvani）在《城市设计过程》一书中，归纳出八种城市设计构成要素：土地利用、建筑形式与体量、交通流与停车、开敞空间、步行街、使用活动、标识和保护。这种分类方法为较多学者采用，下面按照该种分类方法，联系实际，对各要素分别予

---

① Hamid Shirvani. The Urban Design Process[M]. New York: Van Nostrand Reinhold Co.,1985.

以介绍。

（1）土地利用（Land Use）

土地利用即按照社会经济发展的要求，在城市范围内对土地使用的性质、强度和形态作出具体的安排与部署。土地利用既是城市规划的主要内容，也是城市设计的基础性问题。根据现行国标《城市用地分类与规划建设用地标准》（GBJ137-90），城市用地分为九大类，其名称与代号为：居住用地（R）、公共设施用地（C）、工业用地（M）、仓储用地（W）、对外交通用地（T）、道路广场用地（S）、市政公用设施用地（U）、绿地（G）、特殊用地（D）。

土地利用对城市空间环境的影响主要体现在三方面：土地利用性质、形态与强度。相应地，在城市设计中土地利用应考虑三方面内容：一是土地的综合使用，尽量避免和减少土地在时间和空间使用上的"低谷"；二是设计结合自然，运用生态的方法创造人工与自然相结合的城市空间结构和形态；三是重视土地开发效益，同时避免地块负效应外溢。

（2）建筑形式与体量（Building Form and Massing）

建筑物是城市环境中的决定性因素，建筑实体对城市环境的影响，关键不在建筑单体本身，而是建筑物之间的组群关系。城市设计并不直接设计建筑，但却对其区位、布局、功能、形态（如体量、色彩、质地及

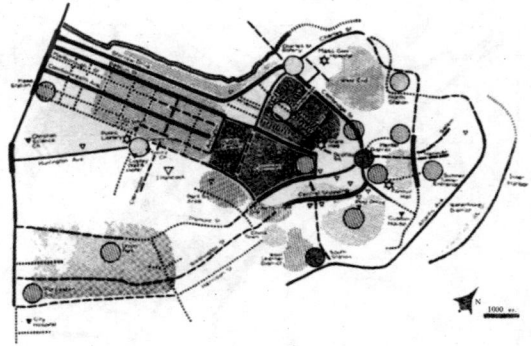

上图 从访谈中得出的波士顿意象

下图 从草图中得出的波士顿意象

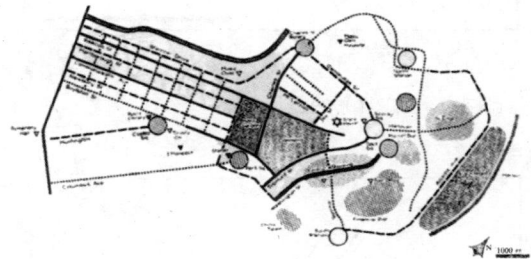

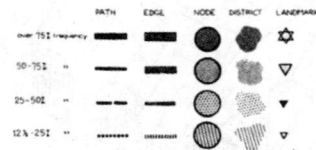

图 1-4-1 波士顿公众意象图

(资料来源:[美]凯文·林奇著,方益萍等译.城市意象[M].华夏出版社,2001)

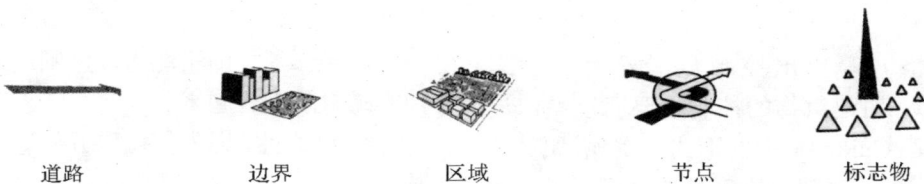

| 道路 | 边界 | 区域 | 节点 | 标志物 |

图 1-4-2 城市意象五要素

(资料来源:[美]凯文·林奇著,方益萍等译,2001)

23

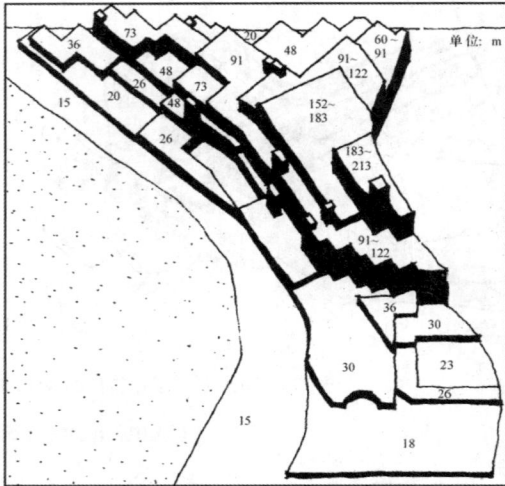

图 1-4-3
(资料来源:金广君,1999)

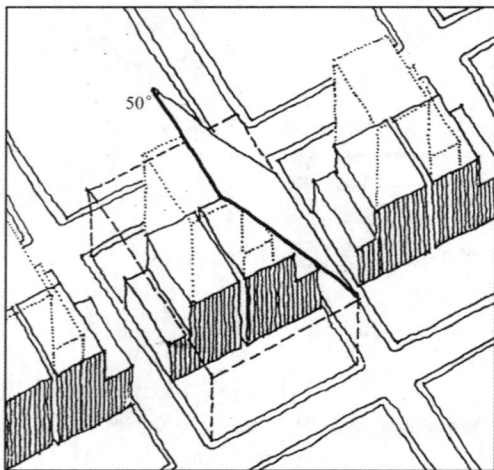

图 1-4-4
(资料来源:金广君,1999)

其风格）等提出控制与引导要求（表
1-4-2）。对建筑物的控制主要通过城市设
计导则（Guide Line）的形式来实现,如美国
西雅图中心区建筑高度控制（图 1-4-3）和

旧金山北市场街建筑高度控制面（图
1-4-4）。

（3）交通流与停车（Circulation and
Parking）

城市交通与停车系统是构成城市空间骨
架,影响城市视觉意象、功能运转和生态环
境的重要物质要素,当然也是城市设计的
控制对象。城市不同交通系统的线路布设,
站点安排、中转换乘和停车需要占用很大
的土地空间,构成了城市道路空间骨架。同
时交通系统也是市民形成城市意象的最直
接载体,城市设计需对其视觉连续性与周
边形态作出控制与安排,正如培根所言:
"城市设计者面临的问题是同时以不同的
运动速度和不同的感知程度,创造各种形
式,使坐车游行者和步行者都能同样感到
满足。"[①]再者,交通与停车也是困扰当今城
市功能运转和环境生态的普遍性难题,如
何破解这个难题,直接影响着城市环境的
可持续发展。对此,一些比较公认的做法
是:

● 鼓励绿色出行,发展快速公交；

● 采取城市边缘停车, 完善换乘
系统；

● 建设立体停车场,鼓励单位共享与
时间交叉使用等。

（4）开敞空间（Open Space）

城市开敞空间意指城市中向公众开放
的开敞性共享空间, 也即非建筑实体所占
用的公共外部空间。开敞空间具有四个
特性:

● 开放性。即不能将其用围墙或者其
他方式封闭围合起来；

● 可达性。即人们可以方便进入到达
其中；

---

① [美]埃德蒙.N.培根著,黄富厢,朱琪译.城市设计[M].建筑工业出版社,2003.

表 1-4-2　建筑实体控制与引导内容

表 1-4-2　建筑实体控制与引导内容

项目名称	内 容 说 明
建筑高度	建筑物的竖向尺寸,常以自室外地坪至女儿墙顶或檐口或屋脊的高差(m)来计算
建筑密度	一定地块内,所有建筑物的基底总面积占用地面积的比率(%)
容积率	一定地块内,总建筑面积与建筑用地面积的比值
绿地率	城市一定地区内各类绿化用地总面积占该地区总用地面积的比率(%)
出入口方位	建筑出入口在其用地上开设的方位,以此确定其与城市道路的联系
建筑后退红线距离	城市道路两侧建筑外墙自道路红线后退的距离(m),其界线又称建筑控制线
建筑间距	两栋建筑外墙之间的水平距离(m),常根据各地日照标准等因素确定
建筑形式	建筑物的外部形象,常为建筑的形状、尺寸、色彩、质感的综合体现
建筑体量	建筑物所占空间的大小及其对人们的感受,一般在一定高度限制内,以此来避免建筑物过于庞大,可以建筑物最大平面尺寸或紧大对角线平面尺寸计量
建筑色彩	建筑物外饰面的色彩,是建筑形态的主要影响因素之一,常分为主导色与辅助色两类,在色彩运用中一般以调和为主,对比为辅
建筑风格	建筑在历史文化积淀中所形成的总体形态特征,它反映了一定时代和地域内人们所追求的精神风貌和文化品格

资料来源:上海市城市规划设计研究院.城市规划资料集(第五分册.城市设计.上)[M].中国建筑工业出版社,2005.

● 大众性。服务对象应是社会公众,而非少数群体;

● 功能性。开敞空间并不仅仅是供观赏的,而且能让人们休憩和日常使用。

也有学者把室内化的城市公共空间包括在内,如 Carmona 等[①](2005)认为公共空间一般可分为三类:

● 外部公共空间:在私人所有土地之外的空间。在城市中它们是公共广场、街道、公园、停车场、滨河湖地带等(图1-4-5—图 1-4-7),在乡村,可以是绵延的海岸线、森林、湖泊、河流等。

● 内部"公共"空间:诸如图书馆、博物馆、市政厅、教堂(图 1-4-8),以及公共交通设施如火车站(图 1-4-9)、汽车站、机场等。

● 准"公共"空间:这些空间在法律上是私有的,但常常形成公共活动,如大学校园、餐馆、电影院、购物中心等。

在这里显然后两者是建筑师涵盖的职责,城市设计师关心的应该是第一项要素。另外,也有研究把开敞空间分为自然环境和人工环境两大类等。

开敞空间与道路停车空间、步行空间一起构成城市空间体系的基本框架。它的作用是多方面的,如提供公共活动场地,提高城市生活品质;维护与改善生态环境;提供文化、教育、游憩等功能;改善交通,提供防灾空间;等等。城市设计应主要关注开敞空间质量与活力的提升,而提高开敞空间质量的关键是把握其特性,以创造有吸引力的环境(表 2-3-2)。人气是场所活力的重要标杆,由于开敞空间是以人为主体的促进社会生活事件发生的社会活动场所,所以应正确处理人、事件、场所三方面的关系,以培育充满活力的空间。

(5)步行街(PedestrianWays)(图 1-4-10)

① Matthew Carmona 等编著,冯江等译.城市设计的纬度[M].百通集团江苏科学技术出版社,2005.

图 1-4-5　德国基尔港

图 1-4-6　法国凡尔赛宫花园湖畔

城市步行街主要指在城市一定区域内，限制机动车的通行，通过步行街、步行广场、人行天桥、人行地道和室内步行空间的规划建设，形成完整的步行系统，创造有活力的城市环境。步行街作为城市设计的元素是在 1950—1960 年代人车矛盾激化以及作为城市历史保护和增强中心区活力的手段而受到人们青睐的。步行街的建设应体现人性化、可达性、多样性与系统性的结合。

（6）使用活动（Activity Support）

使用活动是城市环境中活的要素。城市设计的任务就是要为各种使用活动提供适宜的物质条件支持，并组合、引导各类活动构成城市的动感景观，使城市空间富有活力，展现场所个性特征。按照扬·盖尔（Jan Gehl）的观点，城市公共空间的户外活动可以划分为三类[①]：

- 必要性活动。就是日常生活中必须进行的活动，如上学、上班、购物等。这些活动的发生很少受物质环境的影响，参与者没有选择的余地。
- 自发性活动。只有在适宜的环境条件下才会发生的活动，具有一定的随意性和选择性，如散步、健身、休闲玩耍、驻足观赏等。
- 社会性活动。指在公共空间中公众共同参与的活动，如打招呼、交谈、儿童游戏、各类社会活动、礼仪、文化娱乐等。这些活动也可称为"连锁性"活动，因为在绝大多数情况下，它们都是由另外两类活动发展而来的。

①[丹麦]扬盖尔著,何人可译.交往与空间[M].建筑工业出版社出版社,2002.

27

图 1-4-7　法国香榭丽舍大街

图 1-4-8　法国巴黎圣母院

扬·盖尔认为户外环境质量与上述活动的发生是密切相关的，当户外环境质量好时，自发性活动的频率增加。与此同时，随着自发性活动水平的提高，社会性活动的频率也会稳定增长（表 1-4-3）。当然使用活动还可以有其他分类方法，如按运动速度可分为三类：人行——慢速活动，车行——快速活动和自行车——中速活动。按交往私密性可分为：公共性空间、半公共空间和私密空间等。

（7）标识（Signage）

城市标识、标牌是人们认知城市环境，感受城市气氛的重要符号（图 1-4-11，图 1-4-12）。标识一般依附于建筑物，但却比建筑物更加引人注目，它包括道路指示牌、广告牌、宣传牌、牌匾和灯箱等。标识、标牌

图 1-4-9　德国汉堡中央火车站

图 1-4-10 维也纳市中心步行街

的设置要体现出内容突出、特色鲜明、具有地域文化内涵等特点。标识、标牌作为城市环境的重要构成要素，是城市设计的控制要素之一。城市设计应对标识、标牌设置的高度、位置、样式等作出统一规定，使其规范且具有连续和谐的景观效果。

（8）保护（Preservation）

城市是人们"集体记忆"的场所，不同历史时期的城市画面总是在城市共时性的结构中体现出来，构成了城市的"拼贴"特性。人们对保护概念的认识是逐步发展的，大体经历了三个发展阶段：一是对单体历

表 1-4-3 户外空间质量与户外活动关系

	物质环境的质量	
	差	好
必要性活动	●	●
自发性活动	·	⬤
"连锁性"活动（社会性活动）	●	●

资料来源：[丹麦]扬盖尔著，何人可译.交往与空间[M].建筑工业出版社出版社,2002.

30

史性建筑的保护;二是历史街区的保护;三是历史城镇与城区的保护。同时保护策略也逐步由纯粹保护为主走向保护与开发并举的道路。上述思想分别反映于《雅典宪章》(1933)、《威尼斯宪章》(1964)、《内罗毕建议》(1976)和《华盛顿宪章》(1987)等几个纲领性文件中。

针对个体建筑的保护可以采取很多成功的做法,如建筑环境的景观控制、新旧建筑的和谐、环境文脉的视觉联系等。美国波士顿柯普利广场中由贝聿铭事务所设计的60层高的汉考克大厦与历史建筑"三一"教堂的关系处理就是新旧建筑关系的成功典范(图1-4-13)。在方案设计中,建筑师采取了两条措施:一是,平面采用平行四边形,并与转交处设置了一个三角形凹槽,减轻了新建筑的厚重感,看上去挺拔、清秀;二是,整栋建筑采用玻璃幕墙,将"三一"教堂反照在墙上,两者互为衬托,融为一体。

在欧洲与美国,历史街区往往作为特殊控制区域纳入到了区划法等法规保护范畴,成为城市设计的重要控制对象。仅美国就有2000多个历史区,并创造了许多灵活有效的控制手段,如空中开发权转移、建筑立面转让,还有减免税收、增加建筑面积奖励等,促进了历史街区的保护。

1.4.3 城市设计的层次

从主客体角度讲,城市设计的要素与层次都属于城市设计客体层面的内容。城市设计涉及多层次内容,从宏观的大地景观布局(图1-4-14)、城市总体布局直至街道家具与广告设计。为方便城市设计与现行城市规划体系对接,同时参考《城市规划资料集.5》区分方法,我国城市设计总体上可区分为两大阶段、三个层次。两大阶段即:总体城市设计与详细城市设计,分别对应于城市规划中的总体规划和详细规划两

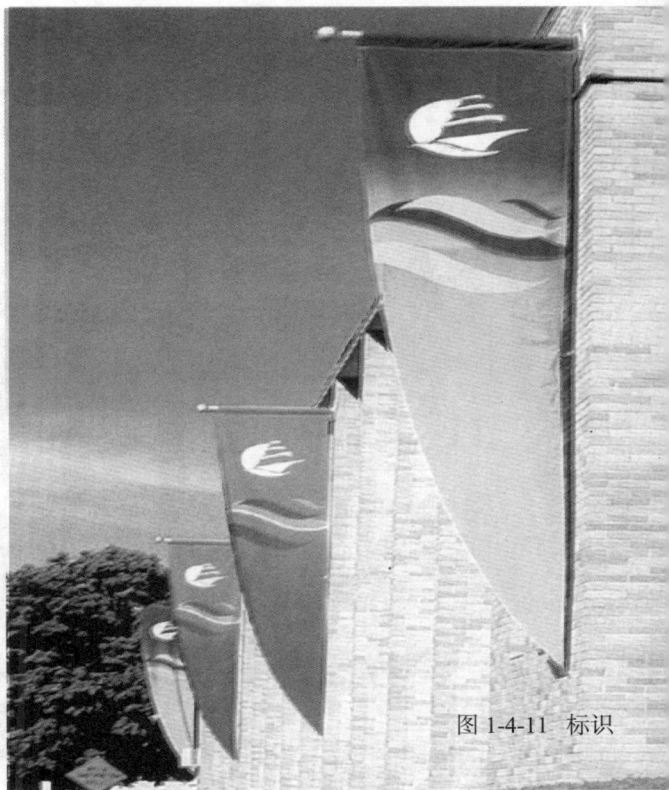

图 1-4-11 标识

图 1-4-12 标牌

图 1-4-13 波士顿"三一"教堂
(资料来源:http://hiphotos.baidu.com/)

大法定阶段。其中总体城市设计，包括区域、城市、分区范畴，属于宏观尺度的整体城市设计；详细城市设计，包括功能区相对完整的中观尺度的片区城市设计（如城市中心区、大学校园、历史街区、居住区等）和微观尺度的地段城市设计（如广场、公园等）两个范畴。不同尺度的城市设计关注重点不同，其设计内容自然也就不同。

1.4.4　城市设计实践类型与成果形式

1. 实践类型

城市设计主要有两大基本实践类型：控制导则型城市设计与工程设计型城市设计，分别从属于规划师与建筑师的传统专业领域。前者往往热衷于提出导则与制定框架，通常针对公共领域的控制，坚持公共利益优先原则。后者则直接参与设计，塑造具体的城市空间。城市设计的规模越大，其实践类型越趋向于管理控制，反之则越趋向于工程设计（图 1-4-15）。

DTER（2000）的研究把城市设计细分为四种实践类型：城市的开发设计，政策、导则与控制设计，公共领域设计和社区城市设计（表 1-4-5）。D.Appleyard（1982）概括美国的城市设计实践，将城市设计划分为三种类型：开发型（Development）、保护型（Conservation）和社区型（Community）城市设计[①]。这种分类也大致符合当今中国的城市设计实践。

2. 成果形式

相应地，城市设计的成果类型可归纳为两大类别：导则控制型和蓝图型城

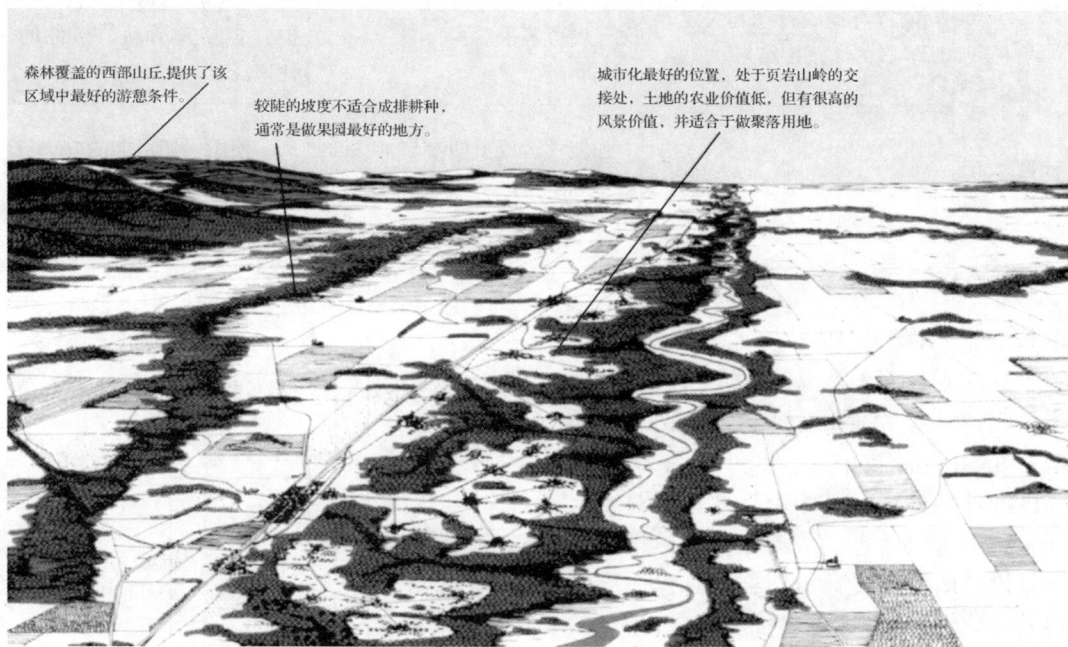

森林覆盖的西部山丘,提供了该区域中最好的游憩条件。

较陡的坡度不适合成排耕种,通常是做果园最好的地方。

城市化最好的位置,处于页岩山岭的交接处,土地的农业价值低,但有很高的风景价值,并适合于做聚落用地。

图 1-4-14　大地景观设计
(资料来源:[美]伊恩·伦诺克斯·麦克哈格著,芮经纬译.设计结合自然[M].天津大学出版社,2006)

① 王建国.现代城市设计理论和方法[M].东南大学出版社,1991.

表1-4-5　城市设计的实践类型

	主导专业	特征	主要工作
城市开发设计	建筑师的传统领域，景观设计师与其他专业提供支持。	植根于发展过程。以在场所和邻里等尺度中应用见长。	包括"局部"城市设计和部分整体设计。
政策、导则与控制设计	规划师的传统领域，建筑师、景观设计师、负责保护的官员及其他人提供支持。	其设计范围多用于规划尺度（主要是对城市演变结果中城市设计质量的预计，导则与控制一般适用于外向的发展进程）。所考虑事项的范围通常较城市开发设计为广。适用于各种尺度的城市设计。	包括(1)区域评估、表达设计与政策;(2)设计导则与设计大纲;(3)设计试验或"美学"控制。
公共领域设计	工程师、规划师、建筑师、景观设计师及其他。但也时常有一些由不同团体奇怪的行动和决定所导致的非预期结果。	包含对"主干网络"（如干道、街道、步行道或人行道、公交车站、停车场及其他城市空间）的设计。相关尺度范围很广。	包括(1)特别项目的设计与执行;(2)设计导则的制定与应用及地方特色的改善;(3)场所的持续经营与维护，包括其活动与事件的计划。
社区城市设计	无特定专业。	强调社区成员的参与，使社区发展不局限于民众运动层次,特别适用于邻里尺度。	使用一切可能的方法与技术手段满足环境的使用者。

市设计。前者以文字为主，图示为辅（图 1-4-16）；后者以工程设计图则为主,文字说明为辅。导则控制型成果类型一般由设计政策、设计导则(图1-4-17)和设计计划构成。其中设计政策是对整个开发过程进行管理的战略性框架；设计导则是设计政策与设计方案在实际操作层面的具体化,它由设计方案抽象得来,指导城市空间形态具体元素的设计。一般可分为规定性 (prescription guidelines) 和绩效性 (performance guidelines)两种。规定性指设计必须遵循的要求，如容积率不超过 1.2;绩效性只要求效果,不规定具体方法。如不

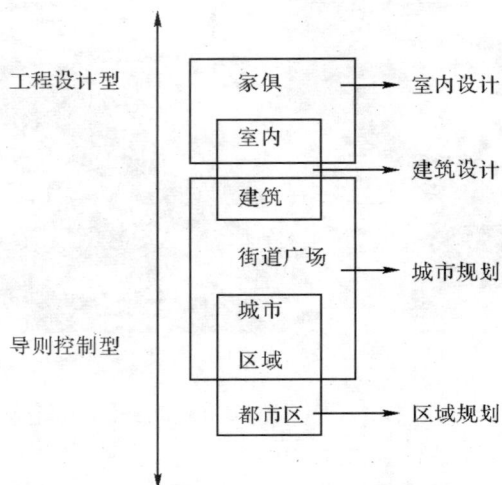

图 1-4-15　两类城市设计实践类型

导　则	图　示
新发展应与新镇的独特景观和地形相呼应,保留通向背景山体和水域的视廊和风道	
采取逐级降低建筑高度的方式,尊重并与低层建筑形成整合关系。利用社区中心和学校等低层建筑作为城市中心的视觉和空间缓冲界面。	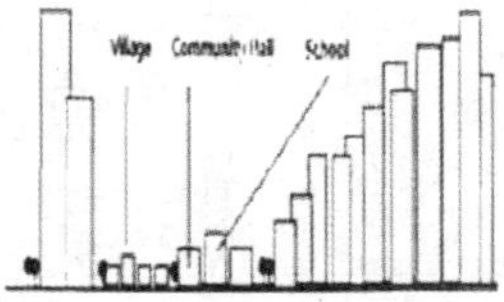
新发展应与周围环境保持和谐,特别是在新镇的边缘部位。	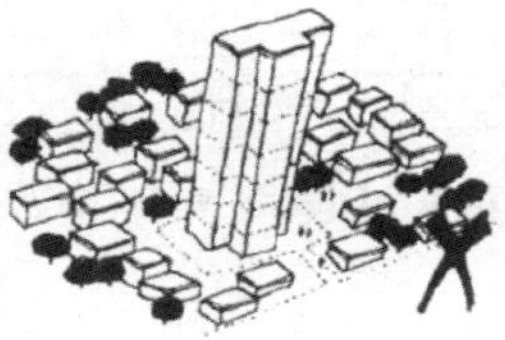
在市政和商业中心或节点等适当部位设置地标建筑。	
从高密度的中心地区到低密度的边缘地区,采取合乎条理的建筑高度轮廓的级差。	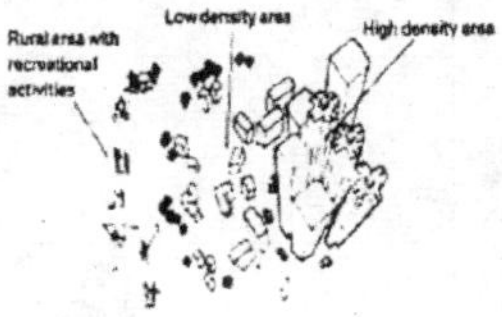

图 1-4-16　香港城市设计导则(新镇的区域高度轮廓)

(资料来源:唐子来,何磊,2002)

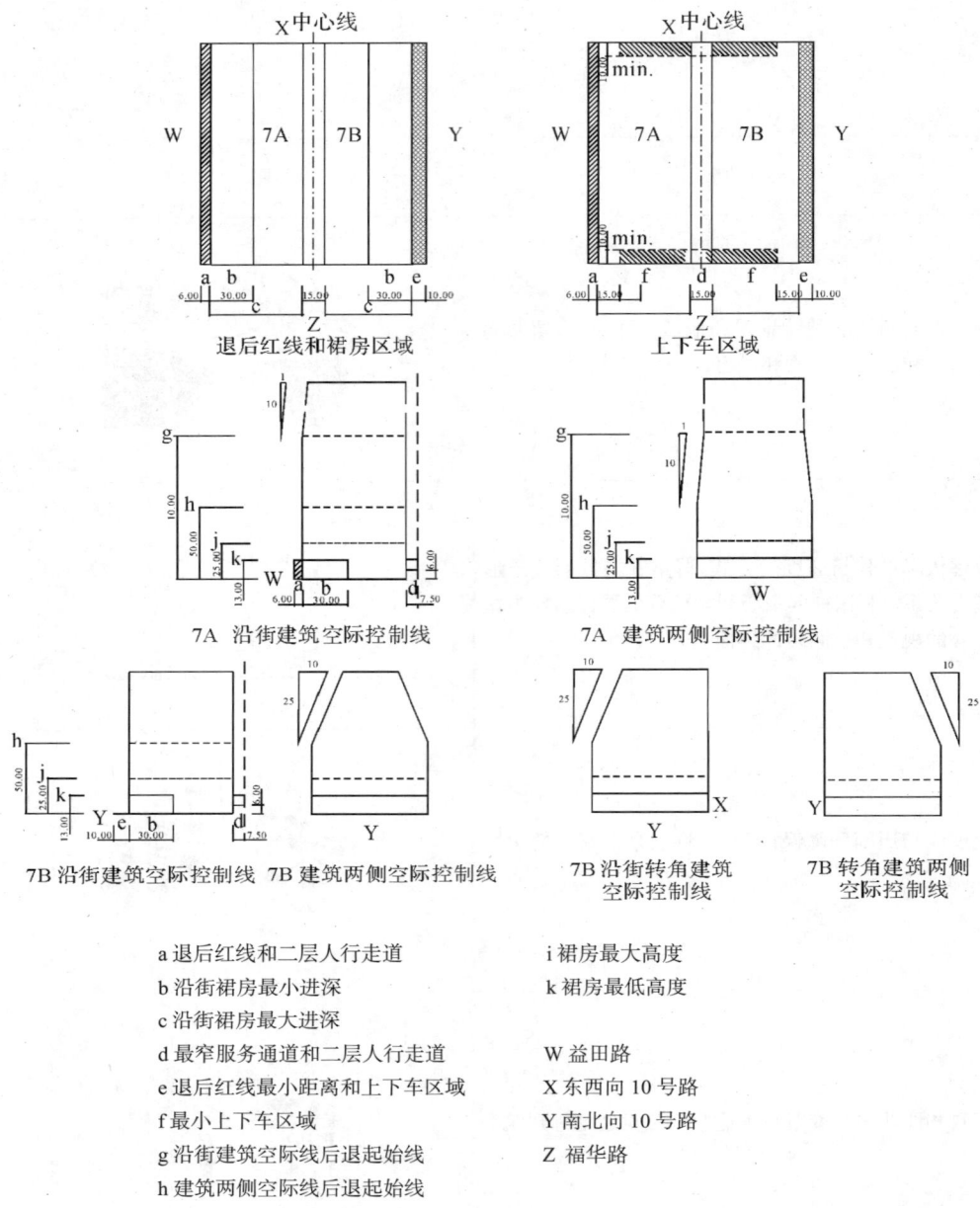

图中标注文字：

X中心线

W　7A　7B　Y

6.00　30.00　15.00　30.00　10.00

c　c

Z

退后红线和裙房区域

X中心线

min.

W　7A　7B　Y

6.00　15.00　15.00　15.00　10.00

a　f　d　f　e

Z

上下车区域

7A 沿街建筑空际控制线

7A 建筑两侧空际控制线

7B 沿街建筑空际控制线　7B 建筑两侧空际控制线

7B 沿街转角建筑空际控制线

7B 转角建筑两侧空际控制线

a 退后红线和二层人行走道　　　　i 裙房最大高度
b 沿街裙房最小进深　　　　　　　k 裙房最低高度
c 沿街裙房最大进深
d 最窄服务通道和二层人行走道　　W 益田路
e 退后红线最小距离和上下车区域　X 东西向 10 号路
f 最小上下车区域　　　　　　　　Y 南北向 10 号路
g 沿街建筑空际线后退起始线　　　Z 福华路
h 建筑两侧空际线后退起始线

Lot 7

基地	容积率	高度极限	最高覆盖率		裙房以上覆盖率	沿街基地长度	最小基地面积
7A	7	200m	$\dfrac{\text{基地} - \text{后退区域} - \text{服务通道区域}}{\text{基地}}$	100%	50%	50m	4500m²
7B	7	100m	$\dfrac{\text{基地} - \text{后退区域} - \text{服务通道区域}}{\text{基地}}$	100%	50%	50m	4500m²

图 1-4-17　深圳市中心区城市设计导则

(资料来源:深圳市中心区核心地段城市设计国际咨询[M].中国建筑工业出版社,2002)

规定容积率，而是规定周围开放空间所需达到的日照时数等。设计计划是对项目执行过程的安排以及项目完成以后的管理，也同样存在于蓝图型城市设计的成果中。设计政策与设计导则的制定一般由目标(objectives)、达到目标所需遵循的原则(principles)和采取的导则(guidelines)三要素构成。导则型成果力求做到图文并茂。

蓝图型城市设计成果内容类似于一般工程性产品的设计，是对形体环境的三维度的具体描绘，包括平面尺寸，体量大小、空间控制范围等图则，意向性透视图以及文字说明等。总体上，两种类型的城市设计成果是相互依赖与补充的，共同构成了城市设计的开发控制体系。在关系上，后者为前者提供了制定导则的基础方案，前者则为后者的实施创造了政策环境与法律保障。

在实际编制中，以上两种类型的设计成果往往同时存在，只是各自所占的比重有所偏差而已。如总体城市设计阶段，导则型成果内容多于蓝图型成果内容；详细城市设计阶段则相反。

1.5　城市设计学科的缘起

从古至今，城市设计理论与实践大体经历了四个发展阶段：工业革命以前的传统城市设计阶段；工业革命至第二次世界大战的近现代城市设计阶段；1950年代以后的现代城市设计阶段；1970年代起至今的当代城市设计阶段。

1.5.1　城市规划与建筑设计的一体化

在工业革命以前，城市规划与城市设计基本上是一回事，并附属于建筑学。由于社会生产力不发达，城市建设极为缓慢，规

图 1-5-1　北京故宫——自上而下的城市

(资料来源:段进.城市空间发展论[M].江苏科学技术出版社,1999)

图 1-5-2　奥地利萨尔兹堡自下而上的城市

模尺度也相对较小。这个时期的一些杰出艺术家同时又是建筑师与城市设计师。城市形态的发展表现为两种模式：自下而上与自上而下（图 1-5-1,1-5-2）。前者城市形态表现出有机性,跟自然环境结合较好,在建造方法上强调经验的传袭与方便于人的生活,城市形态是不同时代的人们多种意图"拼贴"的结果;后者城市形态往往由一小部分统治阶层与社会精英所决定,并总是服务于特定的宗教与军事意图,在设计手法上以强调视觉美学感受为主,如巴洛克风格的思想精髓是 "把城市的生活内容从属于城市的外表形式"①。在漫长的岁月中出现了大量经典的城镇作品,谱写了一曲曲"石头艺术"的华美乐章。典型的如古希腊时期的雅典卫城,古罗马时期的罗马城及其广场,中世纪的如画城镇（Pic-turesque Town）,文艺复兴、巴洛克时期的理想城市模型,罗马的改建,绝对君权时期的凡尔赛宫建设,等等。

1.5.2　城市规划与建筑设计的分野——城市设计概念的产生

　　工业革命以后,尤其是 18 世纪蒸气机的发明与运用,使得人类有史以来第一次自己创造了集中能源动力（图 1-5-3）,从而摆脱了对于自然力的依赖,这为工厂在城

---

① （美）L.芒福德著.宋俊岭,倪文彦译.城市发展史[M].中国建筑工业出版社,2005.

图 1-5-3　瓦特、蒸气机与工业革命
(资料来源:洪亮平.城市设计历程[M].中国建筑工业出版社,2002)

表 1-5-1　19 世纪世界部分大城市人口增长一览　　　　单位(千人)

城市	1800 年	1850 年	1880 年	1900 年
纽约	64	696	1912	3437
伦敦	959	2681	4767	6581
东京	800		1050	1600
莫斯科	250	365	612	1000
上海	300	250	300	600
布宜诺斯艾利斯	40	76	236	821
孟买	200	500	773	776
悉尼	8	60	225	482
开普敦	20	20	35	77

市的集中提供了可能。城市的规模成几何级增长(表 1-5-1),同时新型交通工具、通信工具的使用也彻底改变着城市的总体格局。工业化带来城市规模成几何级增长的同时也带来了人口拥挤、住房短缺、贫富分化、环境恶化等一系列"城市病"。为解决上述问题,西方国家开展了一系列的旧城改建、城市美化运动,著名的如 1666 年英国伦敦规划,1853—1870 年的欧斯曼巴黎改建,1909 年丹尼尔·伯纳姆的大芝加哥规划,等等。在思想理论上,人们认识到原先从文艺复兴时期传承下来的那套规划设计方法已经不再适用,客观上需要探索新的规划理论。这一时期比较有代表性的理论

有"花园城市"、"工业城市"、"带型城市"、"现代城市"、"邻里单位"、"中心地理论"等。20世纪上半叶发生了两次世界大战，西方国家先后经历了战后恢复重建、城市化与郊区化运动、新城建设等。由勒·柯布西埃等所倡导的新建筑运动开始盛行并居于主导地位，其成果集中体现于《雅典宪章》(1933)之中。典型的实例有印度昌迪加尔城(1951)、巴西巴西利亚城(1956)的建设等。"花园城市"理论也得到进一步发展，还出现了盖迪斯的区域规划(1915)理论，伊里尔·沙里宁(Eliel Saarinen)的有机疏散理论(1918)，赖特(Henry Wright)的广亩城市理论等，一时间各种理论异彩分呈。

总体来说，这时期城市规划为了适应新的生产关系、新的交通方式，扬弃了传统的静态建筑方式，从社会关系入手，以土地利用为手段成为驾驶城市发展的一种新生力量，并开始为国家和政府所运用。城市规划日益向社会科学和人文科学靠近，而建筑学也逐步演化为只注重建筑本体工程技术科学性与艺术性的学科。建筑与规划的分野，势必需要有一门新的专业来承担城市外部空间环境的建设——那便是城市设计。从某种意义来说，城市设计承担起了传统城市规划的专业重任。

1.5.3 从市镇设计到城市设计，现代城市设计的兴起

第二次世界大战以后，城市规划的研究视角进一步扩大，偏向为政策与过程属性；建筑学深受工程技术科学与材料科学的影响，城市形体与公共环境这一传统的关注领域被进一步忽视。而与此相反的是随着经济的发展、物质的繁荣，人们对自身赖以生存的城市环境提出了更高的品质要求，追求城市的良好户外环境与和谐形态景观发展成为时代的命题。城市设计作为关注公共领域空间环境质量的专业学科受到了空前的重视。正如，Bently(1998)认为城市设计的产生，最重要的原因是不同环境专业的制度与观念上的差异导致了有着"泾渭分明"的"鸿沟天堑"的"支离破碎的"专业裂痕[①]。1965年美国建筑师协会(American Institute of Architects)出版的《城市设计：城镇的建筑学》(Urban Design: the Architecture of Towns and Cities)一书中讲到："建立城市设计概念并不是要创造一个新的分离的领域，而是要恢复对一个基本的环境问题的重视。"[②]

另外，在研究方法上，二战以前城市设计深受以勒·柯布西埃为首的现代功能主义的影响，认为城市中只要有一套良好的总体物质环境设计理论和方案，其他经济的、社会的乃至文化的一系列问题都可以迎刃而解。但事实是那种"把一种陌生的形体强加到有生命的社会之上"的设计缺少应有的社会根基。对城市内在环境品质和文化内涵掉以轻心，以"推土机式"的方式建造城市，导致的结果必然是城市中心区的衰退和"空心化"，城市历史文化遗产的毁灭与城市文脉的割裂，并最终导致城市"贫血症"与生命力的下降。基于此，现代功能主义受到理论家们的强烈批判。如简·雅可布斯(Jane Jacobs)的《美国大城市的生与死》从政策的角度批评了美国城市的更新工程，提出了"复杂性是城市天性"的重要论断。克里斯托夫·亚历山大(Christopher Alexander)于1965发表了《城市并非一棵树》，批评按照等级和功能区划的城市形态

① Matthew Carmona 等编著,冯江等译.城市设计的纬度[M].江苏科学技术出版社,2005.

② 刘宛.城市设计概念发展评述.城市规划[J],2000(12):16–22.

违背了自然规律，指出只有那些经过长期发展形成的城市形态所持有的复杂性与多元性才是维持城市生命力的本质根源。阿尔多·罗西（Aldo Rossi）的《城市建筑》，罗伯特·文丘里（Robert Venturi）的《建筑的复杂性与矛盾性》，可林·罗（Colin Rowe）的《拼贴城市》，舒尔茨的《存在、空间与建筑》都从不同角度阐述了城市文化内涵对城市形态形成的重要性，强调城市物质空间与人类文化之间的内在联系。

总体来说，围绕着如何满足人的心理与精神需求，适应社会生活的发展，在传统环境设计的基础上，1950兴起的现代城市设计进一步"外延扩展"和"内涵深化"，它的研究视角已经扩展到多个领域，如社会学、政治学、经济学、心理学、生态学与行为学等。城市设计方法也采用了空间意象、景观注记、行为研究、访谈等与人及社会更互动的方式，现代城市从传统关注形式走向形式背后的内在深层原因。

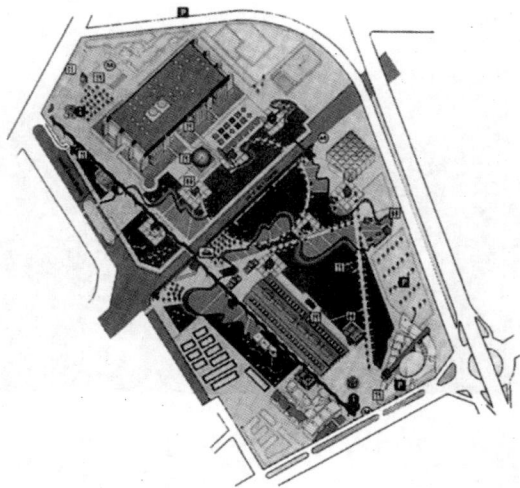

图 1-5-4 屈米设计的拉.维莱特公园
（资料来源:洪亮平，2002。）

1.5.4 城市设计多元化与新城市主义

1970年代以后城市设计得到进一步发展，社会文化领域和建筑学领域的多种思想与主义源源不断地引入到城市设计中，产生了所谓的"后现代城市设计"思想。总结起来主要有三种倾向:解释学、解构主义和建构主义。解释学倾向主要活跃于1960—1970年代中期，其主要理论有场所理论、文化分析论、图示语言、认知意象论和城市活力论。其中尤以场所理论影响最大，强调把对人、社会文化、历史事件和地域特征的研究加入到对城市空间的研究中。1970年代中期解构主义思想开始进入城市设计领域，它源自法国哲学家奎斯·德里达（Jacques Derrida）的解构主义哲学。德里达试图把哲学从现有的框框中解放出来，因为它们已经阻碍了思维，而首先要解构的就是传统的逻辑和理性思想。在设计上，解构主义主张对现代主义的城市设计某些原则进行消解和颠覆，重差异、重游戏、重非规则，代表了一种激进的、活跃的、自由的城市设计思想。代表性的作品是伯纳德·屈米（Bernard Tschumi）为巴黎设计的拉·维莱特公园（Parc de la Villette）（图1-5-4）。1980年代后期，建构论城市设计对城市发展进行了进一步探索。它的核心思想是强调城市的生态化生存和健康价值，强调人与环境的协调、统一，代表性思想是新城市主义和绿色城市设计思想[1]。

新城市主义起源于1980年代中期的美国，是近年来逐渐发展成熟主张回归传统城市形态反对城市扩散的城市设计思潮。

---

① 洪亮平.城市设计历程[M].中国建筑工业出版社,2002.

图 1-5-5　CCTV 与"鸟巢"建筑
(资料来源:http://image.baidu.com/)

它的出现是对美国二战以后几十年的郊区化发展导致城市扩散(Urban Sprawl)所引起的城市中心衰退、郊区土地资源浪费、市政配套昂贵、社区淡漠等种种问题的反思与批判。虽起源于美国,但在世界范围却也具有普遍意义。对中国而言,近 10 年来经济的高速发展也带来了小汽车的普及、城市的郊区化蔓延,新城市主义无疑为我们少走西方国家的弯路,实现城市的可持续发展带来一些启迪。新城市主义主要有两种典型类型:TOD 体系(Transit Orriented Development,以公共交通为导向的开发)和 TND体系 (Traditional Neighborhood Development,传统邻里区开发)。前者适用区域规划层面,后则适用社区层面(详见 2.4.3 节)。

自从 1987 年联合国环境与发展大会上,布伦特兰报告(the Brundtland Report)提出可持续发展理念以后,维持生态环境观念逐渐成为各行业的共识。生态城市设计将是未来城市设计的主要方向（详见 2.4.2 节）。

1.5.5　我国当代城市设计学的兴起

城市设计学在我国的兴起是源于社会与实践的需求逐步发展起来的。改革开放以来,随着经济的快速发展、城市化进程的迅猛推进,城市在经历了一个阶段的"数量"扩展以后,越来越注重"内涵"的提升,以满足城乡居民对高品质城市环境的需求。2001 年我国正式加入 WTO 以后,城市日益成为"地球村"体系中一个个参与国际竞争的独立主体,塑造城市形象、优化城市环境,成为提升城市竞争力的有利"卖点"。我国城市设计学的发展,总体特征是"摸着石头过河",边实践边总结,理论探索和实践齐头并进。

1. 学术研究方面

（1）1980 年提出城市设计课题,并首先在部分高校、学术部门开设城市设计课程,发表学术论文等;

（2）1986 年国家有关部门立项进行重点研究;

（3）1990 年运用城市设计方法编制城市规划的要求被写入《城市规划编制办法》,一些专著开始出现,如王建国出版了博士论文《现代城市设计理论与方法》;

（4）1995 年以后在《城市规划》、《建筑学报》等杂志刊登一些城市设计专题论文。对城市设计的概念、学科性质、编制内容、技术方法进行了富有成效的研究。学术机构在北京、上海、深圳等城市举办大型城市

设计研讨会。国家建设主管部门、一些省市开始编制城市设计导则;

(5)2000年以后的研究偏重城市设计内涵论、城市设计实施与地方性,出版了大量博士论文与专著。典型的有《城市设计历程》(洪亮平,2002)、《城市设计运行机制》(扈万泰,2002)、《城市设计概论》(邹德慈,2003)、《城市设计的运作》(庄宇,2004)、《适应性城市设计——一种实效的城市设计理论及应用》(陈纪凯,2004)、《面向实施的城市设计》(王世福,2005)、《城市设计的本土化》(李少云,2005)、《形态完整——城市设计的意义》(王富臣,2005)、《城市设计实践论》(刘宛,2006)和《城市规划资料集——城市设计分册》(建设部城乡规划司和中国城市规划设计研究院等,2005)等。上述学术成果的出版标志着中国城市设计理论与实践取得了阶段性成果。

2. 实践方面

(1)在经济发达地区,大中城市普遍开展了市民广场、街景、城市滨水地带设计与建设。如上海静安寺地区城市设计和北外滩国际城市设计竞赛、深圳福田中心城市设计、南京城东干道城市设计、温州市中心区、杭州湖滨地区改造、杨公堤景区城市设计等专项研究等。

(2)"城市事件"的兴起。如昆明世博会环境设计,北京CBD建设、北京2008年奥运公园设计及国家剧院、CCTV、国家主体育馆"鸟巢"(图1-5-5)、游泳馆"水立方"的建造,南京2005年全运会,上海2010年世博会等建设,由于规模的宏大而成为城市发展中的一个重要"引擎"。典型实例尚有:

- 滨湖地带改造:如杭州湖滨、杨公堤

景区城市设计;

- 历史街区保护更新:如河坊街、南京夫子庙、上海新天地;
- 高校园区建设:如浙大紫金港新校区、南京仙林等高校园区;
- 湿地保护:如杭州西溪湿地等。

1.6 城市设计学科的特点

1.6.1 城市设计是一门年轻又古老的学科

1. 城市设计古已有之

城市设计几乎与城市文明的历史同样悠久。从古代亚洲和古希腊、罗马时代开始,当人们开始定居、建筑住房时,就有关于自身居住选址与样式的考虑了。城镇大都沿着河道发展起来,并考虑风向、位置、环境等要求。我国春秋战国时代的《管子·度地篇》中就记载有"高勿近阜而水用足,低勿近水而沟防省"[①]的选址要求。城镇的形态受原始宗教的影响,采用如"占卜"、"作邑"等由僧侣抓沙撒地的仪式来决定未来形态。在古代,城市设计与城市规划、建筑学密不可分,概念几可等同。只是到了20世纪以后才出现了建筑学与城市规划的分离,并导致现代城市设计的产生。

在长期的城市营建过程中人们总结出了不少经典城市营建理论与模式。在中国有《周礼·考工记》的营国制度思想:"匠人营国,方九里,旁三门,国中九经九纬,经涂九轨,左祖右社,前朝后市,市朝一夫"[②],以及《管子》的自由城思想、"风水"理论等。

---

① 同济大学主编.城市规划原理(第二版)[M]. 中国建筑工业出版社,1991.
② 董鉴泓.中国城市建设史[M]. 中国建筑工业出版社,1989.

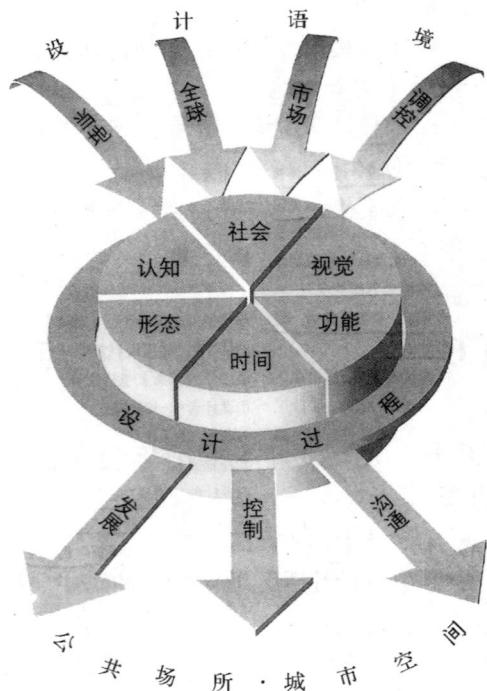

图 1-6-1　城市设计的语境与维度

(资料来源：Matthea Carmona 等编著，冯江等译，2005)

在西方则有罗马时期维特鲁维的《建筑十书》等。上述思想与模式深刻地影响着中西方城市的营建，构成了古代城市设计思想最为精华的要素。

在实践方面，比较著名的案例有：唐长安、明清北京、15 世纪意大利威尼斯圣马可广场、17 世纪巴黎改建、美国华盛顿、巴西利亚和堪培拉、等等，都是中西方古代城市建设史上无比杰出的典范。

2. 城市设计是一门年轻的学科

尽管城市设计的内容和城市本身一样古老，但"城市设计"这个名词的出现却晚得多。奥地利建筑师卡米罗·西特被公认为现代城市设计的鼻祖，他在 1889 年出版的《城市的建造》一书是最早对城市形态的设计进行系统论述的著作。他通过对传统城

市空间，特别是中世纪和文艺复兴时期经典的城市广场、街道的研究，总结出一系列的城市设计原则。他认为是广场和街道而不是建筑物是设计的主体，应以人的活动和感知为出发点，倡导不规则、非轴线、适当尺度的城市空间，并提出空间形态之间组合的规律。1920 年代，美国建筑师协会（AIA）下面成立了第一个"城市设计委员会"，城市设计开始逐步为人所关注。1943年，沙里宁出版了名著《城市：它的发展、衰败和未来》，在书中，他完整地提出了城市设计的基本原则，可以说，这些原则直至今日仍具借鉴意义。1960 年代以后城市设计由于契合了时代所需，无论从广度还是深度上都得到极大的发展。

我国自 1980 年代开始陆续引入西方现代城市设计思想，结合中国城市化进程的实际，在对现代城市设计理论"吸收、消化和本土化改造"的基础上，初步形成了具有本国特色的城市设计理论。然而有关：

（1）城市设计是什么？

（2）城市设计理论构成与学科体系？

（3）在规划体系中的法律地位？

（4）城市设计实践主体、对象、成果内容与实施机制？

等等问题，尚未取得具有普遍性的共识，还有待做大量深入的研究。也正如《都市设计在台湾》绪言指出："都市设计是今年来专业界热门的话题，但是实作的经验却不是很多，而本书的重要性是国内第一本有系统地整理我们本土实践经验的专书……事实上，即使在先进都市的发展历史中，都市设计的专业努力也只有三、四十年的经验，对都市设计的定位也没有共同的看法。但为了解脱现代都市日益恶化的环境，都市设计绝对是一个极具潜力的出路。"城市设计发展在我国总体是年轻的，这种年轻一方面是相对于建筑学和城市规划等学科的

发展完善程度而言,另一方面也指相对于国外近一个世纪的发展我国的研究才刚刚起步。随着社会经济体制的转型,我国城市设计理论的发展任重而道远。建立城市设计完善的理论体系、普遍提高社会接受度、挖掘与开发城市设计巨大的功能潜力都显得十分迫切。

1.6.2　城市设计的多纬度特性①

由 Matthew Carmona 等编著的《城市设计的维度》是一本最新理解城市设计概念及其特性的很好的书。Carmona 认为城市设计是这样一个过程:其答案没有正误之分,只有好坏之别,其质量只能通过时间来检验。并指出"城市设计的外延是广泛而模糊的,但其核心观念是明确的:为人创造场所"。城市设计由三大环节组成。一是,城市设计活动背景的不同语境,包括当地的、全球的、市场的和调控的语境。二是,可以从六个不同的角度(维度)来认识城市设计——"形态的"、"认知的"、"社会的"、"视觉的"、"功能的"和"时间的"。指出"这六项互相交叠的维度也是城市设计的'日常主题'",城市设计四种语境涵盖了这六种维度,"而设计作为解决问题的过程,是将这些维度和语境串连起来的逻辑链"。只有同时考虑了这四种语境与所有这些维度,城市设计才能被完整的认识。三是,城市设计的执行和传达机制——城市设计如何进行、控制与交流,也就是城市设计从理论走向操作的途径。"(图 1-6-1)Carmona 这本书的最大特征是采用一种整体的写作方法,对我们较好的了解西方城市设计相关理论以及理解城市设计概念提供了一种清晰的构架。

1. 城市设计语境

城市设计活动总是处于特定的语境中,对于单个设计项目和活动来说,语境必须当作已知的条件来接受。

(1)"当地语境"可以认为包括场地及其周边紧邻的区域。考虑当地语境某种意义上就是尊重场所与文脉。通常城市开发项目越大,其控制与创造的语境范围也越大。Buchanan(1988)认为"语境"不是狭义形式上的环境,而包括土地利用模式、土地价值、历史和象征意义以及其他社会文化等。Lang(1994)认为所有的环境都包含四个部分:地理环境、生命环境、社会环境和文化环境。

(2)"全球语境",主要指设计师对全球环境的一种责任应对。如考虑全球变暖、气候变化、自然环境污染和石油资源枯竭等问题,坚持生态设计准则,促进城市环境可持续发展。

(3)"市场语境"和"调控语境"是一枚硬币的两面。在市场经济社会中,每个人、组织都被市场这只看不见的手所引导,追求自身利益的最大化,城市设计活动产生于以基本供求关系为基础的环境之中。然而由于土地具有的"溢出效应"会对整体环境产生或好或坏的影响,并且市场追求利益的短期性,故此有必要基于长远、整体利益通过政府的"调控语境"对其制订制度框架和控制措施。

2. 城市设计维度

(1)形态维度。关注城市的形态、空间的布局和结构。Carmona 认为本质上存在两类城市空间体系:"传统的"和"现代的"。"传统的"城市空间由作为城市街区构成元素的建筑组成,界定街区和围合外部空间。

① Matthew Carmona, Tim Heath, Taner Oc 等编著,冯江,袁粤,万谦等译.城市设计的纬度[M].江苏科学技术出版社,2005.

"现代的"城市空间,非常典型的是由景观环境中随意摆放的"亭子式"建筑所组成(图1-6-2)。

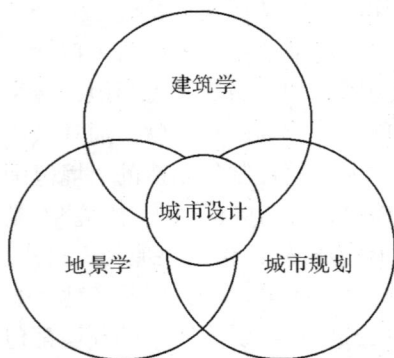

图1-6-2 "三位一体"构成了城市设计的核心内涵

（2）认知维度。主要是从人们怎样感知环境和怎样体验场所的角度来认知环境,然后从场所感、无场所和"虚构"场所的现象讨论场所的建构。其价值在于对人的强调和他们如何认知、评价城市环境,以及如何从中抽取意义和赋予其意义。这种方法在理性与感性之间建立了一种关联性。

（3）社会维度。空间与社会是相互关联的,它们之间是一种双向过程,人们在创造和改造空间的同时也被空间以各种方式影响着。很难想象一个没有空间要素的社会,同样也很难想象一处没有社会内容的"空间"。社会空间主要包含五个关键点:一是人与空间的关系;二是"公共领域"与"公共生活";三是邻里关系;四是环境安全与治安;五是可达性。

（4）视觉维度,或者称"视觉美学维度"。建筑与城市是唯一真正不可避免的公共艺术形式。人们可以选择是否体验艺术、文学和音乐,而城市设计却不能选择,是"日常生活中,人们必须穿越和体验城市环境的公共部分"。有些"高雅艺术形式"可以只服务于小范围的特定观众,但城市的形态和风貌却必须满足更广泛的经常性的公众体验之需。该维度聚焦于三个主要问题:一,审美偏爱;二,城市空间于城镇景观的空间和美学品质评价;三,建筑以及硬质和软质景观。

（5）功能维度。功能的问题也即城市空间如何起作用以及设计师如何才能创造"更好"场所的问题。这其中除了与一般意义的"社会用途"、"视觉形象"有关以外,更涉及诸多方面的细节设计。如与社会因素有关的有:公共空间的质量,空间的社会用途、运动性、私密性;与视觉形象有关的有:公共空间的形状、中心和边界,环境设计;其他如土地混和使用和密度关乎场所的活力,基础网络则为场所运行提供了支撑前提。

（6）时间维度。城市是一个四维空间,第四维就是时间。时间有两种变化形式,周期性的变化(如心跳、呼吸、日月轮回、四季交替、浪涌)和渐进的、发展的、不可逆转的变化(如生长和衰弱)。时间与空间总是紧密联系在一起。正如 Kevin Lynch 在《场所中的时间》(What Time Is This Place?)一书中提出,时间和空间是"我们体验环境的基本框架,我们生活于时空之中"。时间维度包含三方面内容:一,空间中的时间周期和不同活动的时间组织;二,环境的时间变化与不变性（延续性与稳定性）的理解与设计;三,城市设计方案、政策的变化与发展。

1.6.3 城市设计是一门充满魅力的学科,提供了一个崭新的实践舞台

1.魅力之一:城市设计是城市规划、建筑学、景观园林的大融合[1]

当今的城市是一个"复杂的开放的巨系

---

[1] 吴良镛.人居环境科学导论[M]. 中国建筑工业出版社,2001.

46

统"，城市设计的走向之一是通过城市设计观念，加强建筑学、园林学、城市规划三者之间的整合，利用多学科的优势，创造"建筑·园林·城市三位一体"的整体城市环境(图1-6-2)。

城市设计的主体对象是城市人居环境，其实践目标即为了提高城市人居环境的综合质量。按照吴良镛先生的思想，人居环境科学是一个开放的综合的概念，它是由多个学科组成的学科群(Sciences)。根据人居环境的不同方面可以有不同的学科核心和学科体系，但就人居环境的物质建设来说"以建筑、地景(Landscape architecture)、城市规划三位一体，构成人居环境科学的大系统中的'主导专业'(Leading discipline)"(图1-6-3)。现代城市规划、建筑学、景观园林的发展有着共同的背景，尽管三者考虑问题的角度不同，所采取的手段不同，但有着共同的目标——创造宜人的人居环境。从这种意义上来说城市规划、建筑学、景观园林构成了城市设计的当然内涵，城市设计是城市规划、建筑学、景观园林的大融合。

吴良镛先生认为"现代城市设计是将人居环境及其相关部分进行四维的设计，'将人工构筑物与自然环境相结合服务于现代生活的艺术'(C.Stein)"。城市设计是人居环境科学研究落实到具体物质规划建设指导的有力工具和武器。城市设计也自然传承、遵循人居环境学科的一般方法论特性与设计理念。如关于"系统与复杂性"的思想；采用"融贯的综合研究"(图1-6-4)和"以问题为导向"的研究方法；汇"时间—空间—人间"为一体的环境规划设计时空观；等等。

环境的构成是一个综合的概念，环境质量的提升必须借助于多学科的知识。一个合格的城市设计师，既需要城市规划的综合理性思维，又需要建筑学的造型与技术能力，还需要景观生态的园林知识，"城

市规划、建筑学、景观园林"构成了城市设计最为核心的内涵。

2. 魅力之二：城市设计是理论与实践的统一，科学与艺术的结合

从系统论的角度看，城市规划是塔尖，建筑设计是塔基，而城市设计相当于塔身构成一个多级递阶系统(图1-6-5)。城市设计沟通了城市规划与建筑设计之间的关系，既帮助规划物化又能使建筑设计有序，从而也使城市设计兼具两者特点。城市规划具有宏观、综合、控制与理论性的特点；建筑学则更多的表现出艺术、技术与实践的特点。城市设计则是理论与实践的统一。

理论的作用主要表现为对实践给予方法论的指导，然而仅仅有方法论设计不出一个好的作品，更不能塑造一个好的艺术环境，就像仅有"语法"不能保证写出好的

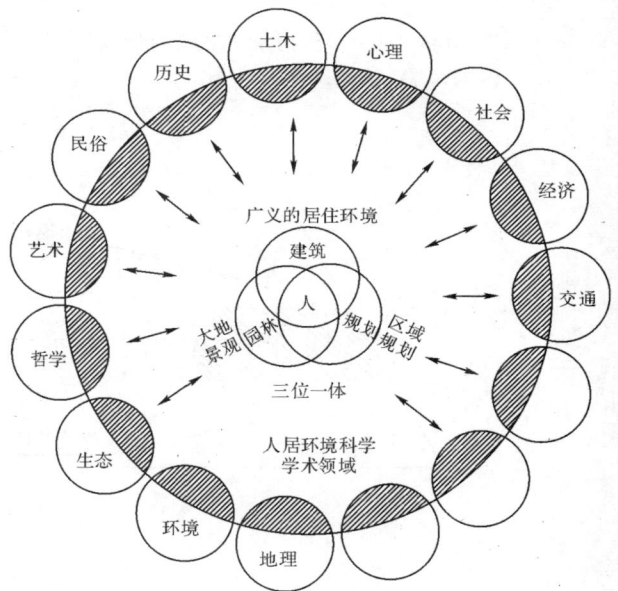

图1-6-3　开放的人居环境科学创造系统示意——人居环境科学的学术框架

(资料来源:吴良镛.人居环境科学导论[M].中国建筑工业出版社,2001)

单学科: 孤独的专业化

多学科: 互不联系

多学科: 有所联系

学科相交: 单方向相结合

交叉学科: 较高水平感念的
         协作配合

触贯学科: 多层次的结合 →

科学间协作渗透的发展步骤

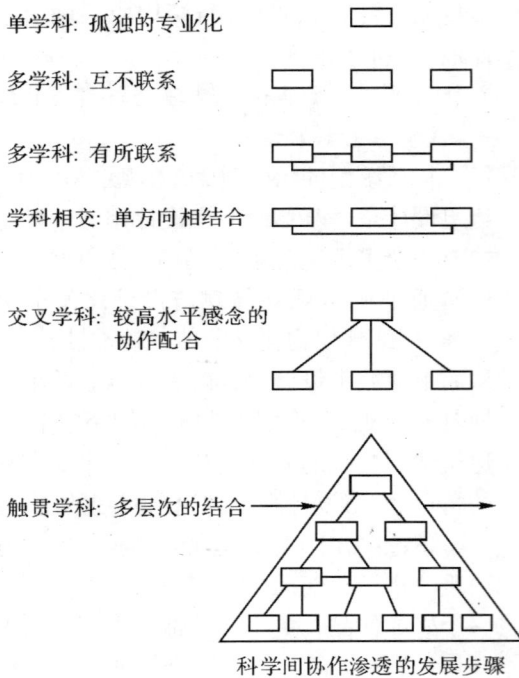

图 1-6-4 从单学科到"融贯的综合研究"
(资料来源:吴良镛,2001)

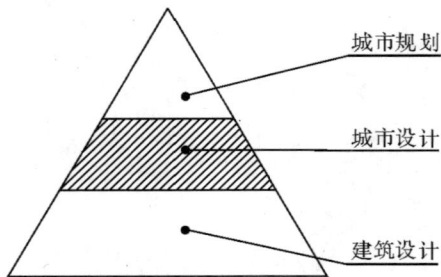

城市规划

城市设计

建筑设计

图 1-6-5 城市设计与城市规划、建筑学之
间的金字塔关系

文章,仅有"构图原理"未必能形成好的绘画作品一样。只有在理性分析的基础上,发挥设计者艺术创造的能动性,才能形成好的环境意境。城市设计作为优化城市环境的专业实践,应当坚持"逻辑思维与形象思维"的双向互动,综合运用芒福德所倡导的"双重视觉"(a double vision),也即用心与脑来发展"科学中的艺术"和"艺术中的科学",力求达到"科学与艺术"的结合。城市环境形象创造的三项指导原则是:一,外得造化,中得心源;二,人工环境与自然环境的巧为因借,相得益彰;三,基本原则的一致性与形象的多样性,"一法得道,变化万千"[①]。

3. 魅力之三: 开辟了一个崭新的实践领域——城市外部环境设计

西方工业革命后,城市规划与建筑学的分离呼唤着注重城市公共空间环境品质的城市设计的产生。与工业革命相伴随的现代科学技术的产生与发展,促使建设行业分工越来越细,出现了建筑学、景观学、道路工程、市政工程、交通工程、桥梁工程和地下工程等专业学科。专业学科的发展一方面极大地推动了各行业的技术进步,另一方面,也直接导致了城市建成环境各专业工种的"各自为政"与整体性的缺失。进入后工业化,强调多学科的"交叉与融合"逐渐成为时代的主旋律。城市设计作为跨学科的专业整合,显然适应了后工业时代城市发展的需要。

再从城市化进程的角度来说,西方发达国家经过 100 多年的工业化过程,城市进入了后工业时代。城市的发展命题,已由外延发展转到内涵提升,城市设计作为肩负城市内涵品质提升的专业学科,其重要性重新得到认识。尤其是进入 1990 年代以

---

① 吴良镛.人居环境科学导论[M]. 中国建筑工业出版社,2001.

繁忙的工厂和穿梭的车流（上）与宁静的水面和惬意
的人流（下）共同构成一副生动的城市生活画面.

在室内,吊车的机械构件成为装饰构件（上）在室外,
被弃用的吊车又构成岛上特有的地面标志物（下）.它
们时时向人们传达着历史的信息.

轮渡（下）与步行系统（左）将这一城市公园与繁华的城市
中心联系为一体,并且在一定程度上缓解了岛上的交通负担.

图 1-6-6　加拿大格兰威尔岛更新改造

(资料来源:国外城市规划,1999(1))

来，随着科技的进步、交通运输的发展，全球经济一体化进程进一步加快。城市产业分工早已超出国家范围，在全球实现了优势布点。西方国家普遍面临着城市产业的更新换代，如一些老旧的工业区、港口区面临着产业衰退、经济停滞不前、失业、城市环境恶化等一系列问题，急需进行更新改造。城市设计作为推动城市产业更新，增强城市活力的重要技术手段，在西方国家得到了极大的推崇，并取得了很好的效果。如加拿大格兰威尔岛更新改造项目（图1-6-6），城市设计师豪森（Norman Hotson）提出建设"城市公园"（urban park）设想，把没落的传统工业中心建设成为功能完善、设施齐全、环境优美，集商业、旅游、文化、娱乐和服务为一体的现代城市社区中心，使格兰威尔岛成为一个健康的、充满活力的"公众场所"。还有如印第安纳州首府滨河区更新等（图1-6-7）。

进入21世纪，信息技术进一步发展，很多事情包括工作不出家门就可以完成，但这一现象并没有降低人们对公共空间的兴趣。正如约翰·莫里斯·迪克逊在《城市空间与景观设计》一书中指出那样："现在，人们有理由担心的是现代社会中的人们正不断地退回到私人领域中去。计算机互联网已经使在自己家里工作、在自己的家中购物，以及最终在自己的家里进行娱乐活动等成为可能……与此同时，似乎全世界的人们，不管他们的政治和经济背景如何，几乎都认为必须采取行动来抵制这种私密性倾向，并鼓励人们到公共场所去聚会。尽管在自己的家中由点子替代物，如今人们还是会去拥挤的购物场所、电影院、健身中心和俱乐部，……只要公共领域形成人们喜欢的街道、广场和公园，老百姓就会蜂拥而

图 1-6-7　印第安纳州首府滨河区设计
(资料来源:约翰·莫里斯·迪克逊,2001)

50

图 1-6-8　城市外部环境设计
(资料来源:约翰·莫里斯·迪克逊,2001)

至。"这说明公共空间并没有因为信息技术的广泛应用而受到人们的冷落,它的魅力是持久的。

现代城市设计的发展在西方也不过百年的历史,影响到我国那更是近二三十年的事情。改革开放以来,我国城市建设高速发展,城市面貌日新月异。然而,城市建成环境质量却不容乐观,出现了诸多不如意之处,如城市要素之间不协调,历史文化遭到忽视,城市特色渐渐消失,城市环境缺少活力等。我国的城市规划对社会经济的发展、土地资源的利用,以及交通、生态建设等方面发挥了巨大作用,但对优化城市环境方面却显得力不从心。规划与各个工程设计(建筑、景观和市政交通)之间存在断层。当城市从追求数量增长转到追求质量提升的阶段,人们开始越来越多地关注城市整体形态的完善、品质的优化和活力的提升①。加入 WTO 以后城市设计更成为增强各个地方城市竞争力的武器法宝,城市设计开始为学术界、政府部门、开发机构、城市居民逐步重视,城市设计研究日趋丰富起来。城市设计实践也从原先仅仅针对重点地段向一般地段,从发达地区向中西部地区推广普及开来。城市设计实践内容也更趋多元,由传统的中心区设计、居住区设计发展到滨水、公园、广场、街道、工业区、高校园区、体育公园的设计以及旧城改造与名城保护,等等。城市设计行为也由原先以展示为主向提升民生生活品质过渡,从而为培养公众环境意识,积极引导公众参与创造了条件,城市设计日趋成为一个独立的实践领域与学科体系,开辟了一个崭新的专业实践舞台(图 1-6-8)。

①卢济威.城市设计机制与创作实践[M]. 东南大学出版社,2005.

第2章　城市设计理论发展

2.1　古代城市设计发展

刘易斯·芒福德（Lewis Mumford）说"要想更深刻地理解城市的现状，我们必须掠过历史的天际线去考察那些依稀可变的踪迹，去了解城市更远古的结构和更原始的功能。这应成为我们城市研究的首要任务。"[①]"历史—现状—未来"是认识和把握城市设计思想演变的一条主脉，只有很好地了解城市与城市设计产生的历史背景、演变过程，才能更深刻地理解城市设计现状，从而更科学地预示城市设计发展的未来。

2.1.1　城市的产生与最初形制

1. 聚落的出现——从生存到生活，人类文明迈上一个新台阶

人类最初的居住方式是穴居、树居，固定聚落的产生只是在人类社会第一次大分工，农业和畜牧业相分离后才出现的。人类聚落产生之初就有对选址与功能布置的基本考虑了。如居民点一般都位于较为高爽、土壤肥沃松软地段，并靠近河湖水面。中国的长江、黄河，古埃及的尼罗河两岸及巴比伦的两河流域等都是人类文明最初的发源地。中国最早的村落遗址之一西安半坡遗址，距今 7000～8000 年，已经呈现出一定的功能分区，如住址与公共墓地，窑址与仓

① Lewis Mumford 著,宋俊岭等译.城市发展史:起源、演变和前景[M].中国建筑工业出版社,2005

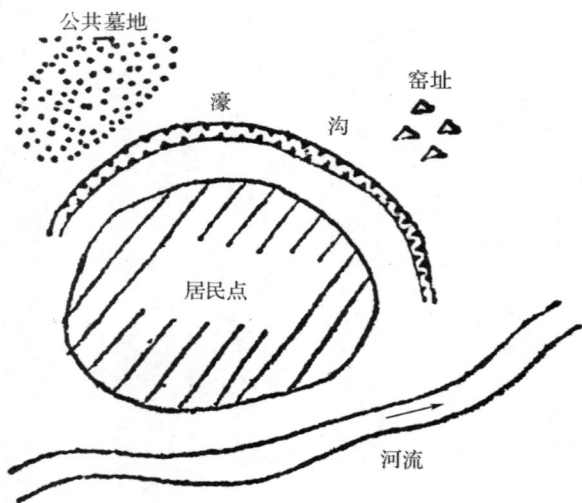

图 2-1-1 半坡原始村落示意图
(资料来源:董鉴泓.中国城市建设史[M].
中国建筑工业出版社,1989)

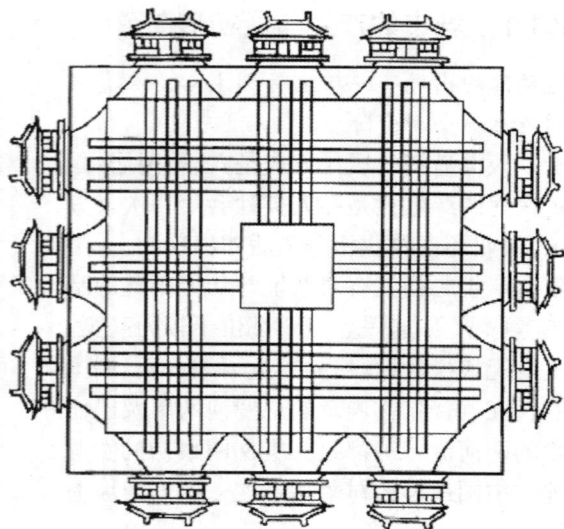

图 2-1-2 周王城复原想象图
(资料来源:董鉴泓,1989)

库区,等等(图 2-1-1)。定居和聚落的出现是人类从茹毛饮血向着文明迈进的第一步,意义重大,使原本单纯的生存行为变成丰富和复杂的群居生活。有人认为以目前世界上最发达的城市文明与最原始的人类聚落相比,两者在本质上并没有多大的差别,其根本都是群体生活和群体环境的创造。

2."城"与"市"的结合——城市的产生

城市是伴随着人类第二、第三次社会大分工,手工业、商业从农业与畜牧业中分离,导致剩余产品出现与私有财产交换而产生的。考古学将城市、文字、青铜器、大型礼制建筑的出现列为人类四大文明成果。城市是"城"与"市"的结合,城为防卫设施,传说中夏代就有:"筑城以卫君,造廓以守民";"市"指交易场所,常称"市井"。亚里士多德说:"人们聚集到城市中为了生活,期望在城市中生活的更好。"从社会学角度看,从村庄到城市是由血缘社会向地缘社会的发展,它们两者的最本质区别是,城市形成了一种有别于村落的新型居住模式和生活方式,产生了与乡村生活完全不同的新的社会生活。城市挑战了村庄生活,"使之脱离以饮食和生育为宗旨的轨道,去追求一种比生存更高的目的。"[1]

3.城市型制

"聚落形态的产生总是人的企图和人的价值取向的结果"[2],这种企图具体表现在城市选址与建设型制上,如《管子·度地篇》的选址要求、春秋战国《周礼·考工记》的营国制度思想等,其中营国制度思想更是成为后世历代都城营建所尊崇的范式(图 2-1-2)。典型实例如唐长安、宋汴梁、元

---

①洪亮平.城市设计历程[M].中国建筑工业出版社,2002.
②[美]凯文.林奇著,林庆怡等译.城市形态[M].华夏出版社,2001:25

大都等,其中明清北京城尤为著名与典型。

各大文明城邑修建被认为是同源的说法为大多数学者所认可。世界其他地区的城市也已具备一些基本形态,比较著名的实例有美索不达米亚乌尔城(卵形)(图2-1-3),古埃及的卡洪城(Kahun)(矩形)(图2-1-4)等。在乌尔城和卡洪城平面中奴隶和普通平民的居住地都已经反映出了鲜明的阶级差别。这一时期由于缺乏科学知识,原始宗教成为当时的主流文化,建城多采用"占卜"和"作邑"等做法。

2.1.2 古希腊时期城市设计

1.古希腊是西方古典文化的先驱、欧洲文明的摇篮

古希腊时期追求社区和城邦精神,充满对人性的讴歌,城市建设追求一种美好、平等的自由民的社区生活。传世作是雅典城与卫城(图2-1-5,2-1-6)。

(1)雅典背山面海,城市布局呈不规则,无轴线关系,城市中心为卫城,集中布置圣地建筑群,居民定居点及城市从山脚

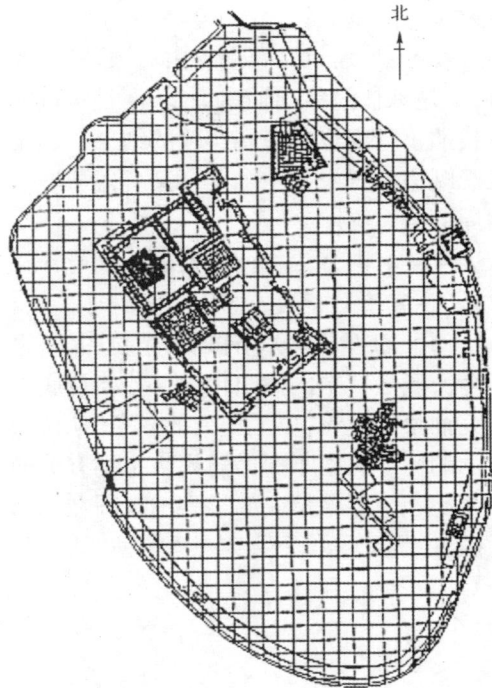

图 2-1-3 美索不达米亚乌尔城

(资料来源:沈玉麟.外国城市建设史[M].中国建筑工业出版社,1989)

图 2-1-4 古埃及的卡洪城

(资料来源:沈玉麟.外国城市建设史[M].中国建筑工业出版社,1989)

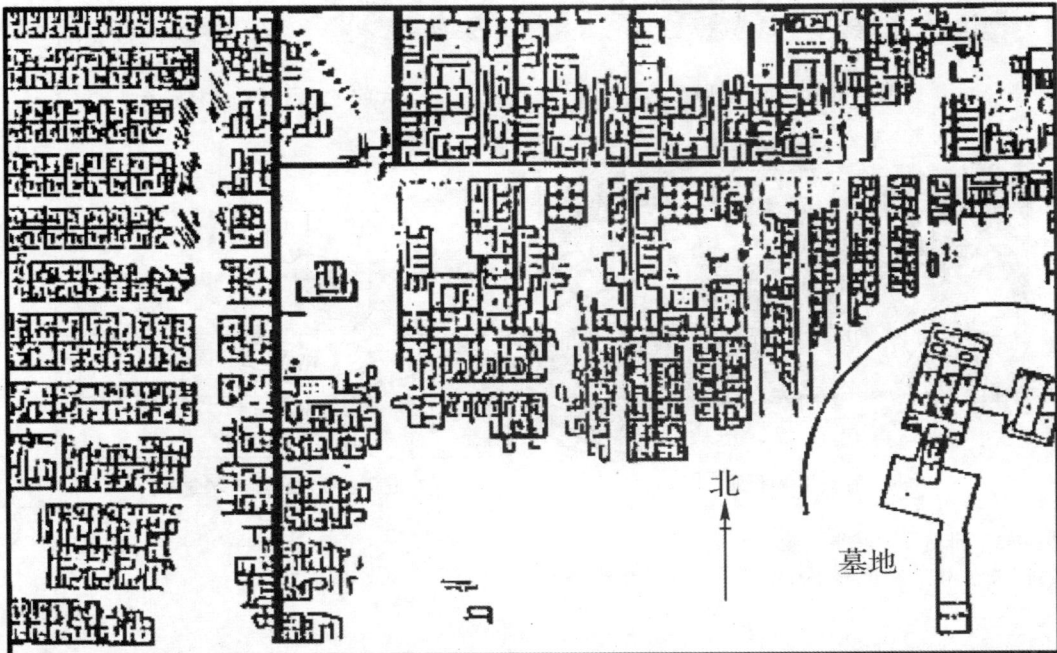

下逐步向外发展；

（2）卫城建筑群布局自由活泼，顺应地势，不是刻板简单的轴线关系，而是经过人们长期步行观察思考和实践的结果。建筑景观既考虑置身其中之美，又考虑从城下四周仰望之美。

2. 古希腊时期自然、质朴、充满人性的社会生活，孕育了全新的城市人

伟大的哲学家苏格拉底、柏拉图、亚里士多德便是其中的杰出代表。苏格拉底不讲究抽象的虚无，更无僵死的教条，他认为哲学的任务只限于探讨与人生幸福有关的道德问题。苏格拉底的学生柏拉图在《理想国》中提出了"理性、秩序"一种"社会几

何学家"式的城市建设构想，柏拉图的学生亚里士多德更是整理并发展了社会秩序构想，对希腊后期城市（如希波丹姆型制）带来影响，并也为2000多年后霍华德的《花园城市》理论埋下了种子。

3. 希波丹姆的米列都城是西方历史上第一次理论实践上采用正交街道系统，成十字格网

希波战争前，希腊城市大多式自发形成，在战争之后则主要按希波丹姆型制进行建设。希波丹姆在历史上被誉为"城市规划之父"，他遵循古希腊哲理，探求几何和数的和谐，以取得秩序和美。城市典型平面为两条垂直大街从城市中心通过；城市分

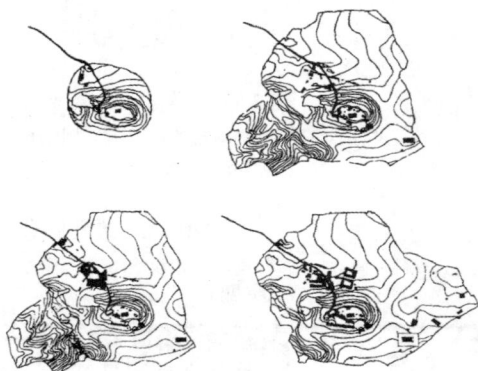

雅典卫城的历史发展

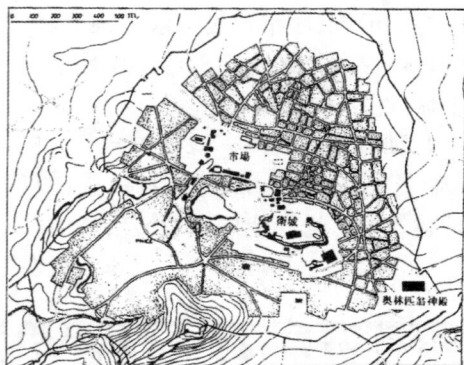

公元前5世纪下半叶的雅典平面

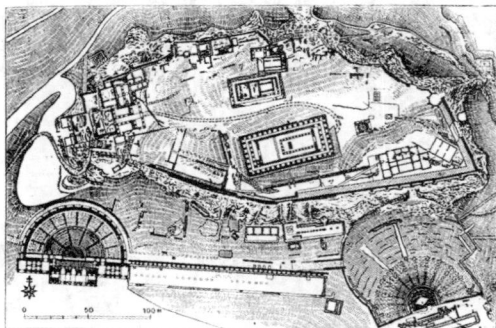

雅典卫城平面

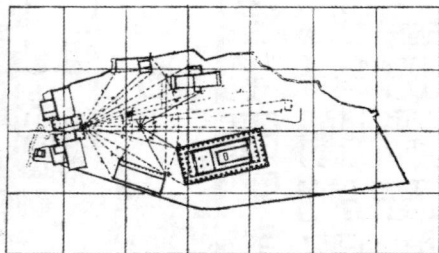

道萨迪斯对雅典卫城的分析

图 2-1-5　雅典及卫城平面图
(资料来源:王建国.城市设计[M].中国建筑工业出版社,1999)

56

图 2-1-6　雅典卫城远眺
(资料来源:Lewis Mumford 著,宋俊岭等译,2005)

为若干主要部分:圣地、主要公共建筑区、私宅地段等，这些规划思想在 475 年的米列都城(Miletus)(图 2-1-7)营建中得到了完整体现。

2.1.3　古罗马时期城市设计

1. "罗马城市所使用的文化基石主要采自两种其他文化，即古伊特鲁里亚文化及古希腊文化"[1]

前者给罗马城市设计带来了宗教思想,后者使希腊化时期希波丹姆式城市设计原则在罗马城市中得到进一步运用与发展,并吸收了东方各国的营建经验,具有"拿来主义"的文化特征。古罗马时代已有正式城市

规划思想，内容包括五个要素:(1) 选址；(2) 划分地区与地块；(3) 确定道路走向；(4)宗教思想；(5)规则的平面布局。

2. 罗马城市建设的成就集中体现在城市广场群、军事营塞和城市工程

(1)广场群。共和时期的罗马广场群是罗马城市社会、政治和经济活动的中心,周围建筑比较散乱,建筑物彼此在形式上与整体不甚协调。到了帝国时期,帝国广场改变了性质，成为皇帝们为个人树碑立传的纪念场所,广场形式逐渐由开敞转为封闭,由自有转为严整。共和广场上的建筑物强调自我突出,与广场整体不甚协调。而帝国广场的建筑实体从属于广场空间，由广场

---

[1] Lewis Mumford 著,宋俊岭等译.城市发展史:起源、演变和前景[M].中国建筑工业出版社,2005.

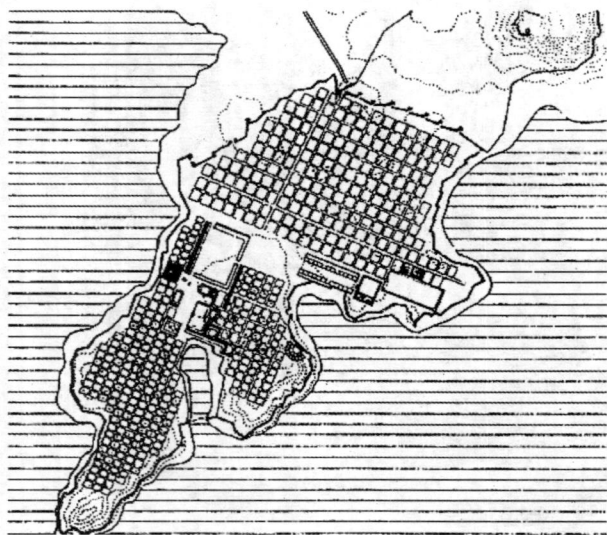

图 2-1-7　米列都城

(资料来源:王建国,1999)

图 2-1- 8　罗马共和广场和帝国广场

(资料来源:沈玉麟,1989)

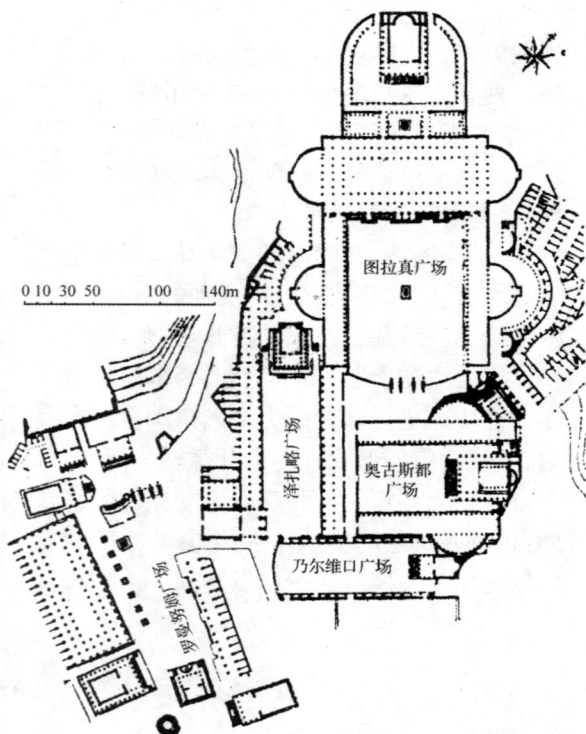

上的方形、直线形和半圆形的空间组成,各个广场轴线成十字相交(图 2-1-8)。

(2)军事营塞。城市呈正方形、正南北朝向、十字中心,总体上讲究气派、权利、威严,善于运用轴线。如北非提姆加德(Timgad)(图 2-1-9),城市有两条相互垂直的大干道成十字交叉或十字式相交,在交点处是城市的中心广场。城市路网为方格网,城市里有剧场、浴场等大型公共建筑。在主要道路起迄点和交叉点,常有壮丽的凯旋门,凯旋门之间是长长的列柱街,极为雄伟。

(3)城市工程。罗马帝国时期,城市工程设施达到很高的水平,有宽阔的大石板大街,列柱街形成的柱廊,桥梁、城墙、输水道,等等。

3. 维特鲁威的《建筑十书》

奥古斯都的御用建筑师维特鲁威(Vitruvius)著作的《建筑十书》是古罗马建设辉煌的历史总结,也是全世界遗留至今的第一部最完备的和最有影响的城市设计珍贵书籍。该书对城市的选址、城市形态、城市布局等提出了精辟的见解,维特鲁威继承了古希腊柏拉图、亚里斯多德的哲学思想与城市建设理论,提出了理想城市的模型(图 2-1-10),该模型对其后文艺复时期的城市设计有极其重要的影响。

2.1.4　欧洲中世纪城市——如画城市

1. 基督教的胜利[①]

公元 5 世纪,罗马帝国由的"寄生经济与掠夺政治制度"而一步步走向死亡,一种新的社会生活——基督教的教会社区生活便开始占据主导地位(图 2-1-11)。城市划

---

① Lewis Mumford 著,宋俊岭等译.城市发展史:起源、演变和前景[M].中国建筑工业出版社,2005.

分为若干教区，教区范围内分布着一些辖区小教堂和水井、喷泉，每个城市居民隶属于一个特定的教区。教会从人们的信仰与精神生活入手，最终建立起严密、理性规范，又富有人情味的社会秩序，实现了宗教生活、城市生活与城市空间的三位一体。

中世纪由于市民阶层的兴起创造了新的城市文化，更多地代表了大多数市民的公共利益及其价值观，建立了一种相对公平的游戏规则。然而中世纪初期以农业为主的自然经济，使得城市极度衰败，如古罗马城从 100 万人口降至 4 万人口。到了9—10 世纪，由于手工业与商业的兴起，城市才获得较大发展，出现了佛罗伦萨、威尼斯、锡耶纳等城市(图 2-1-12,2-1-13)。

2. 有机规划的特点[①]

中世纪城市是有机规划的城市，它具有如下特征：

（1）以一种"渐进主(Incremantalism)的方式成长起来，没有超自然的神奇色彩，也没有按照统一的设计意图建设，城市布局形态以环状与放射状为主。这种有机规划方式是"自下而上"发展的，"不是一开始就有个预先的发展目标；它是从需要出发，随机而遇，按需要进行建设，不断地修正，以适应需要，这样就日益变成连贯而又目的性，以致能产生一个最后的复杂的设计，这个设计和谐而统一，不下于事先制定的几何图案"[②]。有机规划方式，形式是自由的，但却具有很强的内在秩序感(城市社会秩序)。相反，那种只有形式秩序感(外在秩序)，把生动活泼、丰富多彩的城市生活

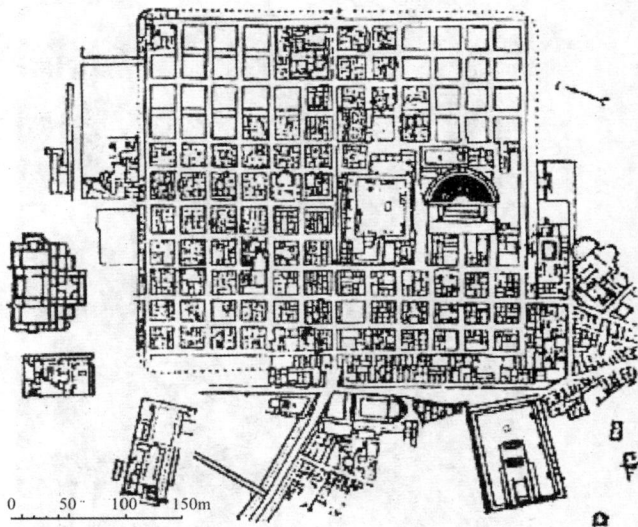

图 2-1-9　北非提姆加德
(资料来源:沈玉麟,1989)

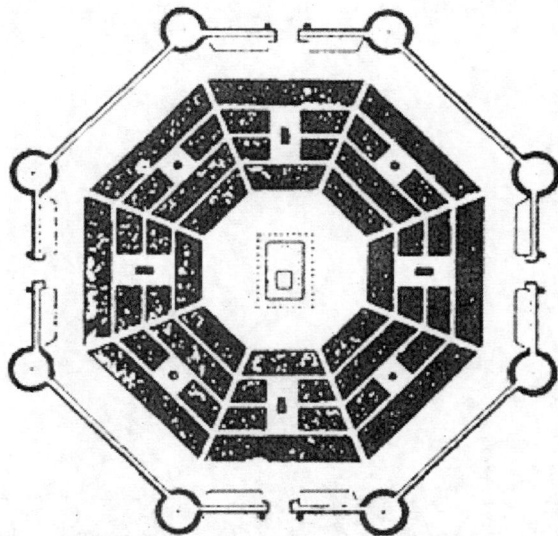

图 2-1-10　维特鲁威理想城市方案
(资料来源:沈玉麟,1989)

---

① 王建国.城市设计[M].中国建筑工业出版社,1999.

② 王建国.城市设计[M].中国建筑工业出版社,1999.

图 2-1-11　基督徒的理想

(资料来源:Lewis Mumford.城市发展史[M].中国建筑工业出版社,2005)

生硬装进其中的设计，却由于内在与外在秩序的不统一，最终阻碍城市社会生活的发展。有机发展模式,在城市发展速度极为缓慢的时期以及历史遗迹丰富的地区也许是适合的，但显然不适应城市处于快速发展期(如新城)的建设需要。此时有计划、有秩序的发展模式是一种必然需求，关键是城市在整个历史发展期能否保持一种内在的连贯、和谐与统一。事实上在中世纪后期,也出现了一些格网状城市。

（2）教堂、修道院和统治者的城堡位于中央，控制着城市的整体布局，并且广场也取得了重要的成就。

（3）城市规模尺度比古希腊和古罗马时期小，具有宜人的尺度，建筑环境亲切近人。

（4）城市建设充分利用制高点、河流水面和自然景色,从而形成各自的城市个性。

（5）每个城市都有自己的城市主色调。

图 2-1-12　威尼斯圣马克广场

图 2-1-13　佛罗伦萨夜景

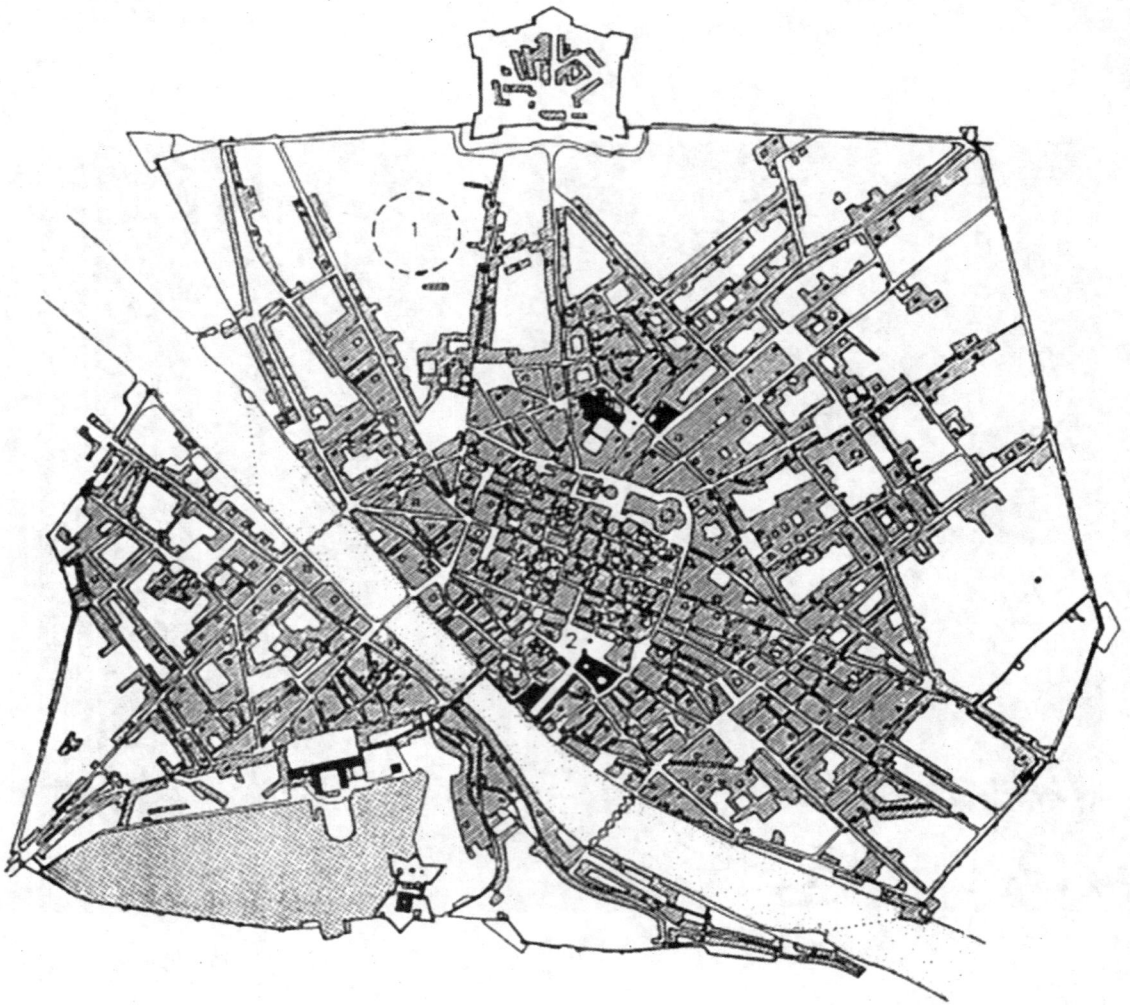

图 2-1-14　佛罗伦萨(上)、威尼斯平面(下)
(资料来源:王建国,1999)

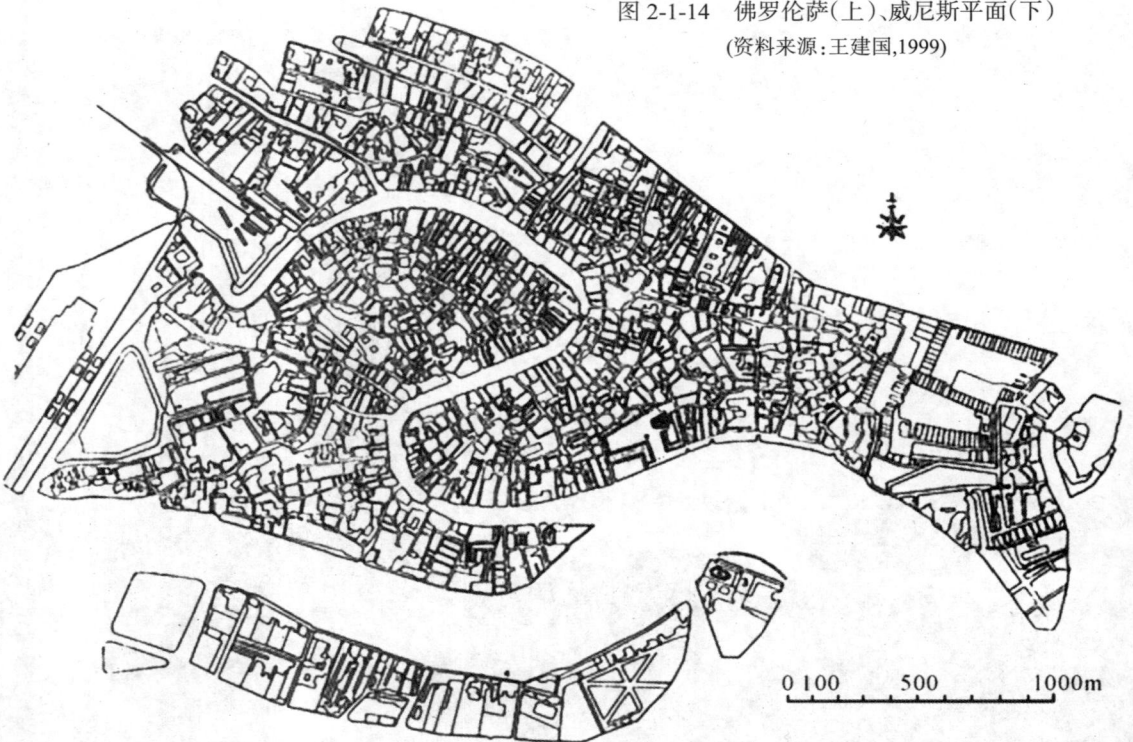

0 100　　500　　1000m

图 2-1-15　威尼斯街巷

如红色的锡耶那（Siena），黑与白的热那亚（Geona），灰色的巴黎，五彩缤纷的佛罗伦萨等。

3. 典型实例

（1）佛罗伦萨

它是当时意大利纺织业和银行业比较发达的经济中心。最初城市平面为长方形，路网较规则，以后成为自由布局。佛罗伦萨以市中心西格诺利亚广场著称于世，这是意大利最富有情趣的广场之一。广场上有市政厅，塔楼高 95 米，作为城市的标志（图 2-1-14）。

（2）威尼斯

意大利最富庶最强大的城市共和国，它是当时沟通东西方贸易的主要港口，也是意大利中世纪最美丽的水上城市。刘易斯·芒福德在《城市发展史》一书中描述到："中世纪结束时，欧洲有一个城市，由于她的美丽和财富，超然独树一帜。"[①]威尼斯城市水系作枝节状分布，一条大河从城中弯曲而过，形成以舟代车的水上交通，构成世界上最美丽的水上街景（图 2-1-14，2-1-15）。

---

① Lewis Mumford 著，宋俊岭等译.城市发展史：起源、演变和前景[M].中国建筑工业出版社,2005.

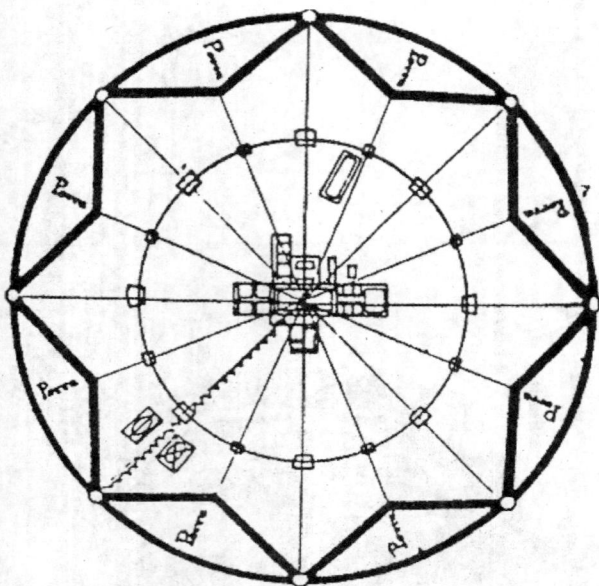

图 2-1-16 费拉锐特理想城
(资料来源:沈玉麟,1989,p.74-76)

图 2-1-17 萨尔路易
(资料来源:沈玉麟,1989,p.74-76)

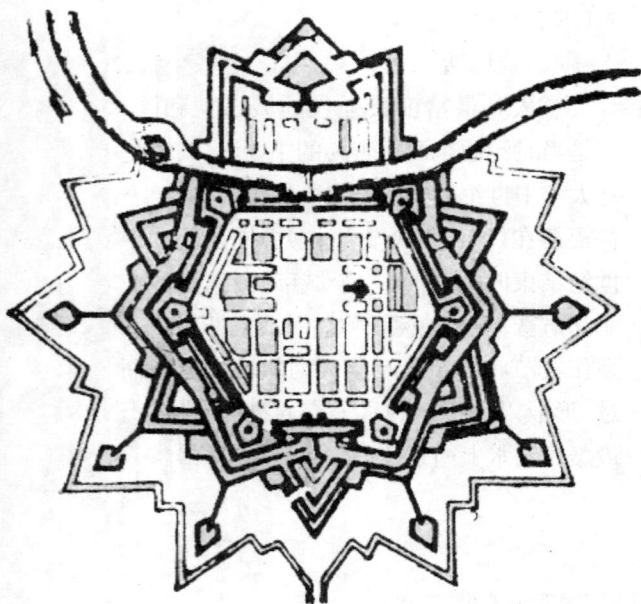

2.1.5 文艺复兴、巴洛克和绝对君权时期城市设计

文艺复兴最早产生在 14—15 世纪的意大利。文艺复兴一词原文是"再生"和"复兴"的意思,在形式上具有再生和复兴古典文化的特点,但它却是借助古典外衣而产生的一种新文化。城市中新兴资产阶级为维护和发展其政治、经济利益,要求在意识形态领域里反对教会精神统治。以新的世界观推翻神学、经院哲学以及僧侣主义的世界观,为资本主义建立统治地位制造舆论。

文艺复兴的核心是人文主义,它提倡人性、人权、人道,反对禁欲主义、蒙昧主义,提倡科学、理性,主张个性解放。在建筑尺度上重提古希腊哲学家普洛塔高瑞斯"人是万物的尺度"的格言。

1. 文艺复兴时期的城市设计理论

该时期地理学、数学等科学知识对城市布局影响很大。规划思想上越来越注重科学性、理性,规范化意识日趋浓厚。城市布局有正方形、八角形、多边形、圆形结构,道路多采用格网式、同心圆式系统等(图2-1-16)。

这时期的建筑师、城市规划师、城市设计师基本上是等同概念,他们大都具有很高的艺术素养,如米开朗基罗(Michelangelo)、拉斐尔(Raphael)、阿尔伯蒂(Alberti)等。

阿尔伯蒂继承了古罗马维特鲁威思想,发展出了理想城市理论,强调城市布局理性,正如同时期另一建筑师费拉锐特在《理想的城市》一书中所说"应该有理想的国家、理想的人、理想的城市"。文艺复兴时期建造的理想城市虽不多,但却影响了整个欧洲,特别是当时欧洲各国的军事防御城市如法国的萨尔路易(图 2-1-17)等大都采用这种模式。

64

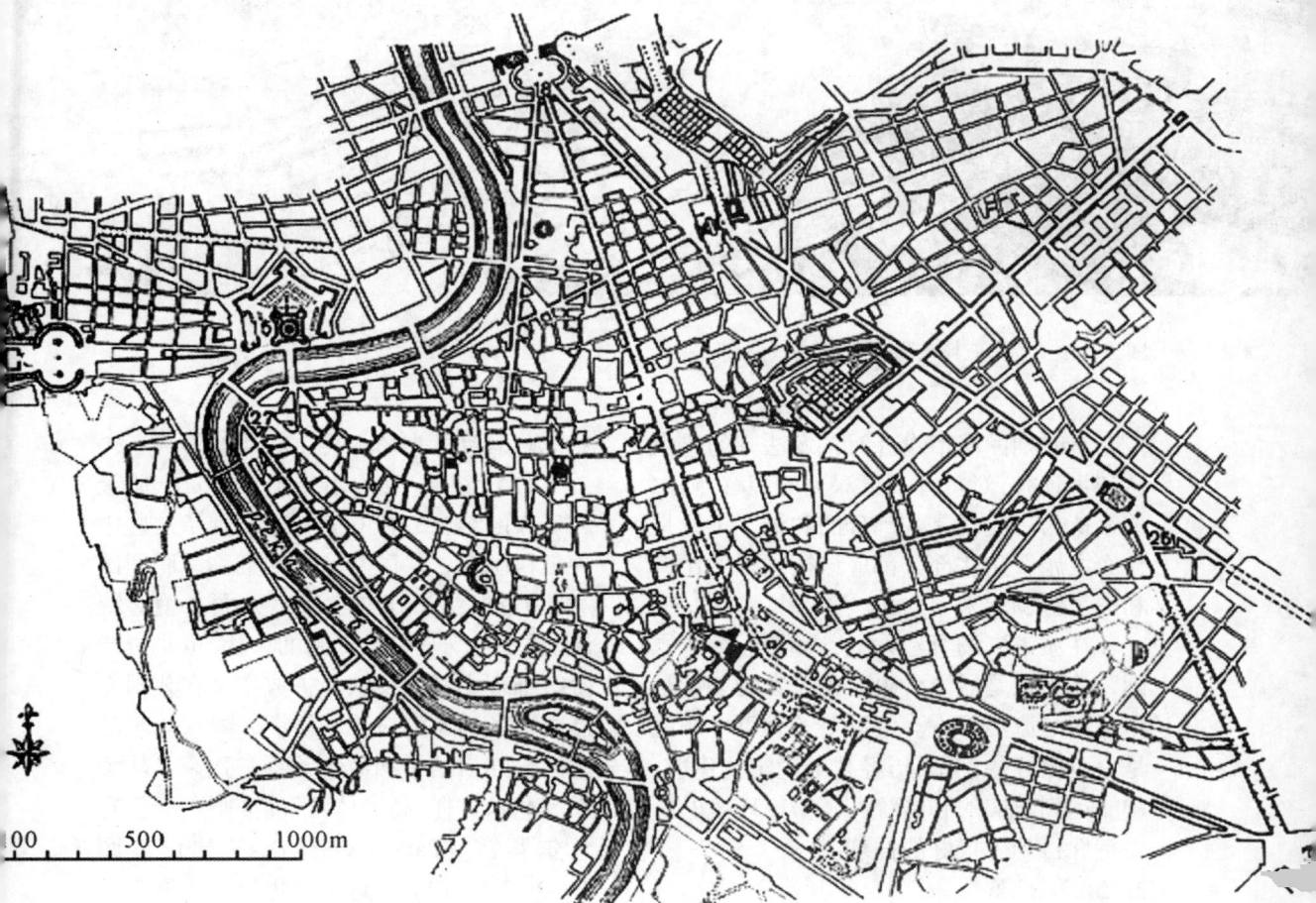

图 2-1-18　16～17 世纪罗马改建
(资料来源:沈玉麟,1989,p.79)

图 2-1-19　罗马广场鸟瞰

该时期的城市设计对艺术法则的追求达到了顶峰，对美有了更深刻的理解。阿尔伯蒂认为："美就是各部分的和谐，不论是什么主题，这些部分都应该按这样的比例和关系协调起来。"

在城市广场等建设上，遵循"后继者原则"，认为正是后继者决定先行者的创造是湮没还是流传下去。威尼斯圣马可广场就是一个很好的例子，历经几个世纪的建造，却能达到新旧的和谐统一，城市环境的历史特性得到了很好的体现。

2. 巴洛克风格

17 世纪以后文艺复兴发展为巴洛克时期。巴洛克时期城市空间强调运动感和序列景观，采取环形加放射的道路格局，城市的道路都和一些重要的节点相连，有助于把不同时期、不同风格的建筑物构成整体环境。城市设计放弃总图控制，注重细节与建筑设计。著名的例子有罗马改造（图2-1-18）、罗马市政广场等（图2-1-19）

3. 绝对君权时期的古典主义及其影响

17 世纪后半叶，由于国王与资产阶级新贵族的结合，在欧洲先后出现了一些中央集权国家，法国路易十四宣称"朕即国家"。古典主义在文学艺术方面占绝对统治地位，它既是君主专制的产物，也是资产阶级唯理主义的反映。古典主义在艺术作品中追求抽象的对称和协调，寻求艺术品的纯粹几何结构和数学关系，强调主从关系等艺术式样"高贵体裁"的准则。例子有凡尔赛宫（Palace Versailles）建设（图2-1-20,2-1-21）等。这种思想对西方城市建设产生重要影响，18 世纪巴黎改建、美国华盛顿设计、本世纪澳大利亚堪培拉设计都深受巴洛克思想和古典主义的影响。

4. 实 例

（1）奥斯曼巴黎改建

1853—1870 年间，拿破仑第三执政时，委任赛纳区长官欧斯曼主持巴黎大规模改建工作。改建的目的既是为了改造市

图 2-1-20　法国凡尔赛宫花园

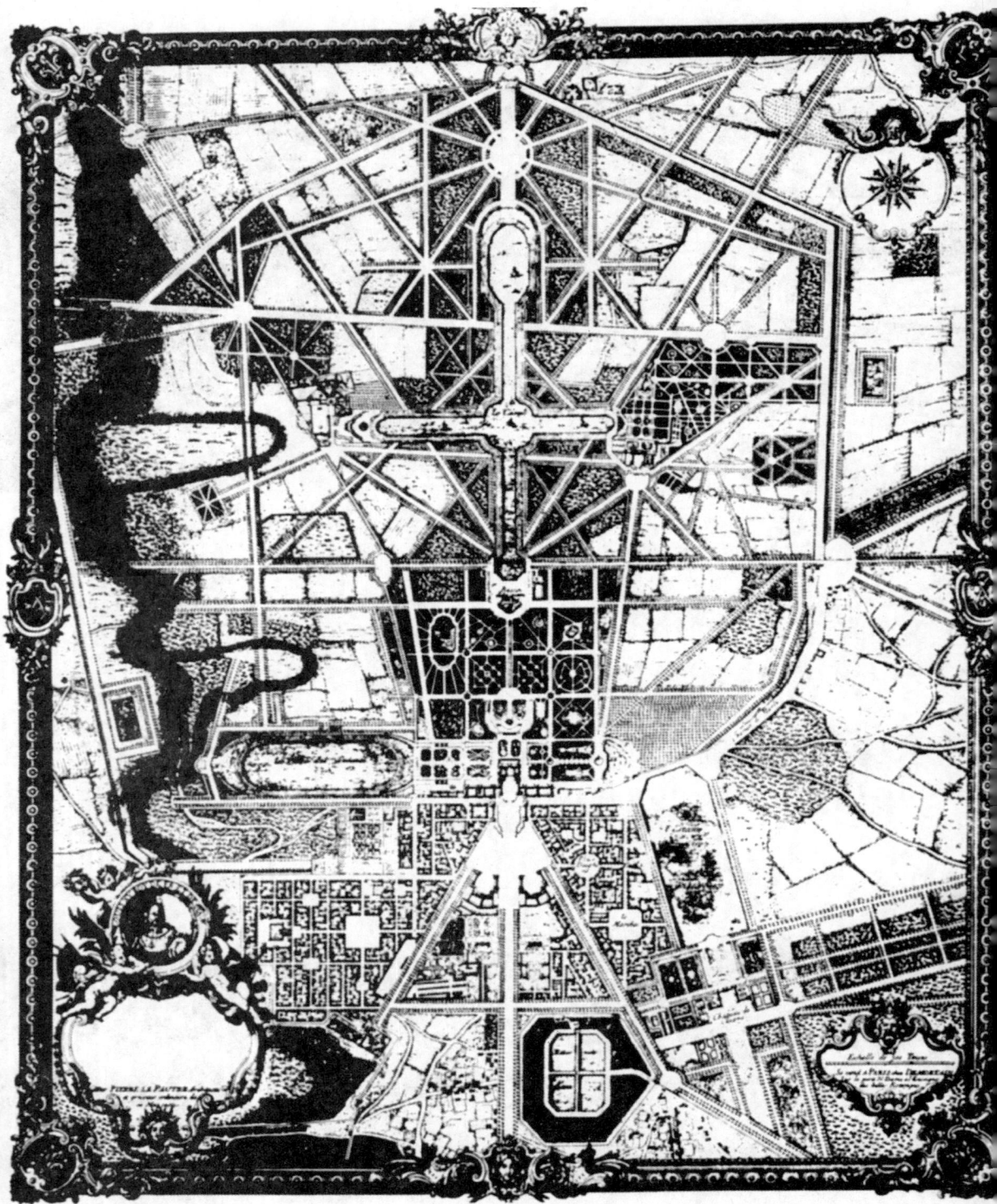

图 2-1-21　凡尔赛宫总平面

(资料来源:邹德慈,2003)

容、装点帝都的艺术要求,同时也消灭便于革命者进行街垒战斗的狭窄街巷,改造为大道,有利于统治者调动骑兵炮火,镇压起义者。

巴黎改建主要完成了三项内容:一是重整巴黎街道系统,废弃老路,开辟新路,将巴洛克式的林荫大道与城市其他街道相连,形成"大十字"和两个环形道路系统。"大十字"干道把里沃利大街向东延伸至圣安东区,与西端的爱丽舍田园大道联成为巴黎的东西主轴。二是进一步完善了市中心,在继承19世纪除拿破仑大帝帝国风格基础上,将道路、广场、绿化、水面、林荫道和大型纪念性建筑物组成一个完整的系统。并对道路宽度、建筑物高度、坡度甚至里面形式都作出了规定。三是采用先进的排水、给水、城市公交、照明等市政设施。欧斯曼所做上述种种大胆改革措施和城市美化运动使得19世纪的巴黎曾被誉为世界上最美丽的城市(图2-1-22)。

(2)美国首都华盛顿

1780年华盛顿被定为美国首都。1790华盛顿总统聘请在美国军队服务的法国军事工程师朗方(Le Enfant)为首都作规划。朗方在巴黎长大,深受巴洛克放射大道和凡尔赛轴线体系的影响。朗方相信,"首都

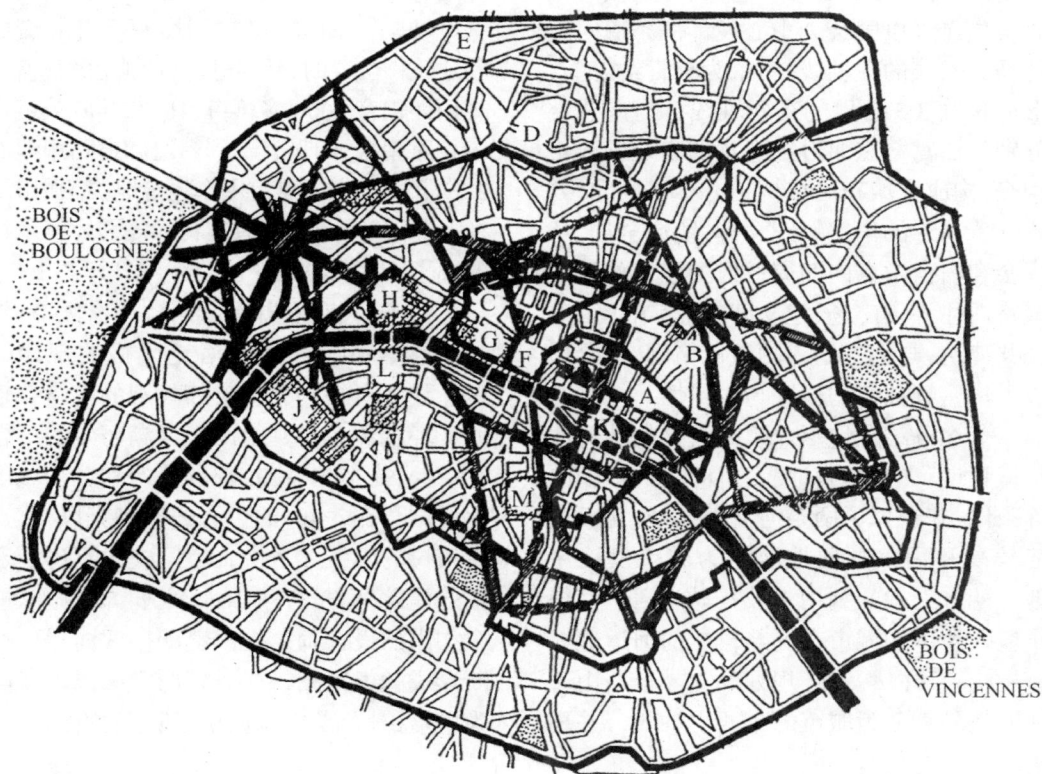

图 21-1-22　1875 年奥斯曼巴黎改建
(资料来源:邹德慈,2003)

69

区的建设，从一开始就必须想到要留给子孙后代一个伟大的思想"；"使后代的青年们能踏着这些先哲圣贤和英雄豪杰的道路前进"。① 华盛顿的建设主要有四方面的特点：

①巴洛克思想的完美体现。在规划设计中虽曾参考了热那亚、佛罗伦萨、威尼斯等，但是并没有一个现成的样板可供参考，然而朗方这个天才设计师成功地运用巴洛克设计手法设想出了一个伟大首都。朗方规划不是先从道路网开始，而是先规划主要建筑物和广场。在规划中热诚地效法宪法中的三权分立思想，把国会大厦、白宫、最高法院安排在三个显要位置，并用放射性道路相连。国会放在全城最高处，即琴金斯山（Jenkin's Hill）高地，成为全城的核心与焦点。以国会为中心设计一条通向波托马克河滨的主轴线，对景为林肯纪念堂，形成长约 3.5 公里的东西轴线，与南北端分别为白宫与杰弗逊纪念堂的南北轴线正相交，构成全城布局结构中心。两轴相交处屹立着高耸的华盛顿纪念碑，统慑全局。从国会和白宫两点向四周放射处许多放射状道路通往许多广场、纪念碑、纪念馆等重要公共建筑，与整齐划一的城市格网叠加，形成了华盛顿独特的秩序与逻辑性。

②充分结合地形。规划一开始就关注华盛顿地区的地形、地貌、风向、方位、朝向等条件，并选择了两条河流交叉处，北面地势较高和用水方便地区作为城市发展用地。朗方巧妙的利用了波托马克河，使得华盛顿严谨的城市布局与自然的河道边界有机统一、浑然一体。规划确立琴金斯山通往波托马克河为城市的东西主轴线，并还

将其他地形控制点联系在一起，找到了这些控制点在视觉与交通上的相互关系。

③规划的实施。朗方的规划并不总是一帆风顺地得到实施的，其中了经历了一些变动与背离。然而由于 1901 年麦克米伦委员会的努力才保住了部分规划思想，之后通过美国全国美术委员会和美国全国首都规划委员会出台的一系列规划管理与引导，华盛顿严整的纪念性风貌才得以形成。

④首都规划的缺失。芒福德说："时间是巴洛克世界概念的致命障碍；巴洛克的机械的体制，不允许生长、发展、适应和创造性的更新。"规划成为一个死板的教条，难以适应不断变化的社会与经济环境，这样的规划越仔细，实现的可能反而越少。朗方规划的另一个缺陷是，把城市功能让位于空间、交通和建筑物位置的宏伟气势。他制定的华盛顿规划面积有 6000 多英亩，其中 3606 英亩作为公路用地，却只有不到街道和道路用地的 2/3，即只有 1964 英亩用作建筑地块。城市用地如此浪费，大概也只有首都规划才能承担的起了（图 2-1-23）。

（3）澳大利亚首都堪培拉

堪培拉设计是巴洛克风格的现代继承。设计者格利芬将宏伟壮观的巴洛克轴线、环状体系与基地山峦河湖巧妙的结合在一起，打造出"将首都的尊严和花园城市生活结合在一起"的生态式巴洛克风格。在堪培拉的轴线体系中，空间主角不再是宏伟的建筑，而是自然山水，人们为了纪念这个杰出的设计师，把由莫朗格罗河拦要切断形成的人工湖，称为格利芬湖，以表彰他为堪培拉这个"田园城市"所作的贡献。

---

① Lewis Mumford 著,宋俊岭等译.城市发展史：起源、演变和前景[M].中国建筑工业出版社,2005.

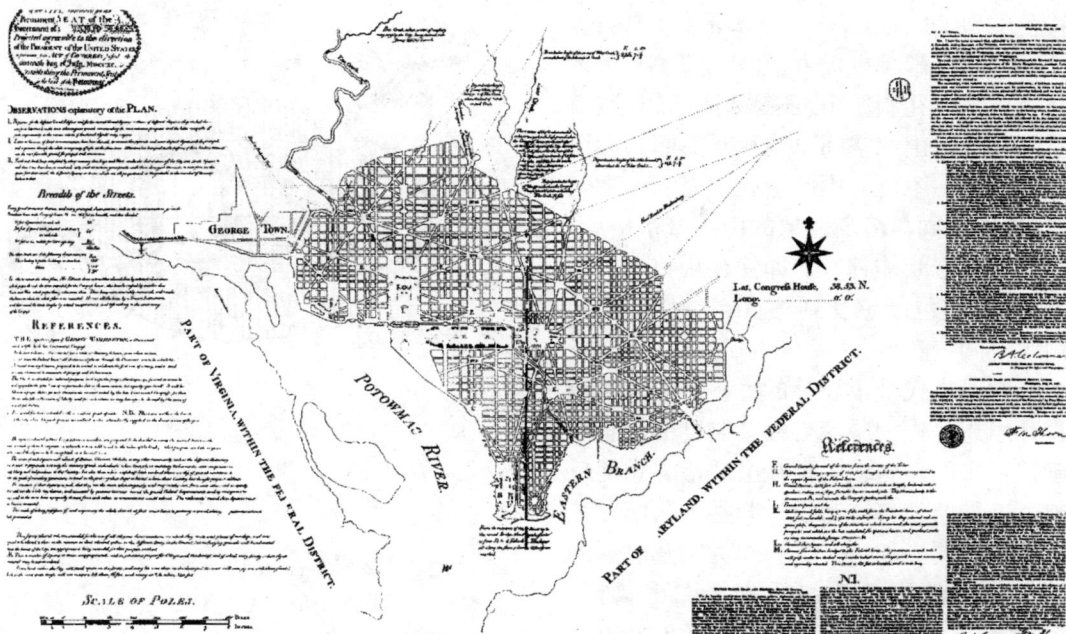

图 2-1-23　朗方 1791 年所作的华盛顿规划
(资料来源:邹德慈,2003)

2.1.6　中国古代城市设计①

1. 中西方城市的差异

　　回顾西方古代城市设计思想的演变,从最初受原始宗教的影响采用"占卜"、"作邑"制度,发展到雅典时期注重现实经验与视觉体验,以及后期转向希波丹姆式的理性秩序,并被古罗马所继承光大,强调城市营建的几何图形、轴线、帝国气派。维特鲁威的理想城市模型更是对文艺复兴时期产生深远影响。相比较而言,中世纪是城市发展缓慢的时期,但是由此也产生了"无规划"的有机发展模式,创造了如画的城镇,其成就更胜"有规划"那种徒有外形秩序而缺失城市内在生活秩序的"行而上"。文艺复兴,在古罗马的外衣下城市的唯理主义得到了重新推崇与发展,只是社会背景已发生根本变化,科学理性与人文主义是其主要特征,城市建设的规模尺度也获得了较大发展。

　　相比较而言,中国古代城市设计思想是相对恒一与延续的,在各个时代并没表现出太大的转折与突变,有的只是进一步的完善与发展。中国传统城市设计思想自春秋开始,即有两条基本线索:其一是以《考工记·营国制度》为代表的"礼制城市";其二是以《管子》为代表的"自由城"思想。前者更多运用于历代"都"、"州"、"府"营建;后者多体现于乡野市镇与市场发达地区的城市营建。除此之外具有人文与世俗

---

① 洪亮平.城市设计历程[M].中国建筑工业出版社,2002.

特色的"山水文化"——风水术,对中国传统城市设计影响也极大,并渗透其中。无论是"官式"的礼制城市,还是乡野市镇,城市空间与自然山水空间总是相互关照、和谐共融,缺一不可。由此造就了充满人文气息、地域认同与清晰意象的山水城市格局,如南京、杭州、桂林等。即使在规整划一的北京,我们也能感受到"三山三海五园"的山水空间气息。

中国古代城市设计的另一特点是城市设计思想是作为国家与社会制度的内容而确定下来的,更多的是社会政治思想的反映,这与西方将城市设计归类为科学和艺术活动不同。如《考工记》作为封建时期的城市设计制度,内容包括城市形态、规模、规划结构、路网乃至城市设计意匠和方法等,但城市设计的基本思路重在体现国家宗法分封政体的基本秩序,是为维护封建礼制、人伦秩序服务的,而对城市居民生活、文化等功能问题考虑甚少。相对而言《管子》、《风水》等思想更注重城市本身的选址与功能布局,但其总体思想体系从属于社会人伦、政治、文化范畴,体现出城市

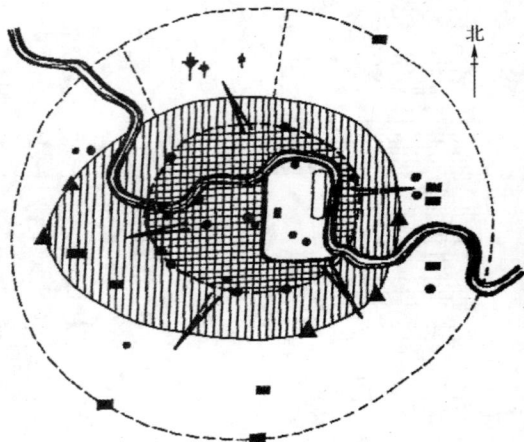

图 2-1-24 "体国经野"结构示意
(资料来源:贺业钜.中国古代城市规划史[M].
中国建筑工业出版社,1996)

建设与社会文化、政治体制的密切关联性。如希腊时期希波丹姆式方格网与《营国制度》路网系统虽有形式上的相似性,但其设计出发点是有本质差别的,前者主要基于城市功能、社会生活需要的考量,后者主要服务于封建礼制的需要,并且前者的格网

太极图,也叫阴阳图,表示宇宙阴阳两种对立力量(用黑白表示);它们共存着,同时又相互作用着、相互转化着(出具有动态的曲线表示);阴阳两极不是机械限定的而是辩证的(黑中有白,白中有黑)

图 2-1-25 阴阳八卦图
(资料来源:黄亚平.城市空间理论与空间分析[M].
东南大学出版社,2002)

八卦图 ☰天 ☷地 ☳雷 ☴风 ☵水 ☲火 ☶山 ☱泽

是由内而外,相对开放的,后者却是由外而内,是控制与封闭的。

2.《营国制度》思想

《周礼·考工记》据研究为春秋战国时的作品,虽尚有待考古印证,但这一制度对后世都城建设影响极深。《考工记》记载:"匠人营国,方九里,旁三门,国中九经九纬,经涂九轨,左祖右社,前朝后市,市朝一夫"。其中含义是:建筑师建设城市,每边长九里,每边开三门,城内有九条直街(南北向),九条横街(东西向),道路宽度为车轨九倍,东边为祖庙,西边为社稷堂,朝廷居前,市场位后,市场与宫殿各方百步。

《营国制度》这种理想布局模式,集中反映出了城市营建中的"尊卑、上下、秩序和大一统"的封建思想,同时也是商周时期"体国经野"思想在内城建设上的进一步体现。"体国经野"强调,建"城"也要经"野",根据分封疆域范围,按城的等级规模来规划郊野土地、人民以及各种生产基地,并布

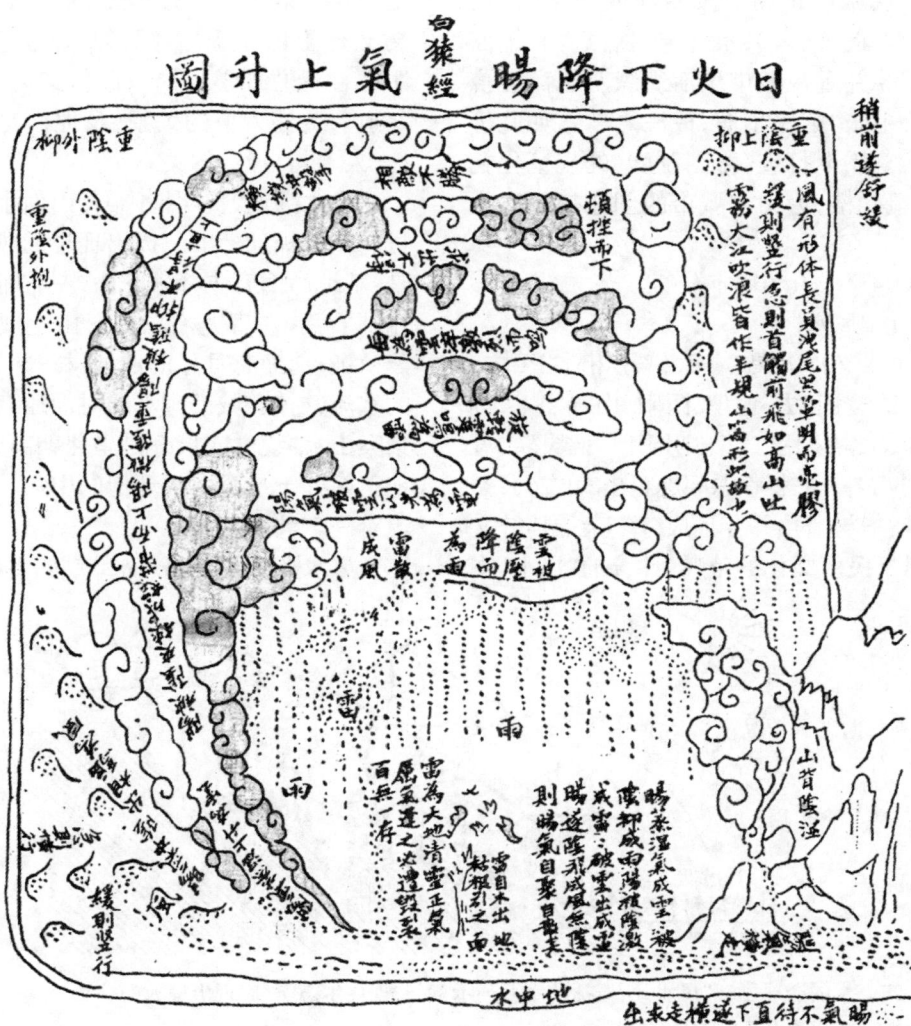

图 2-1-26　日火下降阳气上升
(资料来源:王其亨,1992)

73

置"郊邑"和"都邑",形成一个以城为核心,有国有野的秩序城邦(图2-1-24)。

3.《管子》自由城思想

中国早期真正全面涉及城市问题的当推《管子》的城市设计思想。其内容包括:城市分布、城址选择、城市规模、城市型制、城市分区等各个方面。《管子》城市设计思想用于打破"先王之制",讲究因地制宜确定城市型制,提出城市建设"因天材,就地利",故"城廓不必中规矩,道路不必中准绳"。在城市布局上按照职业分工组织,"凡仕者近公(宫),不仕与耕者近门,工商近市"。并重视城市生活组织及工商经济发展,主张"定民子居,成民之事",如此等等,从整体上打破《营国制度》的规范化礼制思想桎梏,为山水城市的创造打下思想基础。

4."风水"与"山水城市"

(1)"风水"

风水又称堪舆,或称卜宅、相宅、图宅、青乌、请囊、形法、地理、阴阳、山水之术,等等。风水常采用"气"、"阴阳"、"四灵"、"五行"、"八卦"等来考虑问题(图2-1-25),是一种精华与糟粕并存且成分复杂的传统文化,属于民俗文化的范畴。传统的"风水"在我国建筑选址、规划、设计、营造中几乎无所不在,它具有我国古代哲理、美学、心理、地质、地理、生态、景观诸多方面的丰富内涵。风水经历长期的发展,虽然其形式趋于繁复纷杂,但其宗旨却是不变的,就是审慎周密考察自然环境,顺应自然,有节制地利用和改造自然,创造良好的人居环境而臻于天时、地利、人和诸吉咸备,达于天人合一的至善境界(图2-1-26,2-1-27)。风水的哲学根源是"天人合一"思想。"天人合一"在上层文化与民俗文化层面有不同的含义。上层重"上天之道",即与君权、封建宗法结合,如"理学"思想;民俗文化重"自然之道",关注人事的关系,及他们与周围环境(人工与自然)的关系。

风水强调"负阴抱阳,背山面水"的宅、村、城镇择址标准。提出理想的风水格局是:基址后面有主峰来龙山,左右有次峰的左辅右弼(左青龙右白虎),山上要保持丰茂植被;前面有月牙的池塘(村、宅)或弯曲的水流(村镇、城市),水的对面还有一个对景案山;轴线方向最好是坐北朝南,城市基地正好处于这个山水环抱的中央,地势平坦有一定坡度。[①]

风水格局由"龙、砂、水、穴"四要素构成:

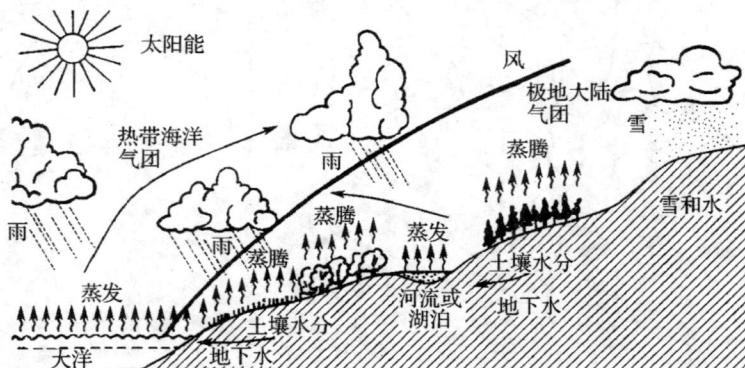

图 2-1-27 水的全球循环"风水"所概括的水循环示意与"现代生态学"表现出惊人的一致
(资料来源:李振基等.生态学[M].科学出版社,2004)

[①] 王其亨.风水理论研究[M].天津大学出版社,1992.

● "龙"：即山脉。古代城市选址遵循"非于大山之下，必于广川之上"。"山"作用有二，一是"气脉"象征，给居者以安定感；二是，景观上的背景与统率。

● "砂"：指左右环抱的群山，与"来龙"有隶从关系。《葬经翼》云："以其护区穴（城市），不使风吹，环抱有情，不逼不压，不折不窜，故云青龙蜿蜒，白虎驯服，玄武垂头，朱雀翔舞。"

● "水"："风水"认为"风水之法，得水为上"，更有谓"智者乐山，仁者乐水"。一般而言，"水"有四重意义：一为象征意义，"血脉"生命之源；二是交通、水源、排水等功能意义；三是调节微气候，生态景观和审美价值意义；四是可以起着空间分界的作用。

● "穴"：是山脉或者水脉的聚结处（结点）。通常是城市或者建筑的落脚点，空间意象犹如当今的"场所"具有内敛性（图 2-1-28）。

（2）"山水术"与"山水城市"的创造

风水观念所构成的景观，常具有如下特点：①围合封闭；②中轴对称：以主山—基址—案山—朝山为纵轴，以左青龙右白虎为两翼，以河流为横轴，形成左右对称的均衡格局，符合中国儒家的中庸之道及礼教观念；③富于层次感：主山后有少祖山及祖山，案山外有朝山，青龙白虎之外的护山等均构成重峦叠嶂的风景层次；④富于曲线美、动态美，笔架式起伏的山、金带式弯曲的水，打破了对称的构图，使风景画面生动、活泼。[①]

中国传统的风水思想融合丰厚的中华山水文化，如书法、艺术、诗词，经历代传承演变，逐渐成为一门内涵丰富的山水之术，其主要手段常通过自然山水空间与城市形

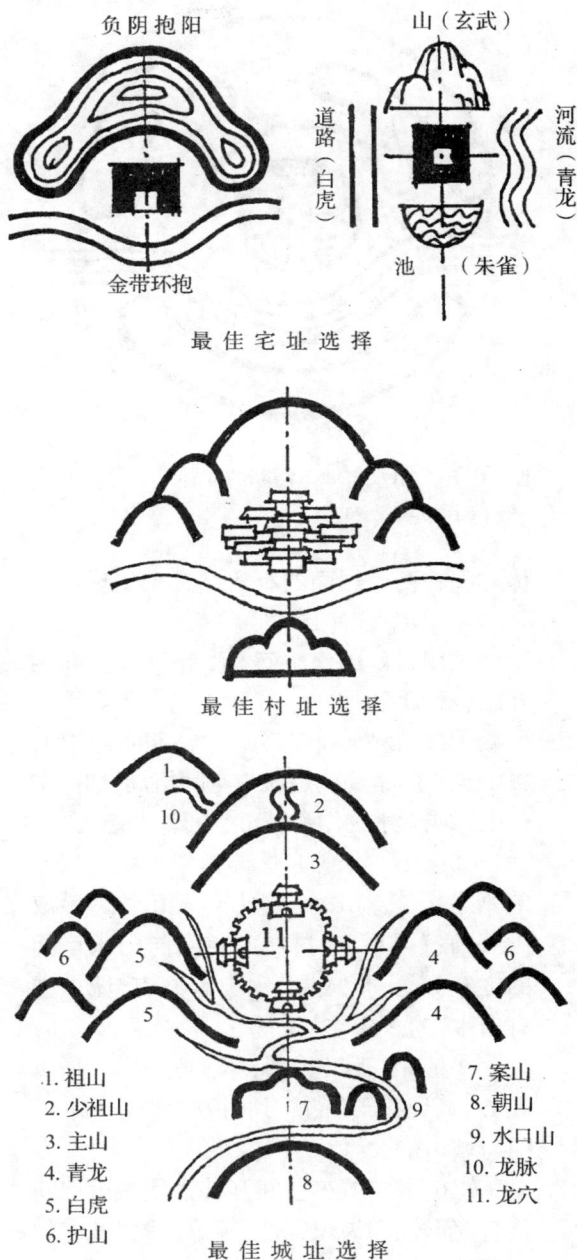

最佳宅址选择

最佳村址选择

1. 祖山　　　7. 案山
2. 少祖山　　8. 朝山
3. 主山　　　9. 水口山
4. 青龙　　　10. 龙脉
5. 白虎　　　11. 龙穴
6. 护山

最佳城址选择

图 2-1-28　风水观念中宅、村、城的最佳选址

（资料来源：王其亨，1992,p.27）

---

① 王其亨.风水理论研究[M].天津大学出版社,1992.

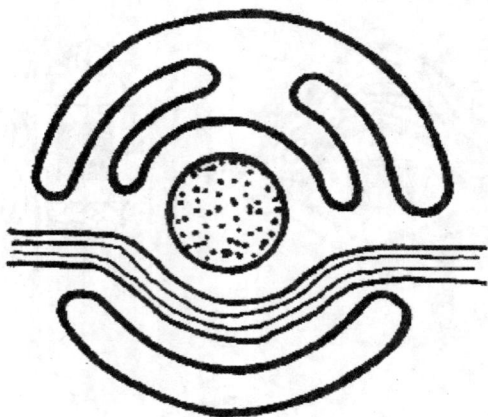

图 2-1-29　山水与城市空间的互补
(资料来源:洪亮平,2002)

体空间在两个层面的有机结合来实现:

● 环境层面上

采用自然山水空间与城市形体空间相互结合的手法如:

①以山水空间作为城市空间的主构架,以山水空间格局确定城市空间格局(如以主体山脉或者水脉作为城市空间基本结构);

②以山、水等自然要素作为城市构图的基本要素,山水空间与城市空间形成"图—底"关系,通过城市空间与山水空间的虚实配合,形成"山水中有城市,城市中有山水"的多样空间图景;

③依照"百尺为形,千丈为势","远以观势,近以观形"的"形式说",协调山水空间与城市的关系;

④山水与城市空间互补,使城市空间具有完形性和易识别性,等等,达到城市与环境的有机和谐(图 2-1-29)。

● 意境层面

"意"是人们心目中的自然环境和社会环境的综合,他包含了人的社会心理和文化因素;"境"是形成上述主观感受的城市形象的客观存在。山水空间与城市空间在意境层面的结合途径有:

①通过"气"与"形"的结合,创造城市意境。"气"、"形"与"意"、"境"是相对应的两个概念。"气"既是一种心理因素也是一种社会文化,如"气势宏大"、"社会风气";"形"则指形成"气"的环境。

②通过"情理"与"情景"的结合,创造城市意境。"天人合一"讲究的是"天道"与"人道"的合一。"人道"可用"情"、"理"概括,对城市而言"情"指城市主体——人的主观构思与精神追求;"理"指城市的客观发展规律。"情理"与"情景"合一,即遵循客观规律,并将人的发展理念体现于山水环境与城市环境之中。

2.2　近代城市设计发展

2.2.1　焦碳城与城市病[①]

1. 社会背景:科技革命与产业革命

1500 年前后,起源于意大利的文艺复兴运动,把"人"从"神"的桎梏中解放出来。随着天文学和地理学的发展,出现了一大批划时代的人物与事件。1543 年,哥白尼提出了"日心学说",1687 牛顿发表了"万有引力定律",1859 达尔文提出了"生物进化理论",等等,在人类历史上产生了"科学革命",并进而引发了 1760—1860 年代的科技革命和产业革命。科技与产业革命是以物理学和化学等科学知识的重大进展为基础,以纺织厂、蒸气机的广泛应用为主要标志的。1784 年瓦特发明了联动式蒸气机

---

① Lewis Mumford 著,宋俊岭等译.城市发展史:起源、演变和前景[M].中国建筑工业出版社,2005.

（图 2-2-1），1785 年卡特莱特发明水力织布机，1799 年克隆普顿发明缪尔纺纱机，标志着产业革命的开始。由于蒸气机提供了集中动力，摆脱了过去完全依靠人力及水力的状态，使工业在城市的集中成为可能。工业革命带来了城市革命，城市数量与规模成几何级急遽膨胀，城市功能也变得复杂多样。又由于铁路、汽船、汽车等新型交通工具的出现，城市交通系统也面临着革命性变革。

图 2-2-1　1784 年瓦特发明了联动式蒸气机
（资料来源:洪亮平,2002）

2.产业革命与城市病

　　工业革命将世界带入一个激动人心的时代的同时也带来了梦魇般的"城市病"。"在1820—1900年之间，大城市里的破坏和混乱情况简直与战场上一样，这种破坏和混乱的程度正与该城市拥有的设备和劳动大军数量成正比例。"城市炉渣堆积成山，城市变成了狄更斯笔下《艰难时世》（Hard Times）中所称谓的焦碳城（Coketown）（图 2-2-2）。环境遭到极度恶化，甚至统治阶级的聚居区也未能幸免。人们在黑暗的蜂房里整天奴隶般的工作，

图 2-2-2　工业革命后的城市景象
（资料来源:Lewis Mumford,2005）

恰如一句古老的谚语"整天工作，没有玩儿，使得杰克变成傻笨蛋"。更为严重的是引发了一系列的社会问题:地价上涨、财富分配极端不均、疾病蔓延、犯罪剧增，造成社会混乱与动荡不安。工人阶级生活和工作环境极度恶化，阶级矛盾进一步激化（图 2-2-3）。

图 2-2-3　奴隶般的工人生活
(资料来源:Lewis Mumford,2005)

总之，起源于科学发现带来的科技革命与产业革命，从总体上颠覆、变革了原有的城市结构与功能。城市面临着一系列的社会问题与功能问题，如规模急剧膨胀，交通方式的变革，建筑与城市功能的变革，等等。传统的中世纪城市规划理论显然难以担当这一变革重任，急需城市设计思想的革命与创新，以一种全新的理论解决工业化时期城市所面临的迫切难题。

2.2.2 城市设计的两种基本解决思路①

针对城市环境的恶化，城市出现"花边状态"（ribbon development）和"拼贴"（collage）特征，城市环境质量日益下降，以及城市社会出现的诸多问题，一批有思想与社会责任感的社会学家、规划师、建筑师、城市设计师积极地行动起来出谋划策。它们认为有规划的设计对于一个城镇的发展是十分必要的。城市发展中只要有一套良好的总体物质环境设计理论与方法，其他的经济、社会乃至文化的一系列问题就可以避免。由此产生了一些城市设计的理想模式。总起来看基本上可归结为两种解决思路——人本主义城市设计和机器主义城市设计。

人本主义认为：城市，尤其是大城市是一切罪恶和问题的根源，是"反人性"和"不人道"的，必须加以控制和消灭。他们提出的策略是"分散"，把大城市分解成数个小城镇，向农村发展。他们的目标是"公平"、"城市协调和均衡发展"。人本主义代表有霍华德的"田园城市"和赖特的"广亩城市"等。

1. 人本主义思想及其实践

（1）霍华德和"田园城市"（E.Howard and"Garden city"）

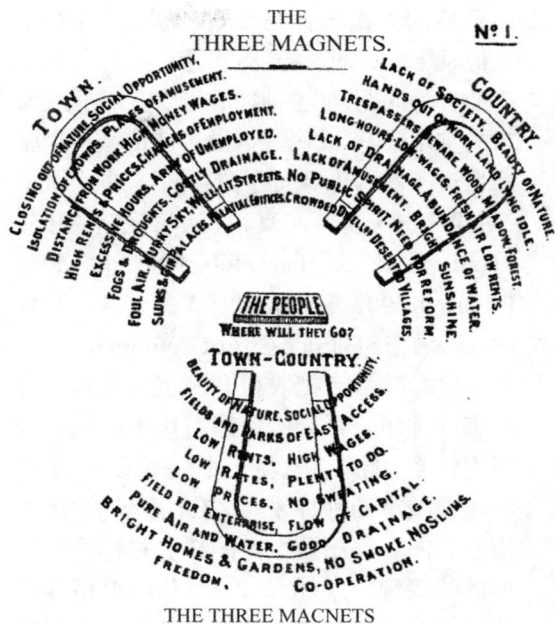

THE THREE MACNETS

图 2-2-4　霍华德（1850－1928）与他的城乡磁铁理论
(资料来源:Ebenezer Howard. Garden Cities of Tomorrow[M]. The MIT Press,1965)

---

① 洪亮平.城市设计历程[M].中国建筑工业出版社,2002.

英国人霍华德是 20 世纪城市规划史上最具影响力的人物，1898 年针对社会上出现的种种问题，如土地所有制、税收问题、城市的贫困问题、农民流入城市造成城市膨胀和生活条件恶化等问题，他写了一本小册子《明天——一条通向真正变革的和平之路》(Tomorrow: A Peaceful Path to Real Reform)，1902 年再版的时候改名为《明日的花园城市》(Garden City of Tomorrow)。

"田园城市"把农村和城市的优点结合起来，并用一系列的田园城市来形成反吸引力体系，把人口从城市中吸引出来，从而解决大城市的种种矛盾。文中著名的"城乡磁铁力图"将田园城市的核心目标简练而形象的表现出来(图 2-2-4)。田园城市深受欧文新协和村、傅立叶的法朗吉等空想社会主义思想的影响，它强调的是社会改良不是社会变革，目的是通过示范试验实现社会公正。田园城市理论的核心内容有：

> 大城市"在任何地方，一方面是不近人情的冷漠和铁石心肠的利己主义，另一方面是无法形容的贫穷；在任何地方都是社会战争，都是每一个家庭处于被围困的状态。"
> ——恩格斯《英国工人阶级的状况》

①认为城市症结问题主要是：城市人口的高度聚集，城市地价的飞速增涨以及城市财富的分配失衡等；

②限制单一城市的人口规模，当城市成长到一定规模，应另建新城，形成"社会城市"；

③田园城市的用地规模为：24 平方公里（城市 4 平方公里、农业 20 平方公里），人口规模为 3.2 万人（其中城市 3 万人、农业 0.2 万人），土地来源是政府贷款获得廉价土地、使用者缴纳"税租"。

田园城市的试验主要体现在莱奇沃斯(Letchworth)（1903 年）、韦林(Welwyn)（1919 年）两座新城的建设上。田园城市的思想是带有先驱性的，对现代城市规划思想起着重要的启蒙作用，直接影响了其后出现的有机疏散理论、卫星城镇理论等。

——霍华德的思想对当前城市设计理论的启示是：

①应以社会改革目标作为城市设计的指导思想。

这对传统物质形态城市设计是一种挑战。当今城市的运行越来越复杂，旧有的平衡不断被打破，只有动态的理解城市并以城市发展的一定社会目标作为城市设计的依据，物质环境的建设才能有的放矢。

②摆脱城乡对立的城市设计观念，强调"城乡磁铁"。

建立一个既有城市繁荣、高效和方便的就业与生活条件，又有农村卫生和优美自然环境的新型城市，他称之为"城乡磁体"。要建设这样新型城乡结合的新城市，必须控制城市规模，在我国还必须实现城乡制度、基础设施一体化等。

③城市设计成果内容应力求"丰富想象与务实精神"的有机结合。

之所以出现城市建设偏离城市规划的轨道，除了规划法律体系、实施制度有待完善以外，规划内容本身的科学性不强、成果操作性差也是主因之一。反观《明日的田园城市》内容体系，仅从全书结构安排，就突出反映出作者既注重理论构想，更注重实施操作的特点。全书内容为：

- 理论叙述：序言至第一章，占全书 15%；
- 收支计算：第二至第五章，占全书 28%；
- 管理措施：第六至第八章，占全书 18%；
- 论点辩护：第九至第十一章，占全

Yesterday

Living and Working in the Smoke

To-day

Living in the Suburbs-Working in the Smoke

To-morrow

Living & Working in the Sun at WELWYN GARDEN CITY

图 2-2-5　花园城市的理想

(资料来源：Ebenezer Howard. Garden Cities of Tomorrow[M]. The MIT Press,1965)

书 21%；

● 展望未来：第十二至第十三章，占全书 18%。

（2）赖特和"广亩城市"（Broadacre City）

1932 年美国建筑师赖特在其著作《正在消灭中的城市》（The Disappearing City）以及随后发表的《宽阔的田地》（Broadacres）中提出了"广亩城市"的概念。赖特主张取消城市，建立一种新的、半农田式社团的广亩城。他认为随着汽车和廉价电力的普及，把一切活动集中于一个地方已经终结，分散居住与就业将成为未来的趋势。他所设想的"广亩城市"，每户周围都有一英亩土地，居住区之间以高速公路相连，沿着公路布设公共设施、加油站，并将其自然分布在为整个地区服务的商业中心之内（图 2-2-6）。

赖特的"广亩城市"与霍华德"田园城市"都反对现代大城市，主张消灭大城市，

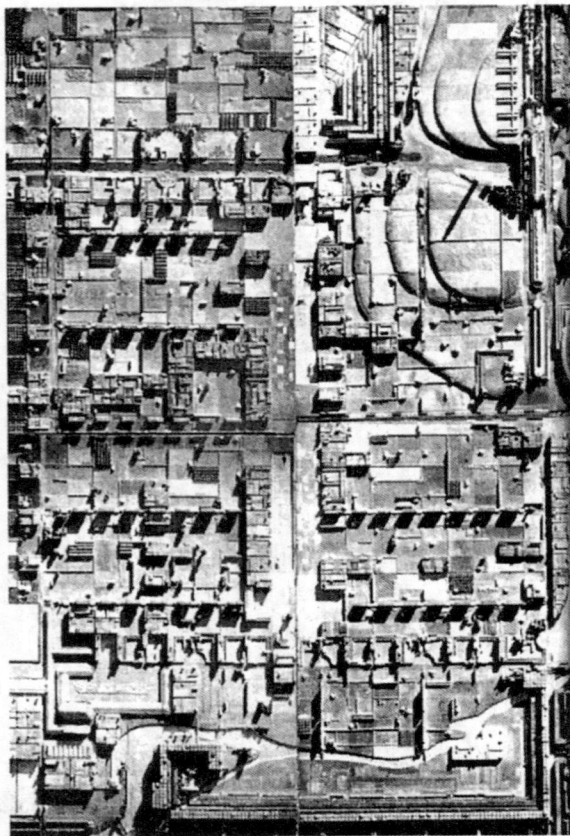

图 2-2-6　赖特(1869—1959)与他的"广亩城"
(资料来源:洪亮平,2002)

从属于城市分散主义阵营,但是他们的思想及其产生的影响也存在一些差异:

①社会组织方式不同:霍华德是"公司城"思想,在花园城里试图建立劳资和谐关系,而赖特是"个人"城市;

②城市性质上,"田园城"是亦城亦乡的折中型城市,而"广亩城"抛弃城市结构,完全融入乡村;

③对后世的影响上,"田园城"导致新城运动,"广亩城"导致郊区化运动。

(3)实践:大伦敦规划

1942年,为了解决伦敦人口过于密集问题,由艾勃克隆比(Patrick Aberecrombie)主持编制了大伦敦规划。他吸收了霍华德、盖迪斯等先驱规划思想家的区域规划理念及其"调查—分析—规划方案"的过程方法,对伦敦的工业与人口做了疏散。规划主要内容有:

①规划方案由内而外划分了四层地域圈,即内圈、近郊圈、绿带圈与外圈。内圈以改造、控制为主,近郊圈作为建设拥有良好绿地环境的居住区,绿带圈宽约8米属严格控制建设地带,外圈主要用以疏散伦敦郡人口与工业;

②规划结构为单中心同心圆封闭式结构,其交通系统采取放射路与同心环直交的方式;

③建成区内绿地成网,建成区外绿地以楔状插入市区,并重点绿化泰晤士河岸;

④规划原则上以6至10万人组成居住区,居住区又由若干规模6000~10000人的邻里单位组成。

大伦敦规划吸取了20世纪初期以来西方国家规划思想的精髓,对所要解决的问题在调查分析的基础了,提出切合时宜的对策。但是在其后的实践中也出现了不少问题,如中心区人口未减反增,对第三产业估计不足,地铁和快速交通导致城市无

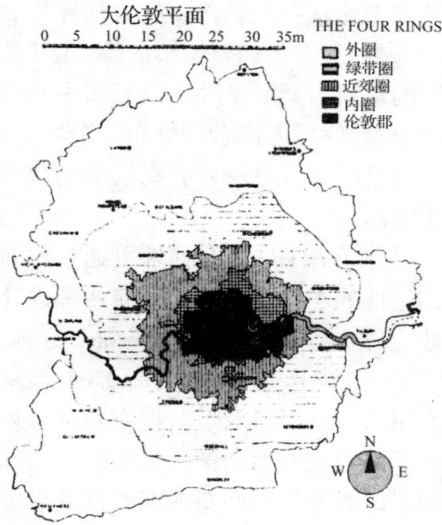

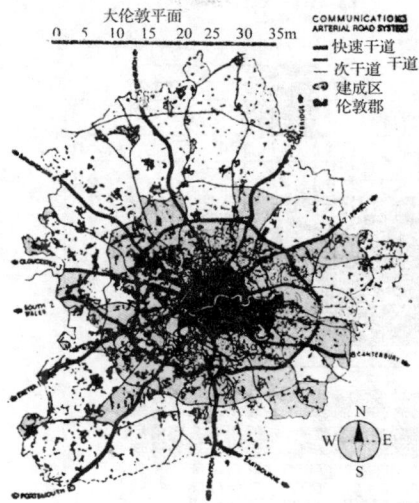

图 2-2-7　大伦敦规划方案及交通组织
(资料来源:沈玉麟,1989)

计划蔓延等(图 2-2-7)。

2.机器主义思想与实践

　　与人本主义相反,机器主义认为:城市的集聚是没有错的,但必须遵循一定的秩序,如果城市中各要素依据城市本质要求,严格地按照一定的规律组织起来,那么城市就会像一座运转良好的"机器",高效而顺利地运行,城市中所有问题都会迎刃而解。该流派的代表人物有:法国人嘎涅、西班牙人玛塔、法国建筑大师柯布·西耶等,分别提出了"工业城市"、"带型城市"和"光明城市"等理论。

　　(1)嘎涅的"工业城市"(T.Garnier and Industrial city)

　　1917 年,法国人嘎涅发表《工业城》并对工业城市做了方案设计。对工业城市各功能要素都进行了明确的功能分区,各区间有绿化隔离。城市交通是先进的,并且他运用当时最先进的钢筋混凝土结构来完成市政、交通工程、民用建筑的设计。更难能可贵的是嘎涅重视规划灵活性,给各功能

区留有发展余地(图 2-2-8)。

　　(2)勒·柯布西耶和"光明城市"(Le Corbusier and Radiant city)

　　勒·柯布西耶对大城市的发展与技术进步充满激情,他坚决反对分散的思想,观点与霍华德相背。在《城市化》一书中,他写道:"从社会方面看,田园城市是某种麻醉剂,它软化集体智慧、主动性、激动性和意志力,它把全人类的能量喷成最不定形的西沙粒……"。他的城市设计思想主要体现在两部著作中,一部是发表于 1922 年的《明日的城市》(The City of Tomorrow),另一部是 1933 年发表的《阳光城》(The Radiant City)。他的城市设计观点主要有四:

　　第一,柯布西耶承认大城市存在的危机,但是他主张通过技术的改造帮助大城市寻找出路;

　　第二,城市拥挤可以通过采用大量性的高层建筑来解决,减少了建筑密度,又可腾出大片绿地来改善环境,同时摩天大楼

83

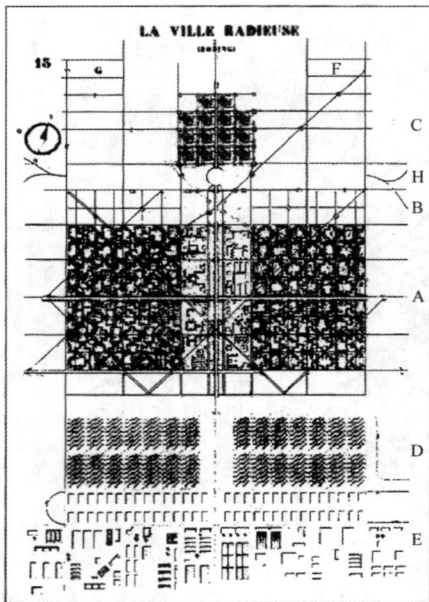

图 2-2-8　工业城市图
(资料来源:沈玉麟,1989)

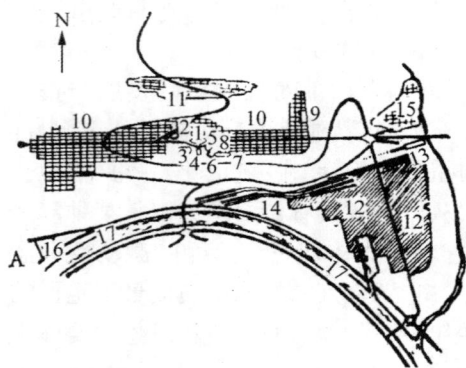

1—集会厅；2—博物馆；3—图书馆；4—展览厅；
5—剧院；6—露天剧场；7—运动场地；8—学校；
9—技术与世术学校；10—住宅区；11—保健中心、
医院、疗养院等；12—工业区；13—火车站；
14—货站；15—古城；16—屠宰场；17—河流

图 2-2-9　光明城市
(资料来源:沈玉麟,1989)

还是工业社会朝气蓬勃的象征；

第三,主张调整城市内部,尤其是中心区的建筑与就业密度,以减弱中心商业区的压力,使得人流合理分布于全城；

第四,采用新型的、高效率的城市交通系统。

除了著书,柯布西耶更通过规划设计传达他的思想。1925 年柯布西耶设计巴黎地区改建,即伏埃森(Voison)规划,1933 年设计了《光明城》(Radiant City)(图 2-2-9)。与霍华德相比,柯布西耶上述设计并不是为实践而做的,更多的是为阐述他的思想服务的。柯布西耶激进的思想在当时虽然没有产生多少的实际影响,但对其后城市设计尤其是中心区的设计,影响却是非凡的。到如今当我们环顾周围城市的时候,不得不惊叹其形象与柯布西耶 1930 的大胆设想是何其相似。

尽管对柯布西耶的巴黎规划往往评价为忽略人性,其实这仅是从表面或者美学角度得出的结论。巴黎规划有其深刻的社会背景,是为解决广大普通民众的生活问题而考虑,是为人民服务的。从这种角度来说,在意识形态上柯布西耶与霍华德一样都具有社会主义倾向。[①]

（3）实践

深受机器主义影响的最典型案例是勒·柯布西耶主持设计的印度昌迪加尔城和柯布西耶的忠诚追随者由巴西建筑师科斯塔(L.Costa)设计的巴西新首都巴西利亚(图 2-2-10)。昌迪加尔城(图 2-2-11)城市形态类似生物形体:主脑为行政中心,商业中心象征城市心脏,作为神经中枢的博物馆、图书馆位于主脑附近,大学区宛如右手,工业区为左手,水电系统似血管神经分布全城,道路系统构成骨架,绿地系统恰似

---

① 刘宛. 城市设计理论思潮初探(之一)[J]. 国外城市规划,2004,(4):40-45.

人的肺部等。巴西利亚城设计与昌迪加尔城异曲同工。城市平面模拟飞机形状，采用十字相交轴线构成首都的主体结构，象征巴西是天主教国家。南北轴线的机身长约8公里，是城市的交通主轴，东西轴线为两翼长约13公里，成弓形，是城市的商业区、住宅区和使馆区。机头是三权广场(国会、总统和最高法院)，建有政府各部大楼。

上述两个城市建成后，由于缺少有根基的居民生活内聚力，加之模式本身的静态性，不能满足现实动态演进的城市发展需要。所以，不少人批评这些设计"是把一种陌生的形体强加到有生命的社会之上"。城市由于过分追求形式，对经济、文化、社会和传统缺少考虑，使得整个城市缺乏人情味、亲切感和雍容和蔼的气质。

3. 小 结

以霍华德(E. Howard)、赖特(F. L. Wright)和柯布西耶(L.Corbusier)等为代表的乌托邦式的城市设计思想家们，在他们的设计思想中表达出对社会政治秩序、阶层、种族、性别等社会问题的特别关注。他们的共同点在于，都寄希望于通过专业设计手段解决深层的社会矛盾，有的希望调整整个社会的政治秩序，有的希望温和地调停社会矛盾，也有的希望通过技术手段解决具体的社会问题。这些理论思潮推动着专业的发展，产生了不可低估的影响。

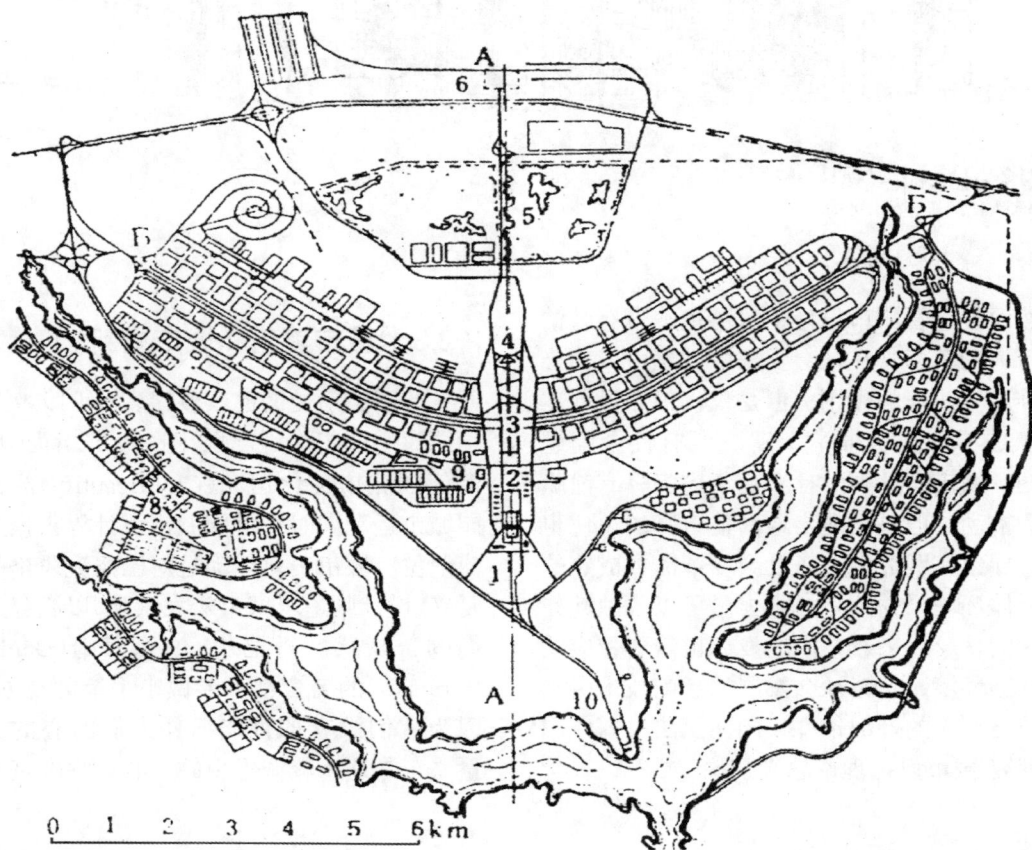

图 2-2-10　巴西利亚规划
(资料来源:沈玉麟,1989)

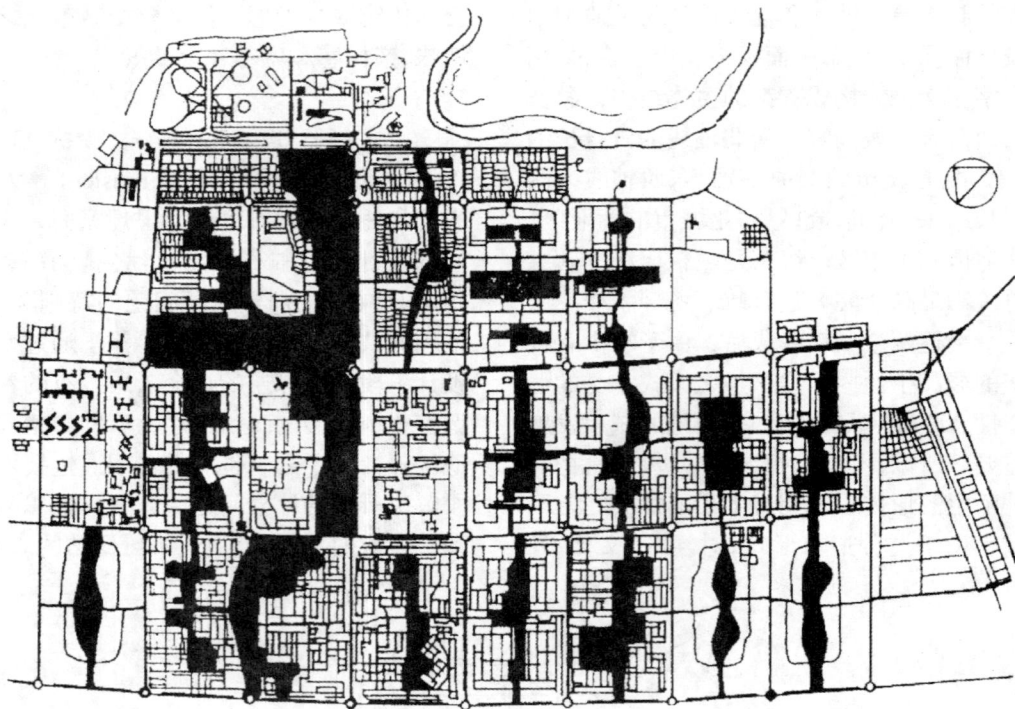

图 2-2-11　印度昌迪加尔城
(资料来源:王建国,1999)

然而，尽管城市设计不可避免地带有政治行为的色彩，在社会责任中的确可以充当推进和协作的作用，但是仅仅依靠设计本身是不可能从根本上解决所有社会问题的。城市设计师对社会变革应当具有前瞻和推动，但是不适当地高估自身的角色也会导致实践的失败。社会变革需要成熟的整体环境，并不是技术力量可以单独起作用的。反过来，技术的发挥也需要相应的社会环境，超越社会发展的超前技术由于缺乏相应的外部条件，同样无法发挥作用刘宛.城市设计理论思潮初探(之一)。

2.2.3　城市美化和城市更新①

始于奥斯曼的巴黎改建，并因 1909 年伯恩海姆的芝加哥规划(图 2-2-12)而形成潮流的城市美化运动(City Beautify)与田园城市运动同时在美国城市设计界占据主流地位。城市美化运动是对巴洛克风格的复兴，设计师追求城市宏大景观，以激起人们的自豪感。丹尼尔·伯恩海姆(Daniel Burnham)的名言:"不要做小手笔的规划，因为它们没有那种能抓住人们的心的力量"，正是这一流派思想的核心。它的基本

---

① 洪亮平.城市设计历程[M].中国建筑工业出版社,2002.

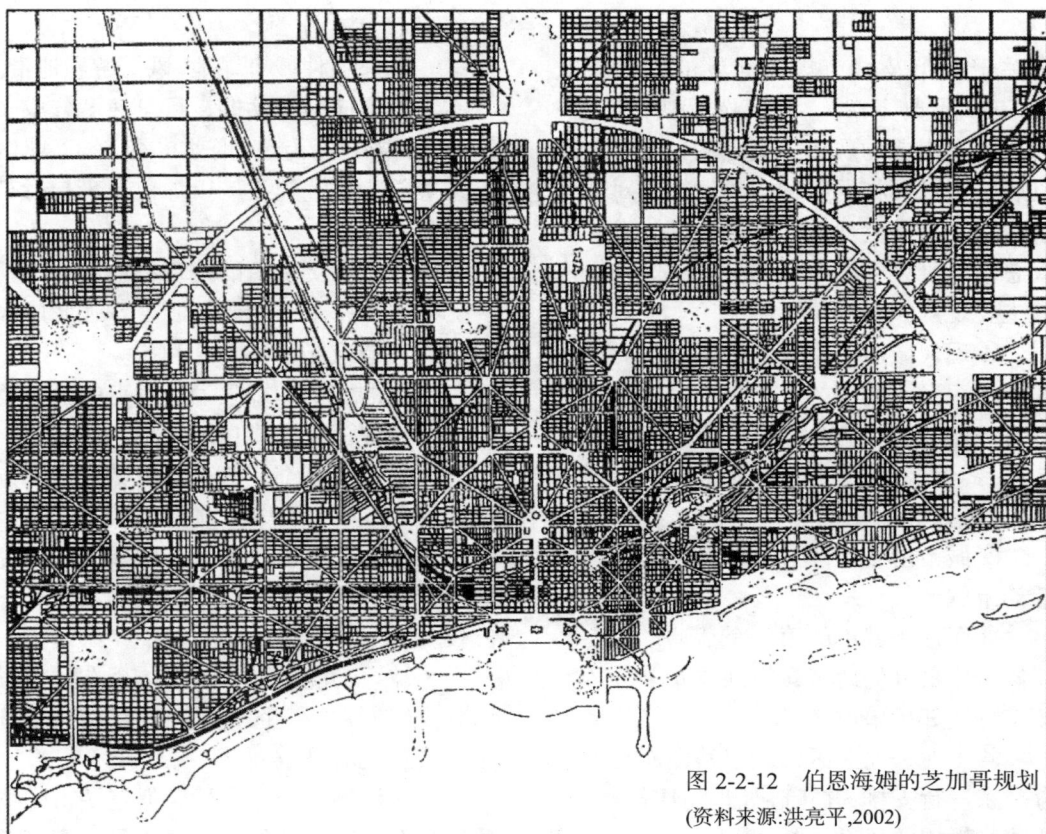

图 2-2-12　伯恩海姆的芝加哥规划
(资料来源:洪亮平,2002)

设计元素有连接纪念性建筑的轴心大道,宽阔的广场和大街,庞大的古典建筑围合着城市的空间等。伯恩海姆,这位沉迷于欧洲古典主义的浪漫主义规划大师,一心想使其规划成为不朽的诗篇,他对芝加哥改造规划目标的解释是:"恢复城市中失去的视觉秩序及和谐之美是创造一个和睦社会的先决条件"。城市美化运动特点在于记念性和以建筑物作为权利的符号和象征。这种纪念性的城市设计思想对后来首都规划影响很大,典型的例子如瓦尔特·格利芬(Walter B.Griffin)的堪培拉规划。

城市更新则始于1949美国的《住房法》(The Housing Act),它的目标是:消灭低标准住宅,振兴城市经济,建造优良住宅,减少社会隔离等。初始深受现代主义的影响,城市推行大规模拆建,带来了城市功能的割裂与社会有机性的消亡。1974年美国国会通过《住房及社区发展法》(The Housing and Community Development Act)终止这一进程,改为社区更新与改造。

2.2.4　雅典宪章[①]

1. 内　容

成立于 1928 年的国际建筑协会(CIAM)在 1933 年雅典会议上提出了一

---

① http://www.hnup.com/zhishi/article.asp?id=3

87

个关于城市及城市规划问题的纲领性文件——《雅典宪章》。它集中反映了以勒·柯布西耶为首的现代功能主义针对工业化以后城市所面临的种种问题的解决对策与基本思路，是近现代城市设计理论发展的大总结。《雅典宪章》共分为八个部分，提出的主要观点如下：

①现代城市的混乱是机械时代无计划和无秩序发展造成的。城市与乡村彼此融合为一体（区域的观点）。城市的发展受到地理、经济、社会、文化和政治的综合影响（综合观）。

②城市由居住、工作、游息与交通四大活动组成。

③居住是城市的第一个活动，住宅区应该占用最好的地区，规划成安全舒适方便宁静的邻里单位。

④工业、商业区必须依其性能与需要分类来进行安排，并正确处理与居住、交通线路与设施的关系。

⑤确保各种城市绿地、风景游憩地带。

⑥街道应根据功能、行车速度分成交通要道、住宅区街道、商业区街道、工业区街道等等。住宅建设应以绿色地带与行车干路隔离。

⑦保护历史价值的建筑和地区。

⑧实行一个土地改革制度，强调广大人民的利益应先于私人的利益。

⑨人的需要和以人为出发点的价值衡量是一切建设工作成功的关键。

⑩每个城市都应该有一个城市计划方案，并制定必要的法律以保证其实现。每个城市计划，必须以专家所作的准确的研究为依据。

2.《雅典宪章》的特点

①注重功能、反对形式，体现在城市层面就是强调功能分区，道路分级，按照服务半径设置配套等方面。

②强调城市的综合性，但把城市的物质性摆在了突出的位置，认为只要有一个

图 2-3-1　柯布西耶的机器文明城市对二战后城市建设产生极大的影响
(资料来源:Le Corbusier. City of Tomorrow and its Planning[M].London: J Rodker,1929)

合理的城市形态方案，其他社会、经济问题都可以得到解决，城市就能形成秩序。

③强调以人为本，但是那仅仅是指设计中考虑人的尺度，方案是专家精英主导

的，广大人民没有参与的途径，仅仅是受众群体。

《雅典宪章》的局限性是显而易见的，但是在我国快速城市化的发展阶段，其强

调功能与秩序的理念还是具有现实指导意义的。

3. 现代城市设计思想的产生

二次大战后，西方国家经过恢复、重建，经济有了长足的发展，积累了足够财力、物力用于城市建设。城市设计理论以霍华德的田园城市和勒·柯布西耶为首的现代主义最有影响(图 2-3-1)。很多城市按照功能分区理论进行了建设，如巴西新首都巴西利亚。

勒·柯布西耶在 1946—1952 年间设计了"联合住器"(United Habitation)，把城市的很多功能如公园、商业等装载到建筑内部，并应用于马赛公寓的设计中，为后来的"巨构城市"提供了思路。巨构城市思想在 1950—1960 年代十分流行，并出现了很多流派，如日本以丹下健三为首的"新陈代谢"派，法国的"空间城市派"，英国的"建筑电器派"，等等。巨构城市的特点是把城市建筑与基础设施合成单一的巨型结构，把居住、办公等城市功能装载其中，典型的作品是丹下健三 1960 年的东京湾规划。这种思想对后来出现的超大综合体（如商业综合体）的设计产生了影响。

然而现代主义在欧洲的蔓延却也造成了大量的工业化城市功能区。城市"推土机"式的更新改造更摧毁了城市社区原有的生命力与历史有机性，这种过于重视功能分区与形态的城市建设模式，引发城市环境质量的诸多问题，也进一步加剧了城市扩散，受到社会理论家们的强烈评判。简·雅格布斯(Jane Jacobs)的《美国大城市的生与死》从政策角度批判了城市更新工程漠视市民的真实需求，破坏了城市的生活环境，并从设计角度批判了勒·柯布西耶的功能主义理论和霍华德的城市疏散理论，认为像曼哈顿、波士顿和费城那些高密度、功能混合、注重街道活动的老社区才是真正有生命力的。

克里斯托夫·亚历山大(Christopher Alexander)在其名著《城市并非一棵树》(A City Is Not A Tree)和《模式语言》(Pattern Language)中，批评了按照等级和功能的区分造出来的城市形态违背了自然规律，指出在那些经过长时期发展形成的城市形态所特有的复杂性和多元性才是维系城市生命力的根源。主张用半网格的复杂模式来取代树形结构，允许城市各种因素和功能之间有交错重叠，他指出："如果我们把城市建成树形系统的城市，它会把我们的生活搞得支离破碎"。"现代城市的同质性和雷同性扼杀了丰富的生活方式，抑制了个性发展"。因此，有必要发展一种有多重亚文化构成的城市环境。

罗伯特·文丘里(Robert Venturi)的《建筑的复杂性与矛盾性》则以经验主义的态度提出作者对建筑的丰富的意义而不是清晰的意义的偏爱，从设计者和使用者等不同角度指出建筑与城市空间应该允许多重的诠释。

柯林·罗(Colin Rowe)和弗雷德·克特尔(Fred Koetter)的《拼贴城市》同样强调城市在历史发展过程中形成的复杂性与多样性。他们反对乌托邦式的理想构图，认为城市设计不能抹杀城市文脉，应当在原有城市机理上不断添加新的元素，由此形成容纳不同时代多元化特征的拼贴式城市。克里斯汀·诺伯格·舒尔茨(Christian Norburg-Schulz)的《存在·空间与建筑》则从空间人文角度强调了场所的独特性，指出象征性是所有人造环境的重要内容，而这种象征性恰恰为现代主义设计所忽视。阿莫斯·拉普普特(Amos Rapoport)的《城市形态的人文因素》则阐述了建筑环境和人类文化之间的关系，指出城市形态是位置、交通网络、土地价值和地形等一系列因素共同作用的结果，因而也是人类文化的具体表现形式。①

由以上叙述可以看出，二次大战后的城市重建为以 CIAM 为代表的现代主义提供了广阔的舞台。然而 1950—1960 年代开始，西方对现代主义总图式城市设计思想进行了广泛的批判。城市设计由单纯的物质空间塑造，逐步转向对城市文化的探索；由城市景观的美学考虑转向具有社会学意义的城市公共空间及城市生活的创造；由巴洛克式宏伟构图转向对普遍环境的感知心理研究。以简·雅格布斯为代表的现代城市设计学者开始从人本主义角度关注城市内涵的提高，从社会、文化、环境、生态各种视角对城市设计进行新的解析，发展出一系列的现代城市设计理论与方法②。

城市设计理论的产生总是基于一定社会经济背景所面临的城市问题而提出的解决方案。这种解决方案也即理论的来源，戈斯林（D. Gosling）认为，主要源于三个方面的灵感：一是在自然模型（指历史上经历了时间考验的大量传统城市形态）中体现的往昔的理想形态；二是乌托邦模型中的未来理想；三是从艺术和科学中汲取的模型中对现在的研究。这三个来源构成了检验城市设计理论的背景③。城市设计理论往往具有鲜明的时代烙印。然而新理论的出现，并不意味着原有理论作用的消亡，如在现代城市背景环境下，虽然城市设计理论越来越关注精神内涵、情感要素——社会科学目标的综合环境观念，以及融入现代生态观和可持续发展思想的面向未来的设计理念，但是传统的关注城市宏观构图——

探索可感知的视觉艺术环境，以及注重功能要求的城市设计思想也始终占据着重要的位置，一起指导着现代城市设计实践。

国内外很多学者对现代城市设计理论流派做了分类研究。Matthew Carmona 等（2005）从城市设计的纬度角度，提出现代城市设计可分为：形态纬度、认识纬度、社会纬度、视觉纬度、功能纬度、时间纬度等方面的内容。刘宛（2004）从城市设计作为社会实践过程的角度提出了六种分类：社会秩序的重整、纪念性形式的表现、城市文化的传承、现代科技手段的实验、生态环境的持续和未来学意义的构想。Moudon（1992）则将城市设计理论概括为：城市历史研究（urban history studies）、景观研究（picturesque studies）、意象研究（image studies）、环境—行为研究（environment behavior studies）、地点研究（place studies）、物质研究（material studies）、类型—形态研究（typology-morphology studies）、空间—形态研究（space-morphogy studies）、自然—生态研究（nature-ecology studies）和程序—过程研究（procedure studies）十类④。张剑涛（2005）在总结前人分类研究的基础上，提出现代城市设计理论的研究内容主要涉及七个领域：景观—视觉、认识—意象、环境—行为、社会、功能、程序—过程和类型—形态。洪亮平（2002）在《城市设计历程》一书中则提出五种类型：空间和秩序—形式论、场所与文脉—涵义论、生命与活力—活力论、环境与意象—意象论、生长与衰败—有机论，并把新城市主义和绿色城市设计思潮归类为当代与未来城市设计思想。笔者

① 时匡等.全球化时代的城市设计[M].中国建筑工业出版社,2006.
② 洪亮平.城市设计历程[M].中国建筑工业出版社,2002.
③ 刘宛.城市设计理论探源[J].世界建筑,2004(3):77-79.
④ 张剑涛.城市设计理论探源[J].城市规划学刊,2005(2):6-12.

参考上述城市设计理论类型划分方法，根据理论思潮本身的突出特点和价值取向，把异彩纷呈的现代城市设计思想划分为六类，也即城市设计的形态论、场所论，意象论、社会论、功能论和过程论。

2.3.1 城市设计形态论

城市的形体秩序与视觉美学是城市设计亘古不变的主题，也是千百年来城市设计师孜孜以求的目标方向。建筑和城市设计经常被描述成唯一真正不可回避的，因而也是公共的艺术形式。纳沙（Nasar，1998）以为观察者可以选择是否体验艺术、文学和音乐，如人们可以选择是否参观博物馆等"高雅"视觉艺术场所，但是城市环境却是不提供选择的，"在日常活动中，人们必须穿越和体验城市环境的公共部分"。由此也决定了城市的形态和风貌必须满足更广泛的经常体验它的公众的需要[1]。为了创造一种好的城市形态，有的学者通过空间关系的建立形成秩序；有的通过空间的运动形成秩序；有的由空间类型分布形成秩序；也有的借助计算机技术研究空间秩序；等等。

而关于城市空间秩序，凯文林奇有过一段非常精辟的论述，他认为"'有价值'的城市不是一个已经秩序化了的城市，而是一个可以被秩序化的城市：'一些完全的、显著的秩序'对于'迷惑的新来者'来说是必要的，同时存在一种'展开的秩序'：'一个被人们逐渐把握、产生更深刻更丰富联想的模式'"[2]。

1. 卡米诺·西特（Camillo Sitte）——空间美学的艺术原则

奥地利建筑师卡米诺·西特被认为是近现代城市设计的鼻祖，他在 1889 年出版的《城市建设艺术》一书是最早对城市形态的设计进行系统论述的著作。西特考察了大量的欧洲传统城市的空间构成特色，并通过与现代城市（19 世纪末资本主义初期城市）空间的比较分析，指出现代城市空间存在着单调、无联系、缺乏艺术感染力等弊端（表 2-3-1）。在分析巴洛克城市布局特点的基础上，他写道："我们城市建设主要有三个体系和若干它们的变体。这三个体系是：矩形体系、放射体系、三角体系。一般来说，变体是这三者混和的产物。从艺术的眼光来看，所有这些都是毫无价值的，没有些微艺术气息[3]。"西特提倡现代城市应当师从古典城市空间布局的艺术性。通过对传统城市的研究，尤其是中世纪和艺术复兴时期经典的城市广场和街道，西特总结出一系列的城市设计原则（图 2-3-2）。他强调以公共空间为设计主体，以人的活动和感知为出发点，倡导不规则、非轴线、适当尺度的城市空间设计。西特特别关注城市空间各实体要素之间的整体性与关联性，把建立和创造城市环境中公共建筑、广场和街道之间的视觉联系作为其艺术原则的核心。不仅如此，西特还十分强调尊重自然，认为城市设计是地形、方位和人的活动的结合。

2. 罗杰·特兰西克——图底关系与联系理论

罗杰·特兰西克在其 1986 年出版的《寻找失落的空间》（Finding Lost Space）一

① Matthew Carmona 等著,冯江等译.城市设计的纬度[M].江苏科学技术出版社,2005.
② Matthew Carmona 等著,冯江等译.城市设计的纬度[M].江苏科学技术出版社,2005.
③ 黄亚平.城市空间理论与空间分析[M].东南大学出版社,2002.

书中，提出了图底关系理论及联系理论作为物质——形体分析的主要理论工具。

（1）图底关系理论（Figure-ground）

从物质层面看，城市系由建、构筑物实体和空间所构成，如果建筑物是图形，空间则是背景，以此为基础对城市空间结构进行的研究，就称为"图底分析"。反之，如果虚空间部分涂黑，建筑部分留白，形成的图称为图底关系反转（图 2-3-3）。

传统城市由于建筑密度大于外空间覆盖率，形成一种"合理密度"，图底关系与图底反转都具有较强的空间封闭性，周围建筑与空间一气呵成，整体性与完形性较好。如诺利（Nolli,1748）罗马地图和我国传统四合院所反映的那样，虚空间、实空间同等重要，虚实相生，成为有机整体。现代城市空间，主角是塔式的一幢幢孤立的建筑实体，其周围的虚空间支离破碎，出现了许多消极的"失落空间"，图底关系不可逆转。由此也说明城市主导空间形态主要由水平方

表 2-3-1　传统城市空间与现代城市空间的对比

	传统城市空间（遵循艺术原则）	现代城市空间（缺乏艺术感染力）
建筑物、纪念物及公共广场之间的关系	①广场常用于实际目的，并且与围绕它的建筑形成一个整体 ②纪念物（雕像）：恰当的位置、正确的背景，使其尺度更突出，体现其意义与价值	广场只是停靠机动车辆的地方，与其周围的主要建筑毫无关系——"空场" 纪念物多半被移入室内或居于广场几何中心，失去背景，比例失调，自知意义丧失
中心空敞的公共广场	①纪念物和喷泉不置于广场中心，而处于边缘和角落；建立在避开交通的位置上；根据各自情况下街道通向广场的方式及交通流向而确定 ②纪念性建筑很少独立布置于广场中心，而是后退使建筑的侧面（单侧、两侧甚至三面）与其相关建筑共同形成开敞空间群；本身获得最佳观赏视点与角度；节省造价（相联的侧面，其立面装修可简化）	纪念物、喷泉置于广场几何中心——破坏了广场中心的"空敞感"纪念性建筑独立布置，往往处于中心位置
公共广场的封闭性特征	①通过周围建筑物的有效围合 ②处理广场的通路和开口 ③利用建筑构件——柱子、墙面、拱门或连廊加强封闭性特征	建筑物孤立，彼此缺乏联系与围合；道路平行直通入广场，开口过大过多，缺乏相应的构件加强围合性
公共广场的形式与大小	①形式：深远型和广阔型 ②广场的大小与周围建筑的关系；和谐的平衡，广场最小尺寸等于周围主要建筑高度，最大尺寸超过主要建筑高度的两倍（特殊要求除外）	尺度过于巨大，使建筑比例失调："广场恐惧症"——巨大的尺度抵消其艺术价值："巨大而荒漠的空间"漫无尽头的矩形街道和绝对对称的广场
公共广场的不规则性	①因地制宜：与水道、道路、建筑现状相适应、相互统一 ②图纸上的不规则、感觉上的规则	由周围建筑直线强调了的、触目的、不协调的不规则，难以用视错觉进行补救
公共广场群	①形状、大小各异，为主要建筑的观赏提供不同的视点，并有各自不同的使用功能 ②步移景异，产生空间序列	缺乏丰富的景观变换 无意义的"空间"

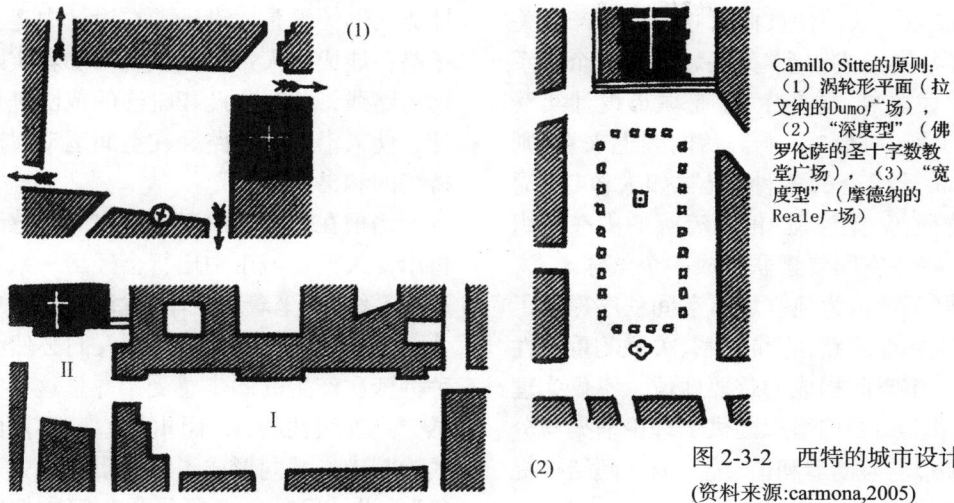

Camillo Sitte的原则：
（1）涡轮形平面（拉文纳的Dumo广场），
（2）"深度型"（佛罗伦萨的圣十字数教堂广场），（3）"宽度型"（摩德纳的Reale广场）

图 2-3-2　西特的城市设计原则
(资料来源:carmona,2005)

向构成，而不是垂直方向，欲取得积极外部空间，应加大水平向建筑群密度（图2-3-4）。

借助图底关系分析方法，可以发现城市不同时期的机理与发展脉络，成为分析不同城市空间结构，明确空间界定范围，对比不同等级空间的组织效果的有力理论工具。

（2）联系理论（Linkage）[1][2]

联系理论是研究城市形体环境中各构成元素之间存在的"线"性关系规律的理论，又被称为关联耦合分析。这些"线"可能是交通线、线性公共空间和视线，如各种交通性干道、人行通道、序列空间、视廊和景观轴等。积文彦在《集合形态研究》一文中指出"耦合性简言之就是城市的线索，它是统一城市中各种活动和物质形态诸层面的法则，城市设计涉及各种彼此无关事物之间的综合联系问题"。

关联耦合秩序的建立可以分为两个层次：物质层面和内在动因。在物质层面上，关联耦合表现为用"线"将客体要素加以组

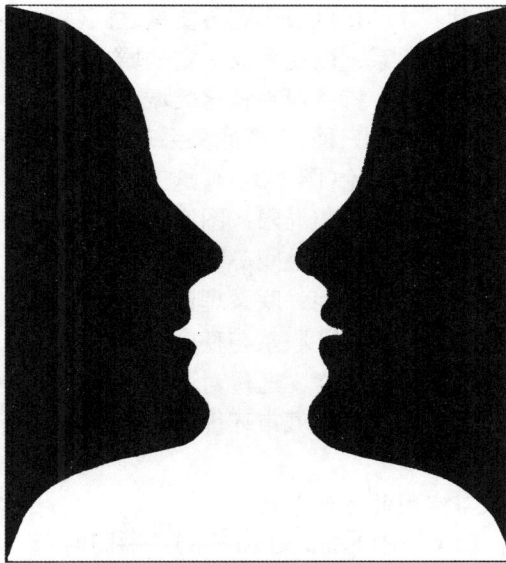

图底反转，取决于何者为图何者为底，图像看起来会是花瓶或者两张面孔。在户外空间消极的地方，建筑物是图，户外空间是底，此时不可能将户外的空间看作图，建筑物看作底。在户外空间积极的地方，图底发转是可能的，建筑物既可以被认为是图也可以是底。

图 2-3-3　图底关系反转原理
(资料来源:carmona,2005)

① 黄亚平.城市空间理论与空间分析[M].东南大学出版社,2002.

② 金广君.图解城市设计[M].黑龙江科学技术出版社,1999.

织和联系，从而使彼此孤立的要素产生关系，并共同形成一个"关联域"。而这个关系或者"关联域"的产生，正是城市设计实践的意义所在（图2-3-4）。从内因上来看，则是指联系线上的各种"流"，如人流、交通流、物质流、能源流、信息流等的内在组织作用，将各空间要素联系成一个整体。

联系理论为建立城市空间秩序提供了一条主导性思路，它将关系、关联的重要性置于城市空间构成的首要地位，不仅为理解城市空间结构组织提供了理论框架与分析思路，也为创造和谐、统一的空间结构提供了思想与手段。

综上所述，图底关系理论与联系理论都是为了寻求在城市形态各要素之间建立一种组织关系，以便形成一定的城市结构与空间秩序。特兰西克将这类城市空间组织理论归纳为三种，即图底关系理论、联系理论和场所理论（图 2-3-5）。这三种理论各自有自己的价值与局限。图底关系理论主要是对空间界定和空间等级的分析，有利于形成积极的空间；联系理论在城市各形体要素之间建立了联系与秩序；场所理论，则考虑了人的因素，通过对影响环境的内在因素的把握，使城市环境满足人的内在需求。

3. 城市空间的运动学研究

（1）培根（Edmund Bacon）——同时运动诸系统（simultaneous movementsystems）[①]

培根非常强调空间与运动的概念，在谈论建筑的定义时，他指出"建筑就是空间的表现，就是要使身临其境者产生一个与先行的和后继的空间有关的明确的空间感受"。培根强调空间是运动的，指出"物质的确是在空间中运动的产物"。他认为城市设计成功的关键是"设计者在设计中建立一条路径能成为大量人流或者参加者实际运动的路线，并对与此相毗连的范围进行设计，使人沿着这条路径在空间运动时产生持续的和谐感受。"

培根在研究市民对城市空间的感受时指出，人们在城市中出行会经历一系列的运动系统，如坐着小汽车驶过快速路，或乘公共汽车、地铁，或者步行，人们必然会有种种依次产生的同步感受，并且这种空间感受是连续性的，以不同的速率、不同的模式为基础，共同形成了居民出行的"总印象"。设计师的任务便是在空间中按照三维方式，构想这些同时运动诸系统的基本形式，以满足行路人的"共同印象"，并在此基础上产生一种城市设计结构，引导城市居民和谐生活环境的形成。上述思想清晰地体现在费城城市空间结构的实践中（图2-3-6）。在费城案例中，城市空间设计结构由运动的路线（由影线表示）和5座塔楼的实体（3座位于社会山，2座位于左侧的华盛顿广场，也称为'贝氏塔'）这两项要素组成（图2-3-7）。这个新结构并非设计师凭空臆造的，而是从自然特征和区域地形中产生的，这一切就为保证这一地区的发展提供了预先秩序。

（2）戈登·卡伦（Gordon Cullen）的序列视景分析

与培根强调城市空间运动属性相类似，戈登·卡伦在《城镇景观》（The Concise Townscape, 1961）一书中认为，理解空间不仅仅在看，而且应通过运动穿过它。因此，城镇景观不是一种静态情景（Stable Tableaux），而是一种空间意识的连续画面（图 2-3-8）。卡伦通过对人在空间运动中的

---

① [美]埃德蒙.N.培根著,黄富厢,朱琪译.城市设计[M].建筑工业出版社,2003.

感受研究画出了系列表征场所空间特征的透视草图，强调了人对空间的场所感和意象，发展了序列视景分析方法。与培根强调满足城市空间运动系统的居民感受不同，卡伦的方法更多体现的是专业人员对场地的视觉感受，因此忽略了社会和人的活动因素，缺少公众参与，是该理论的限制所在。

4. 罗伯特·克里尔（Robert Krier）——空间类型学[①]

所谓类型学，按《大英百科全书》的说法，也即"一种分组归类方法的体系称为类型，……这种归类的方式在各种现象之间建立有限的关系而有助于论证和探索"。

1975 年，克里尔出版了《城市空间理论与实践》，1979 被译为英文版《城市空间》（Urban Space），他运用类型学方法对欧洲不同城市中具有意义的城市空间进行分类研究（图 2-3-9，Carmona，2005.）。他将城市视为街道、广场和其他开敞空间互相结合的产物。其中城市广场空间有多重形式，但本质上只存在方形、圆形和三角形三种类型，城市组织本身由既是纯粹的但又是各种组合类型的变体构成。基于对传统城市空间形态的同样偏好，Krier 的兄弟Leon 也提出了对现代主义城市空间设计的批判，并确定了城市空间的四种类型[②]（图 2-3-10）。

5. 比尔·希利尔（Bill Hillier）——空间句法理论（Space Syntax）[③,④]

空间句法研究，即通过计算机手段对具有社会意义的空间构成关系进行量化研究，是一种反映空间客体和人类

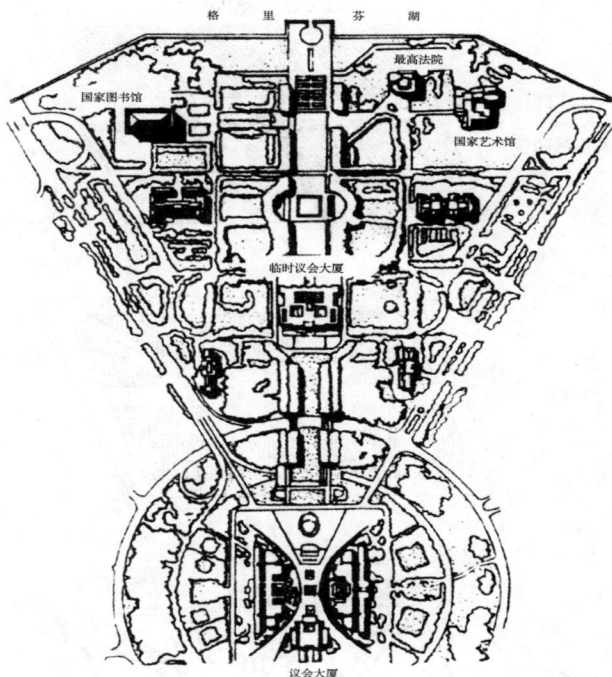

图 2-3-4　澳大利亚堪培拉市中心主轴
(资料来源:黄亚平,2002)

直觉体验的空间构成理论及其相关的一系列研究方法。空间句法理论创始于1970 年代，是由英国伦敦大学建筑学院的希利尔等提出的，通过比尔·希利尔和朱丽安·汉森的《空间的社会逻辑》、希利尔的《空间是机器》和汉森的《家庭和住宅的解码》等一系列著作和文章的发表，逐渐为建筑、规划学界所重视，成为城市空间研究的新领域。空间句法理论的切入点是"回归到空间本身"。与众多空间理论有所区别的是，空间句法把空间作为独立的元素进行

① 洪亮平.城市设计历程[M].中国建筑工业出版社,2002.
② Matthew Carmona 等著,冯江等译.城市设计的纬度[M].江苏科学技术出版社,2005.
③ 伍端.空间句法相关理论导读[J].世界建筑,2005,(11):18-23.
④ 何子张等.基于空间句法分析的厦门城市形态发展研究[J].华中建筑,2007,(3):106-121.

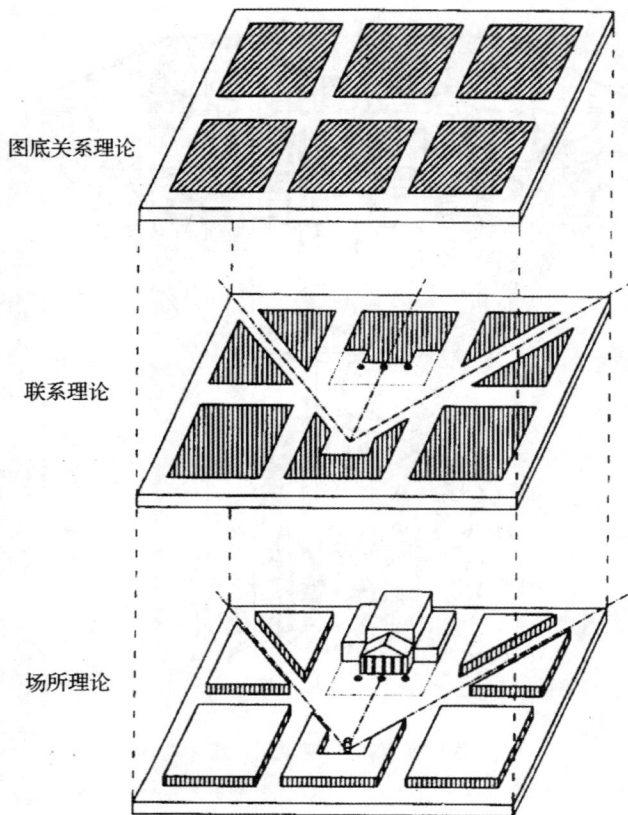

图 2-3-5　特兰西克的三种城市空间分析方法
(资料来源:黄亚平,2002)

研究,并以此为基点,进一步剖析其与建筑、社会和认知等领域之间的关系。在希利尔等人对一系列城市的实证研究中,发现城市的空间结构关系本身反映了城市社会经济的制约因素的综合性影响,希利尔认为,以往的许多学者总是研究剥离了社会内容的空间和剥离了空间的社会,而空间句法研究反映了具有社会意义的空间,可以对空间的

社会逻辑作出直接的回答。希利尔对伦敦等地的研究表明空间结构作为单纯的几何对象可以独立的对人流、车流等社会活动产生作用(图 2-3-11)。

通过希利尔等的研究表明,现代城市形体空间的研究正走向两个方面的思路转向:一是研究方法由定性描述与分析为主,向借助计算机技术的定量研究转向;二是研究对象由空间与社会分离向空间与社会融合转变。由此表明采用定性与定量相结合,空间与社会等多因子互动的综合化、整体化研究思路是现代城市空间研究区别于传统空间研究的关键所在。

2.3.2　城市设计场所论[①]

与现代主义强调纯粹空间形式以及超凡脱俗的个性不同,"场所论"学者关注形式背后的东西。他们认为,形式背后蕴涵着某种深刻的涵义,这涵义与城市的历史、文化、民族等一系列主题相关,这些主题赋予了城市空间以丰富的意义,使之成为市民喜欢的"场所"。城市设计也就是挖掘、整理、强化城市空间与这些内在要素之间关系的过程[②]。

场所与文脉主义的哲学基础源自"结构主义"。结构主义可看作是一种 X 射线,它旨在透过表面上独立存在的具体客观体,透过"以要素为中心"的世界和表层结构来探究"以关系为中心"的世界和深层结构 (deep structure)。诺伯格·舒尔茨 (Christian Norberg schulz)[③] 将结构主义用于研究人类生存环境以及人们的环境经历

---

① Matthew Carmona 等著,冯江等译.城市设计的纬度 [M].江苏科学技术出版社,2005.

② 洪亮平.城市设计历程[M].中国建筑工业出版社,2002.

③ 王建国.城市设计[M].中国建筑工业出版社,1999.

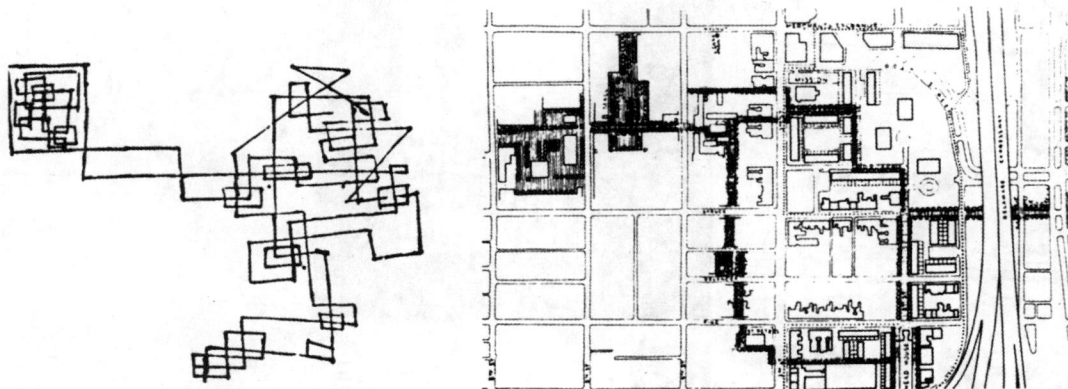

图 2-3-6 左图是克莱所作,右图是贝聿铭所作,两个作品图解的格局惊人
的相似,塔楼和运动路线构成基本的设计结构

(资料来源:[美]埃德蒙.N.培根著,黄富厢,朱琪译.城市设计[M].建筑工业出版社,2003)

与意义,出版了一系列著作,如《建筑中的意象》(1956)、《存在、空间和建筑》(1971)和《场所精神》(1980)等。

1. 场所与场所精神

场所,简而言之,就是由自然环境和人造环境相结合构成的有意义的整体。场所精神指除了注重物质层次属性外,也包括较难确知体验的文化联系和人类在漫长时间跨度内因使用之,而使之秉有的某种环境氛围。场所一词通常以拉丁概念"genius loci"来讨论。Jackson指出,场所意指人们能够超越空间的物质和感官属性来体验事物,能够感受其赋予空间的精神。Edward Relph在《场所与无场所》(1976)一书中认为,场所是从生活经验中提炼出来的意义本质中心。通过意义的渗透,个体、群体或者社会把"空间"变成"场所"。针对场所的研究常被归类为"现象学"范畴。所谓现象学,旨在将现象描述和理解为人类意识接受"信息"和反馈于"世界"的经验(Pepper, 1984)。

(1)场所构成要素

Relph(1976)认为"物理环境"、"行为"和"意义"组成了场所特性的三个基本要

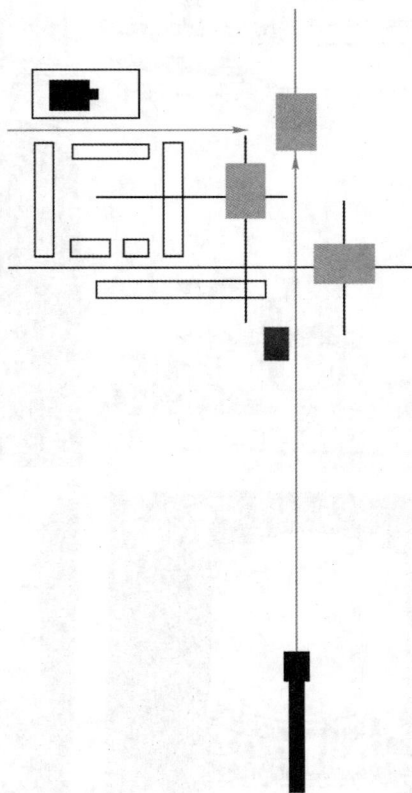

图 2-3-7

(资料来源:埃德蒙.N.培根,2003,p.268)

图 2-3-8 卡伦的序列视景分析
(资料来源:Carmona,2005)

素,然而场所感并非存在于这些要素中,而是来自于人与它们的互动中。荷兰建筑师凡·艾克(Aldo Van Eyck)认为:"不管空间和时间的意义是什么,场所和事件只会有更多意义。这是因为在人的意念中,空间表现为场所,时间表现为事件。"Canter(1977)认为:场所是"活动"加上"物质属性"加上"概念"共同作用的结果。John Punter(1991)和 John Montgomery(1998)更用图表的形式说明城市设计活动如何能够创造和增强潜在的场所感(图2-3-12)。与上述论述相类似,笔者在相关的研究中也指出场所精神是由地域的"空间物质要素+文化要素+时间(历史)要素"三要素构成的[①]。

(2)成功场所的标准

成功的场所通常具有生气和活力,并以人气旺为主要特征(图 2-3-13)。"公共空间计划"(The project for public space,1999)说明了四个塑造成功场所的关键:舒适和

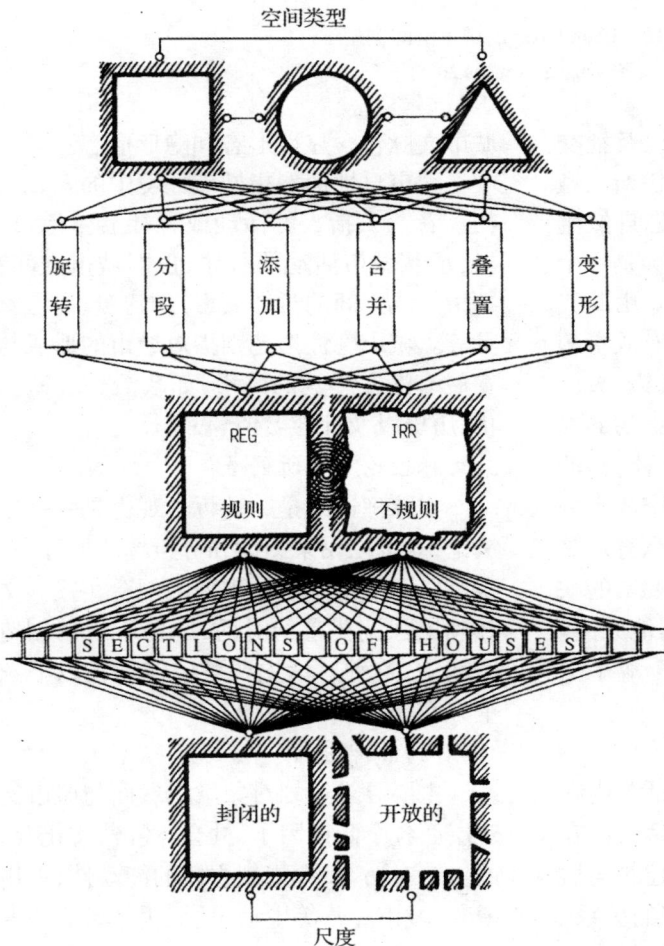

Bob Kriter 的城市广场类型学。在 Kriter 的分析中,欧洲城市空间通常可以归纳为三种主要的平面形状:方形、圆形或者三角形。这些基本的形态能够以很多方式进行改动或调整:可以发生于自身或者与其他形状结合;可以是规则的或不规则的;可以通过改变角度,尺度和基本形状基本上增减面调整;可以被扭曲、切分插入或者交叠;可以通过四周街道的墙、拱廊或柱廊来围合,或者向环境开敞。建筑的立面形成了空间的框架而且可以有很多种形状:从实体、无开洞的砖石建筑到有各种开口的砖石建筑:窗、门、拱廊、柱廊和完全是玻璃的立面。这些基本形状也可通过持续改变空间品质的各种片断来调整,每一个片断都可以在立面上进行不同的处理,这些反过来影响空间的品质。最后,相交的街道的数量和位置决定了广场或"封闭"或"开敞"的性质。

图 2-3-9 Robert Krier 的城市空间类型学
(资料来源:Carmona,2005)

---

① 丁旭.创造一种体现地域场所精神的居住空间形态[J].浙江大学学报(理学版),2004,(3):349-353.

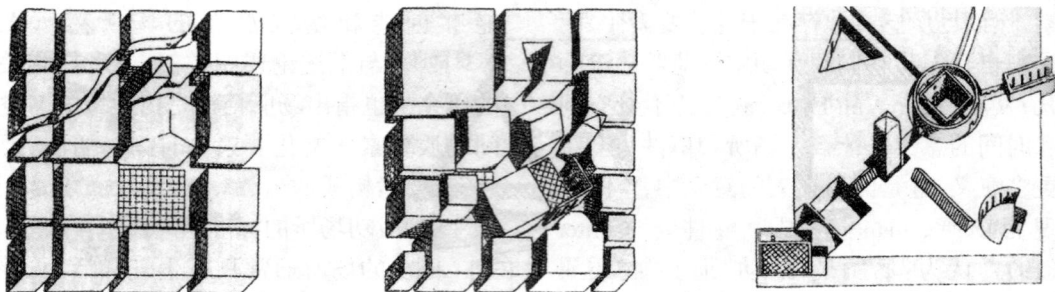

Leon Krier 区分的四种城市空间类型。三种是传统城市空间,第四种主义城市空间的形式。(1)城市街区是街道和广场布置形式的结果;这一形式是可以进行类型学分类的。(2)街道和广场形式是街区布置的结果;这些街区是可以进行类型学分类的。(3)街道和广场是明确的形式类型;这些公共"房间"可以进行类型学分类。(4)建筑是明确的形式类型;站立在空间中的建筑随机分布。

图 2-3-10　Leon Krier 的城市空间类型学

(资料来源:Carmona,2005)

形象,通道和联系,使用和活动,以及社交性(表 2-3-2)。凯文·林奇在论述伊斯兰城市机理时候说道:"城市不会只是自然生成,也不会脱离历史而发展,更不会是一个独一无二或者不可理解的故事"[①]。由此我们发现,城市是一个故事,它总是有故事的人物(人)与时间、地点(场所)三要素,故而任何一个环境设计都不仅仅只考虑物的要素,还应该考虑时间(历史)与人(社会)的要素,并且相互协调,才能保证城市故事的发生。如果城市(场所)无故事,那么肯定是其中有个环节出问题了,要么是要素的缺失,要么是要素的不协调,或者其他原因。一个好的城市(场所),必然是一个故事引人入胜的城市(场所)。

2. 文脉与城市文脉

文脉指介于各种元素之间对话与内在联系,即指局部与整体之间的对话与内在联系。城市文脉就是人与建筑、建筑与城市、整个城市与其文化背景之间的关系。

城市文脉包含显性形态和隐形形态。

城市显性形态指城市环境中的人、地、物三者。人指人的活动或者社会生活;地指,承载城市活动的载体,也即城市空间;物指构成空间的具体要素,如建筑、街道家具等。城市隐性形态则指对城市的形成与发展有潜在影响的因素,如政治、经济、文化、历史以及社会习俗、心理行为等。

3. 文脉理论与场所创造[②]

文脉理论既是一种哲学观也是一种方法论,既可以用来阅读和分析场所的环境,也可以用来指导场地规划的创造实践。文脉理论强调要素的对话,在场所规划创造实践中,这种对话主要可以体现在以下三个方面(图 2-3-14)。

(1)神神对话

主要寻求规划对象微观层面与城市宏观层面各个隐性因子(社会、经济、文化等)的一一对话。发挥规划主体的能动性,采用博弈、城市经营等主动手段,明晰场所的发

---

① [美]凯文.林奇著,林庆怡等译.城市形态 [M]. 华夏出版社,2001.

② 丁旭等.居住空间形态个性塑造的方法论框架研究[J].规划师,2006,22(4):73-76.

100

表 2-3-2　成功场所的关键特性

关键特性	无形品质		措　施
舒适和意象	安全	可读性	犯罪统计
	吸引力	适宜步行	卫生评价
	历史	绿化	建筑条件
	魅力	清洁	环境数据
	精神性		
到达与联接	可读性	亲近	交通数据
	适宜步行	连通性	形式上分离
	可靠性	便利	公共交通用途
	连续性	可达性	步行活动
			停车模式
使用与活动	真实	活动	
	可持续性	有效性	不动产价值
	专门	庆典	租金水手
	独特性	活力	土地使用模式
	支付能力	本土性	零售
	趣味	"自产"品质	本地商业所有权
社交性	合作	闲谈	街道生活
	睦邻	多样性	社交网络
	管理员	讲故事	晚间使用
	自豪	友好	使用志愿者
	受欢迎的	交互性	女人、小孩和老人的数据

资料来源：Matthew Carmona, 2005.

展定位与发展战略，突出场所特色功能，保证场所有一个清晰可行的目标体系，指导成功场所环境的产生。

（2）形神对话

一个成功的场所必然体现着"形、神合一"的内在要求，"非形秩序（神）决定、规范着具形秩序（形）的产生与发展，具形秩序应当体现非形秩序的内容与要求"①。场所所在地域的经济、文化（如地方居民生活习俗、行为习惯、道德情趣、历史遗存）、政策

制度、技术等隐性(神的)因素以及地域在更大范围区域内的分工与职责，决定着场所的空间功能、规模与形态(形)。寻求形神对话，是城市场所空间形态得以产生的本源。

（3）形形对话

主要表现在城市与自然山水环境的对话；城市总体与局部的关系；新区发展与历史文化保护的协调等诸方面。这是城市机理得以延续，空间多样性得以统一、和谐的

② 丁旭.在对话中寻求一种秩序[J].城市规划,2006,30(7):89-92.

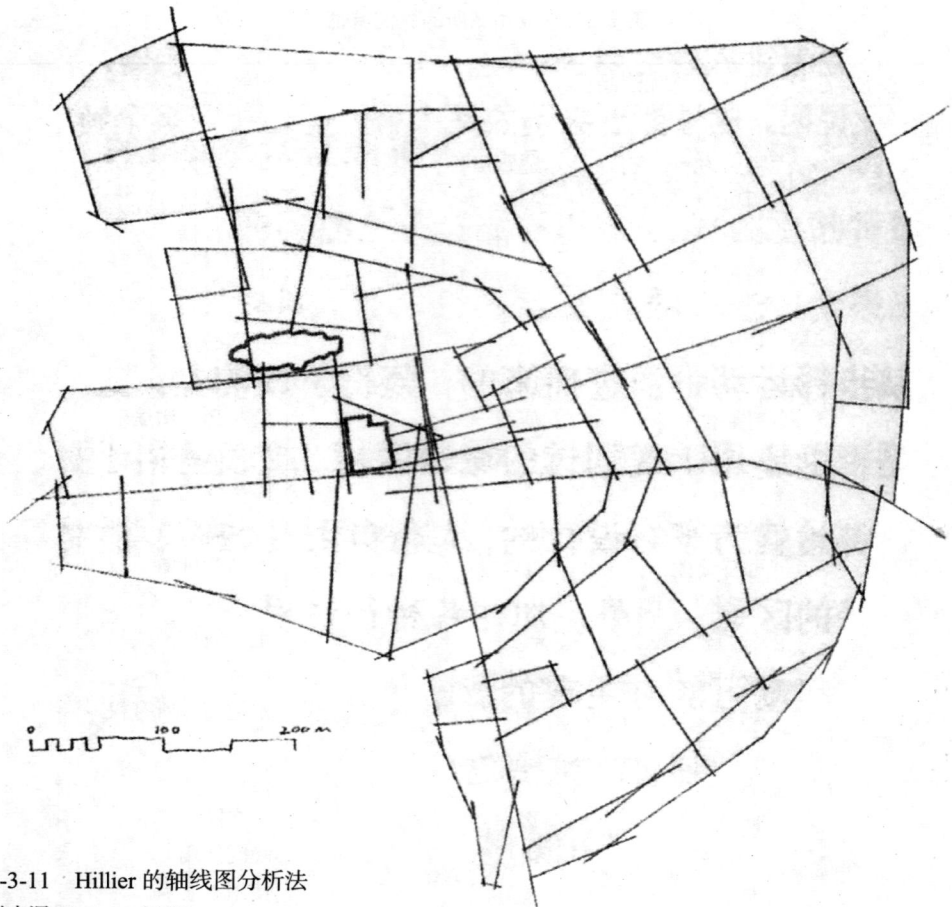

图 2-3-11　Hillier 的轴线图分析法
(资料来源：Carmona,2005)

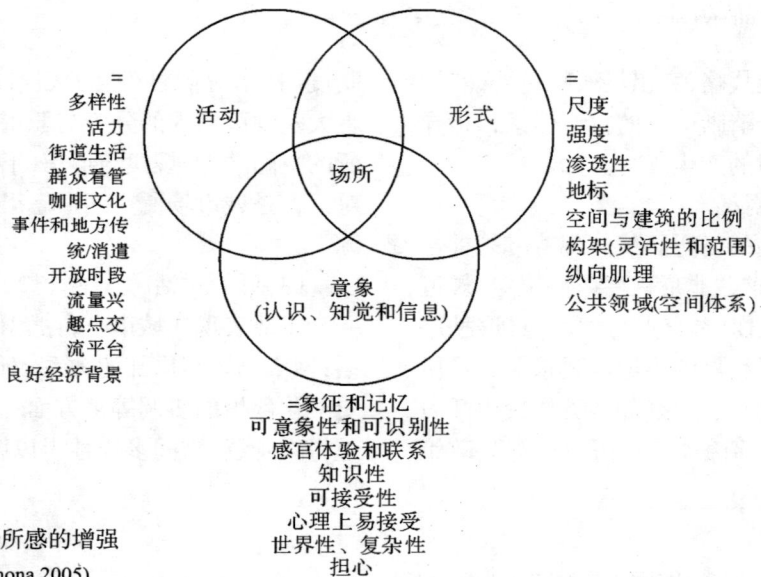

=
多样性
活力
街道生活
群众看管
咖啡文化
事件和地方传
统/消遣
开放时段
流量兴
趣点交
流平台
良好经济背景

活动　　形式

场所

意象
(认识、知觉和信息)

=
尺度
强度
渗透性
地标
空间与建筑的比例
构架(灵活性和范围)
纵向肌理
公共领域(空间体系)

=象征和记忆
可意象性和可识别性
感官体验和联系
知识性
可接受性
心理上易接受
世界性、复杂性
担心

图 2-3-12　场所感的增强
(资料来源:Carmona,2005)

图 2-3-13　在一些有历史氛围的地方人们聚集在一起
自娱自乐，而一些新开发的场地，却少有人气

文脉理论（成功场所的创造）

神神对话　　　形神对话　　　形形对话

隐性形态的塑造
（神的秩序）

①反映区位特征，保护本土特色
②突破模式化理论，建立多元化的以人为本的可持续发展理论
③考虑地域文化的影响，遵从居民行为规律要求
④体现时代精神
⑤分析方案主要矛盾，强调规划理念
⑥反映城市性质，明确发展定位

显性形态的塑造
（形的秩序）

① 场所总体形态 —— 骨架（Structure）的塑造
② 空间组成要素 —— 肌理（Texture）的塑造：道路、建筑、标志物和边界等。

实践内容

显性形态与隐性形态的统一
（形神一致：表里一致、易辨、透明）

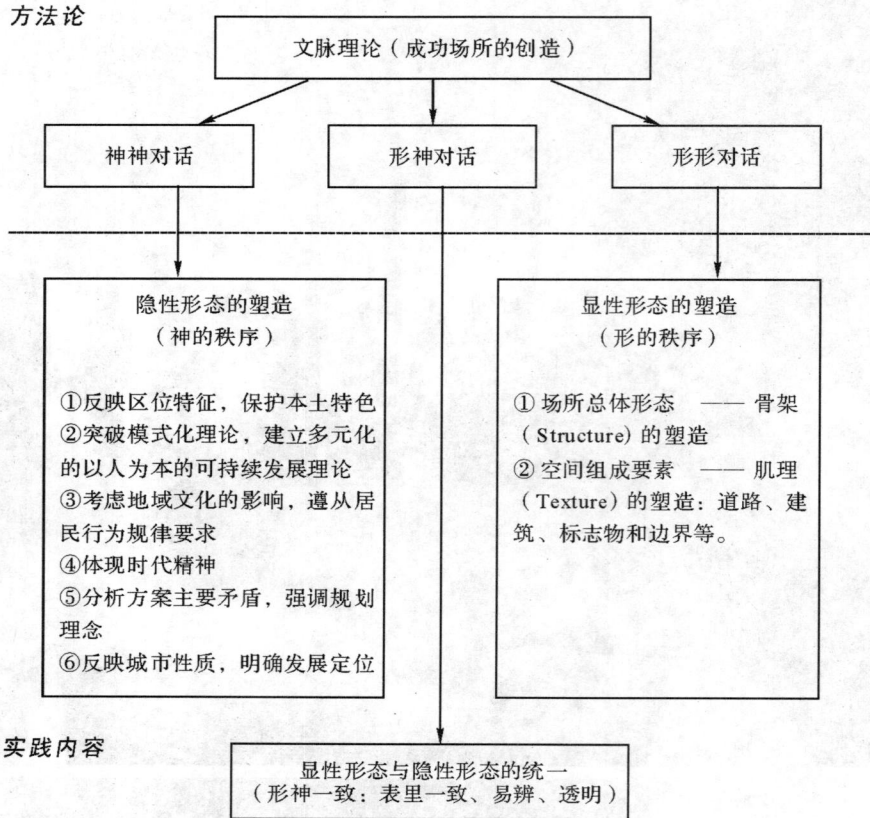

图 2-3-14　场所创作的方法论框架

保证。从宏观到微观，从内在到外在，场所的形态特色总是在上述相对限定的城市环境中产生与发展的。

就同一设计客体而言，显性形态的创造随设计主体的手法与理念的不同，可以表现为多种形式。然而并非所有的形态都正确反映了场所精神的本源，体现着创作的真谛。只有那些符合显性形态与隐性形态高度统一的创作形式才是成功场所的内在要求。那么该如何才能做到或者检验这一点呢？凯文·林奇提出可用三个性能指标：即，"表里如一"、"透明度"和"易辨性"[①]，来检验或者表达空间形态（显性形态）与非空间形态和价值观念（隐性形态）之间的关系。"表里一致"：指空间形式与内在非空间形式的一致性；"透明度"：指一个人可以直接观察出现实空间环境中的技术、自然、社会的过程与关系；"易辨性"：指一个聚落环境标志系统的完善程度与可辨性。

2.3.3　城市设计意象论

所谓城市意象理论，指借助于心理学和格式塔心理学的理论方法，通过人的认知地

---

① [美]凯文·林奇著.林庆怡等译.城市形态[M].北京:华夏出版社,2001.

图和环境意象来分析城市空间形态，强调城市结构和环境的可识别性（legibility）及可意象性（imaginability）的城市形态理论。城市设计意象论与城市设计场所论都从属于环境的认知维度，只是前者偏重感性层面的意象认知，后者注重理性层面的解释分析，某种意义上后者是前者的认知延续。

1. 认知方式与格式塔心理学

（1）环境认知

环境认知分为"感知"和"认知"两个阶段。感知指人们的感觉系统对环境刺激的反应。感知环境的四个最重要的官能是视觉、听觉、嗅觉和触觉。其中视觉起着支配性作用，它提供的信息比其他三种感觉的总和还要多。其他官能只要起着丰富感知体验的作用。当然上述感官刺激通常是作为一个相互关联的整体发挥作用的。

（2）格式塔和格式塔心理学

格式塔意指图形或形式。"假使有一种经验的现象，它的每一成分都牵连到其他成分，而且每一成分之所以有其特性，是因为它和其他部分具有关系，这便是格式塔。"[①]人对环境认知就是格式塔，人总是将感知对象加以组织化和秩序化，从而便于理解。

（3）格式塔心理学即图形心理学，它诞生于1912年，兴起于德国，后来在美国广泛传播，主要代表人物有 M.Wertteimer, K.koffka 和 W.kohler 等。格式塔心理学指出图形具有相近性、相似性、封闭性和完性性等原理（图2-3-15）。

2. 环境意象

意象，是一心理学术语，用以表述人与环境相互作用的一种组织，是一种经由体验而认识的外部现实的心智内化。也可以定义为"个人积累的，组织化的，关于自己和世界的主观知识"[②]。凯文·林奇在《城市意象》一书中指出"环境意象是观察者与所处环境双向作用的结果。环境存在着差异和联系，观察者借助强大的适应能力，按照自己的意愿对所见事物进行选择、组织并赋予意义"[③]。林奇认为，环境意象，由三部分组成：个性、结构和意蕴。个性即一事物区别于周围事物的可识别性；结构指物质与观察者以及物体与物体之间的空间或者形态上的关联性；意蕴指物体为观察者提供的实用的或者情感上的涵义。林奇指出，可意象性是城市意象的重要特性，它是一个美丽环境所具有的基本特征之一。所谓"可意象性"，"即有形物体中蕴含的，对于观察者都很有可能唤起强烈意象的特性。形状、颜色或者布局都有助于创造个性生动、结构鲜明、高度实用的环境意象，这也可称作'可读性'，或者更高意义上的'可见性'，物体不只是被看见，而且是清晰、强烈地被感知"[④]。

3. 认知地图

认知地图指通过草图和语言或者模型来描述一个城市的环境特征、城市独特要素或体验。将个体"认识地图"进行汇总可以得到"公众意象图"。林奇通过调查美国三个城市：波士顿、洛衫矶与泽西城的认知地图，最终发现有些基本要素构成了城市的公共意象，从而提出了著名的城市设计

① 洪亮平.城市设计历程[M].中国建筑工业出版社,2002.
② 王建国.城市设计[M].中国建筑工业出版社,1999.
③ [美]凯文·林奇著.方益萍等译.城市意象[M].北京:华夏出版社,2001.
④ [美]凯文·林奇著.方益萍等译.城市意象[M].北京:华夏出版社,2001.

"五要素"理论(图1-4-2)。

4. 环境意义与象征

Gottdiener(1986)等学者认为,林奇的研究有他的局限性,他只关注对物质形式的感性认识,却损失了很多重要的元素,例如环境的意义以及人们是否喜欢等对环境的偏好。事实上意义和象征是环境意象的重要组成。城市环境的意义是诠释与生产出来的,随着社会和价值观的改变而改变。环境生产者最初传达的意向信息和环境消费者接收的信息之间是有差别的[①]。并且不同的个体在阅读环境过程中,不可避免的会产生新的文本。A.拉波波特更是研究了意义的产生过程(图2-3-16),并指出特定的社会文化是空间意义的基础与渊源所在[②]。建成环境一般也都具有象征意义,正如任何建筑符号都具有首要功能与象征功能两层意义一样。如多立克柱式门廊,首要功能是遮风避雨,象征功能则意味着"庄严"。君王的王位,首要功能是座位,象征功能则是至高无上的权利,显然在这里其象征功能更甚于首要功能。我们对商品住房的消费,也不仅仅是消费其居住功能,更消费其象征意义——生活理念。

2.3.4 城市设计社会论

城市空间和社会是相互关联的,它们之间是一种双向的过程,人们(和社会)在创造和改造空间的同时也被空间以各种方

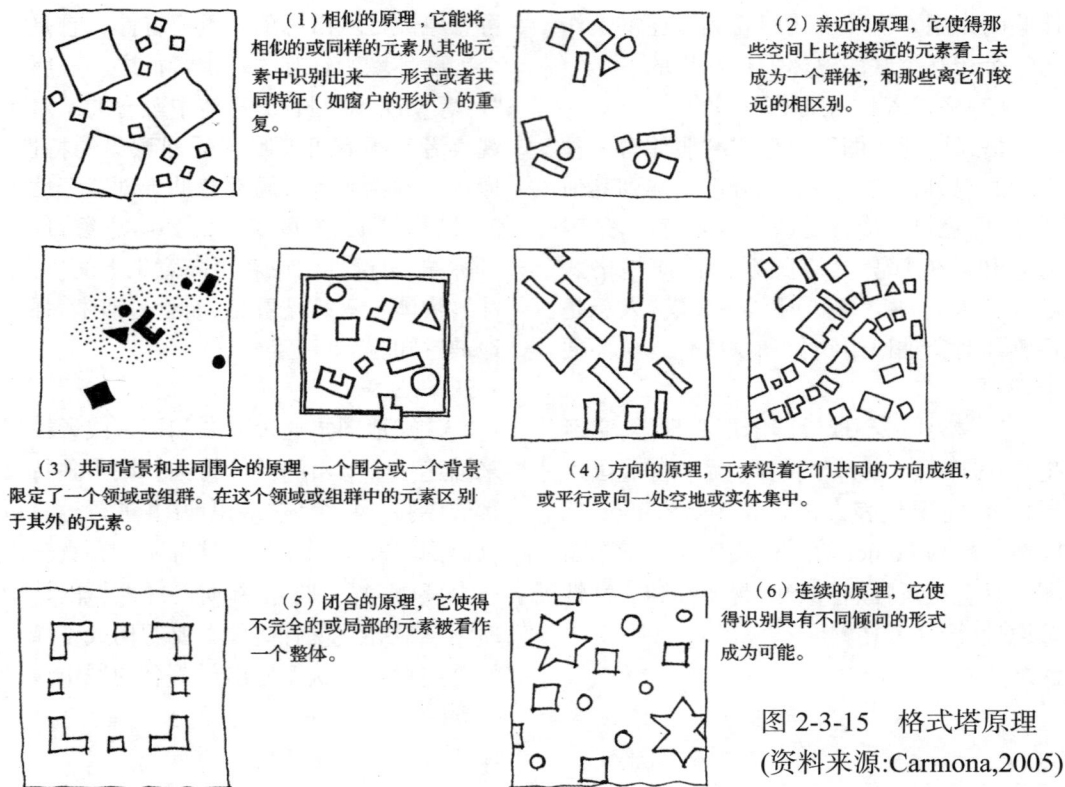

(1)相似的原理,它能将相似的或同样的元素从其他元素中识别出来——形式或者共同特征(如窗户的形状)的重复。

(2)亲近的原理,它使得那些空间上比较接近的元素看上去成为一个群体,和那些离它们较远的相区别。

(3)共同背景和共同围合的原理,一个围合或一个背景限定了一个领域或组群。在这个领域或组群中的元素区别于其外的元素。

(4)方向的原理,元素沿着它们共同的方向成组,或平行或向一处空地或实体集中。

(5)闭合的原理,它使得不完全的或局部的元素被看作一个整体。

(6)连续的原理,它使得识别具有不同倾向的形式成为可能。

图 2-3-15 格式塔原理
(资料来源:Carmona,2005)

---

① Matthew Carmona 等著,冯江等译.城市设计的纬度[M].江苏科学技术出版社,2005.

② 黄亚平.城市空间理论与空间分析[M].中国建筑工业出版社,2002.

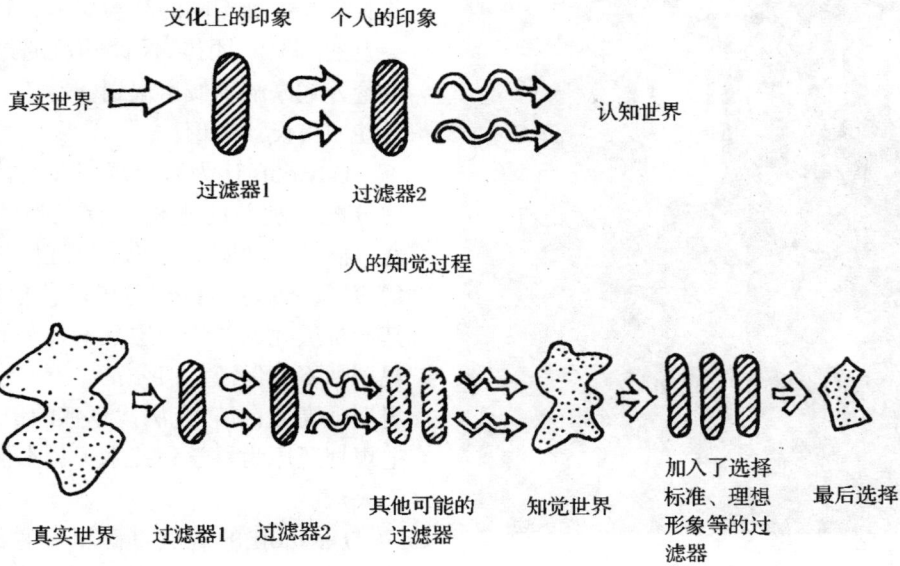

图 2-3-16　环境意义的产生过程
(资料来源:黄亚平,2002)

式影响着。一处没有社会内容的空间,和一个没有空间要素的社会都同样是令人难以想象的。现代功能主义由于缺少社会因素的考虑,过于强调功能纯化和城市结构的机械理性,导致城市"没有人情味,缺少亲切的生活气息",丧失了城市活力。

1. 简·雅各布斯(Jane Jacobs)与《美国大城市的死与生》(The Death and Life of Great American Cities)(图 2-3-17)

　　有感于现代主义的弊端,雅各布斯在该书中写道:"城市规划这一伪科学及其伙伴——城市设计的艺术,自今还未突破那些似是而非、以愿望代替现实,却又为人们所习以为常的迷信,过分的简单化和象征手法,使城市设计自今还没有走向真实的世界。"[①] 雅各布斯认为:"多样性是城市的天性"(Diversity is nature to big cities)。正如我国古代"清明上河图"描绘的那样,城市生活因为多样性而展现出一幅精彩纷呈的城市画卷(图 2-3-18)。那么产生城市多样性的必要条件有哪些呢? 雅各布把它总结为四种情况:

　　(1) 混合的基本功用 (Mixed primary uses),将人们的出行时间分散到一天内的各个时间段;

　　(2) 小的街块(Small b lock),增加街道的数量和面积,增加人们接触的机会;

　　(3) 不同年代的老房(AgedBuilding),满足经济能力不同的功用的需要;

　　(4) 人口的充分密集(Dense concentration of people),使各种功用充分发挥经济效能,增加城市的舒适性。

　　雅各布认为:城市的多样性可以分成两个层次:基本功用与从属功用。所谓基本功用(Primary uses)是指那些自身能够吸引人们到某个特定地点来的城市职能,例如:

---

① 简·雅各布斯著,金衡山译. 美国大城市的死与生[M].译林出版社,2006.

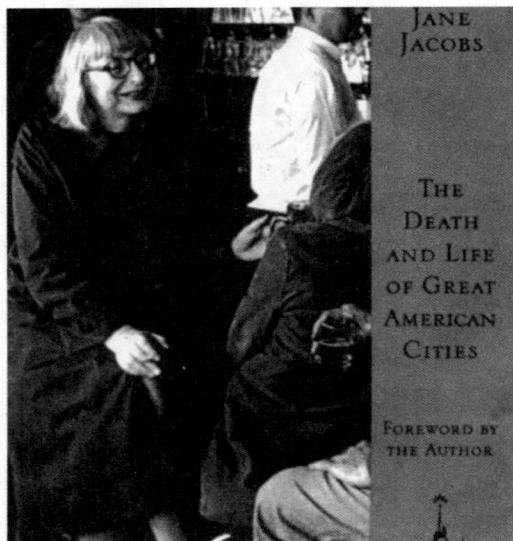

图 2-3-17
(资料来源:http://www.cooltownstudios.
com/images/janejacobs2.jpg)

办公、工厂、居住、娱乐和教育等。从属功用
(Secondary uses)则指为那些被基本功用所
吸引来的人提供某种服务的城市职能,例
如那些需要顾客光临的零售商店、餐馆等
服务行业以及其他的各种小型企业。较多
基本功能的有效混和以及由此带来的从属
功用的集聚,城市的多样性得以繁荣①。

2. Paul Davidoff 与倡导性规划(Advocacy Planning)②

有感于传统规划的精英理念和对社会
多元利益主体的忽视,Davidoff 于 1965 年
在《美国规划师协会杂志》发表了一篇名为
《规划的倡导和多元主义》(Advocacy and
Pluralism in Planning)的论文,提出自己对
于城市规划的理解。认为规划师应该代表
并服务于各种不同的社会团体,特别是社
会上的"弱势"团体,像律师般通过交流和
辩论方式来解决城市规划问题,开创了倡
导性城市设计理论。

Davidoff 认为城市规划涉及社会产品
的分配和利益的重构具有很强的社会属
性。而规划师所奉行的所谓理性价值观只
代表了一部分"菁英"分子的价值取向,对
其他阶层尤其弱势阶层是不公平的。既然
规划师不能保证价值公正,不如索性放弃
规划师高度自信、充满优越感的价值标尺,
把规划还原为科学和技术工具本性,服务
于大众。

Davidoff 的观点打碎了一种幻觉,那
就是"如果一个好人全面地思考一个问题,
那么就会产生一个好的解决办法"。他提出
多元化社会中社会价值观的分离使我们必
须承认也许"根本就没有一个完美的解决
办法"。在 Davidoff 眼里,只要破除理
性——综合理论所代表的专制和"独裁",
有人权、有民主,一切的技术问题都可以迎
刃而解。

3. 其他研究

雅各布开辟了一条从社会学角度研究
城市设计的人性道路。她的思想动摇了现
代城市规划的理论根基,使人认识到人与
人的活动及其活动场所的交织才是城市设
计的主题。以后许多学者进一步发展了这
一条道路,除了 Davidoff,还有如 C.亚历山
大的《城市并非一棵树》(1965),《图式语
言》,《俄勒冈实验》(1975),O.纽曼的《防卫
空间:通过城市设计预防犯罪行为》
(1972),A.雅各布与 D.阿普尔雅得的《城
市设计宣言》(1987)等。其中亚历山大在其

① 方可,章岩.简·雅各布斯关于城市多样性的思想及其对旧城更新的启示[J].城市问题,1998,83(3):2-4.
② 于泓. Davidoff 的倡导性城市规划理论[J].国外城市规划,2000 (1):30-33.

图 2-3-18　清明上河图
(资料来源:邹德慈,2003)

名著中主张用半网络的复杂模式来取代树形结构,强调城市各种因素和功能之间的交错重叠(图 2-3-19)的思想与雅各布斯的多元复杂性思想尤为接近。

2.3.5　城市设计功能论

城市设计功能论,常常关注场所是如何起作用的以及城市设计师如何才能创造"更好"场所的问题。其实所有上述城市设计理论都有其"功能主义方面",无非关注的角度不同而已。有的关注视觉形态的美学标准,有的关注社会、文化等精神层面的内涵,其目的都是为了创造好的场所或城市空间环境。然而一般性的理论并不能代替专门性的理论,故而从这种意义上说,功能性理论特指对创造场所环境具有直接指导作用的专门性理论。Carmona等(2005)认为功能理论主要讨论四部分问题[1]:一是,公共空间的使用,包括空间的标准、空间形式与社会用途、空间私密性等;二是,空间活力,包括混和使用和密度;三是,环境设计,包括微气候、阳光、风环境、照明;四是,基础网络,包括人行道、停车、基础设施等。在这个分类中,既包含有社会空间的问题也包含有具体形体的设计问题,但针对性却是明确的,那就是提供满足人与社会需

求的功能环境。"骨架——目的"空间理论就是典型的功能设计理论,以下略作介绍。

1."骨架——目的"空间理论[2]

日本《新建筑大系 17——都市设计》从"质"和"量"两个方面来研究城市空间构成,"质"指城市空间的功能(function),"量"则指其强度(intensity),包括人口密度、容积率、价格、建筑密度、开发速度等。城市空间的"质"可分为:基础空间(infrastructure)和活动空间(activity infill),其中,基础空间又可分为:骨架空间(framework space)和象征空间(symbolic space)。它们具体涵义如下:

(1)骨架空间,以"流动"和"服务"为特点。

流动:主要是为人、车服务的各类道路、站场等空间。

服务:包括为能源、信息、消防等所提供的空间。

(2)活动空间或称目的空间(objective space)

指为居住、工业、商业、行政、公共设施、娱乐、教育、卫生、文化以及农业等活动所提供的空间。

(3)象征空间

指对体现城市特色、塑造城市形象有

---

① Matthew Carmona 等著,冯江等译.城市设计的纬度[M].江苏科学技术出版社,2005.
② 黄亚平.城市空间理论与空间分析[M].中国建筑工业出版社,2002.

109

象征意义的空间,包括水、绿化、广场、历史纪念物、公共建筑、视觉对象等。

这种空间构成划分,既有质的要求,又有量的要求,兼顾了空间和使用两方面,体现了空间物质与社会属性的统一。

2.3.6 城市设计过程论[①]

1. 有机过程论

（1）伊利尔·沙里宁（Eliel Saarine）与有机疏散理论

把城市当作有机体的城市设计思想,最早由格迪斯（Patrick Geddes,1854—1932）开始。沙里宁受他影响在1942出版的著作中《城市:它的发展、衰败与未来》指出:"城镇建筑——利用城市设计过程,是要使城市社区得到有机的秩序,并且,这些社区发展时使有机秩序保持其生机,这种过程基本上同自然界任何活的有机体的生长过程相似。那么我们完全可以依照对一般的有机生命的原则进行研究。"沙里宁还运用有机疏散理论制定了芬兰大赫尔辛基规划（图2-3-20）。

（2）吴良镛与有机更新理论

吴良镛在对中西方理论充分认识的基础上,结合北京旧城更新实践提出了"有机更新"理论。他主张:"按照城市的发展规律,顺应城市的机理,在可持续发展的基础上探求城市的更新与发展。"在总体上,"有机更新"包含三层内容:一是,城市整体的有机性;二是,组织与细胞更新的有机性（新的细胞顺应原有的机理）;三是,更新过程的有机性（生物体的更新遵从其内在规

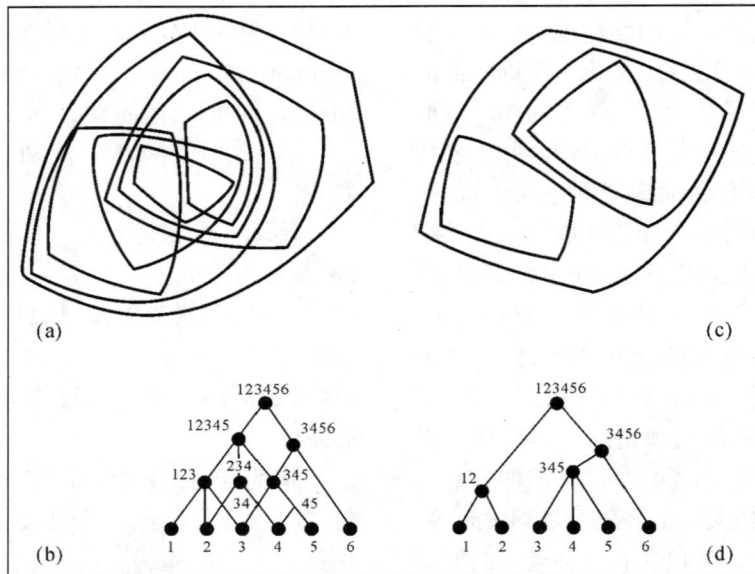

图 2-3-19　城市的半网络结构
(资料来源:洪亮平,2002)

---

① 洪亮平.城市设计历程[M].中国建筑工业出版社,2002.

律,城市也如此)(图 2-3-21)。

2. C.亚历山大(Christopher Alexander)的整体性过程理论[①]

在《城市设计新理论》(A New Theory of Urban Design)中,亚历山大认为古老城镇的有机性主要体现为它的整体性,而"创建城市整体性的任务只能作为一个过程来处理,它不能单独靠设计来解决。""如果我们创建出一个适宜的过程,就有希望再次出现具有整体感的城市。"因此"最重要的是过程创造整体性"。这个过程,被亚历山大称为"鹰架过程(the centering process)",这种"过程必须保证每一种新的建设行为在深层次意义上说都与过去的一切相联系"。为实施整体有机性过程,亚历山大还提出了七个协调原则[②]:

- 逐步发展(Piecemeal Growth):必须小规模一点一点发展,保证大中小项目融入城市整体。
- 培养更大的整体(The Growth of Larger Wholes):每个项目都服务于更大范围的整体。
- 想象(Visions):每项工程在进行前都应该通过想象来体验,并表达出来和别人交流,以便最大限度地使整个区域更为完整。
- 积极的城市空间(Positive Urban Space):在每个建筑旁都应创造协调一致、设计精良的公共空间。
- 大型建筑地设计(Layout of Large Buildings):建筑设计的所有方面都应和建筑在街道及邻里中所处的位置相协调一致。

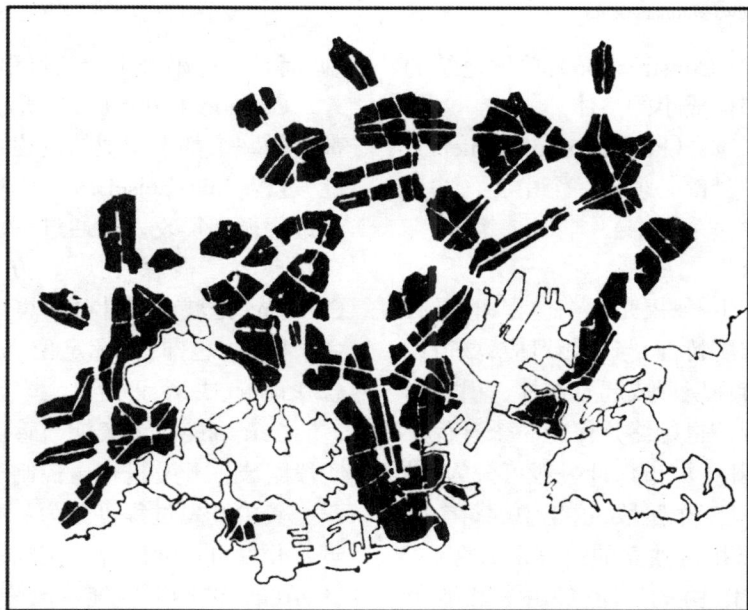

图 2-3-20　芬兰大赫尔辛基规划
(资料来源:沈玉麟,1989)

---

① C.亚历山大等著,陈治业等译.城市设计新理论[M].知识产权出版社,2002.

② 洪亮平.城市设计历程[M].中国建筑工业出版社,2002.

图 2-3-21　北京菊儿胡同
(资料来源:http://news.xinhuanet.com/)

● 建设物(Construction):单体建筑的每一个细部都构成小的整体。

● 形成中心（Formation of Centers）:每一个整体本身都必须是一个中心,并且在它周围产生一系列中心。

3. 实施过程论①

城市的产生、发展是一个过程,它具有鲜明的时间维度特性。与此相对应,城市设计作为对城市环境形成起着调控、引导作用的专业干预,也始终是作为一个过程发挥其应有作用的。城市设计一般可分为:设计、实施与管理三个阶段,这其中的每个阶段内容都是以相对独立的过程形式存在,并综合起着作用的。正如乔·巴纳特(Jonathan Barnet)在其《作为公共政策的城市设计》一书中指出"一个良好的城市设计绝非是设计者笔下浪漫花哨的图表与模型,而是一连串城市行政过程"。

Carmona(2005)认为所有的设计活动都遵循一个基本相似的过程,也即"设计螺旋"过程(John Zeisel,1981)(图 2-3-22)。这个过程循环反复,并通过一系列创造性的飞跃或者"概念转换",方案日趋完善。Carmona 把城市设计师的思维过程分解为六个阶段,也即:目标定位、分析、设想、综合和预测、决策、评价。

Carmona 认为实施与管理过程由三个阶段组成:开发过程、控制过程与沟通过程,其中开发过程可分为:开发压力与前景、开发可行性研究、实施三个主要阶段(Berrett,1978)。实施阶段又包含有:诊断与评价、政策、调控与设计、教育与参与、管理等项内容。沟通过程则包括:沟通、劝导与操控,表达(分析性的与概念性的,二维

---

① C.亚历山大等著,陈治业等译.城市设计新理论[M].知识产权出版社,2002.

表现,三维表现,四维表现)等内容。

2.3.7 传统与现代城市设计思想特征与异同

了解了城市设计思想从传统到现代的整个发展演变过程,我们发现工业革命以前城市设计关注的领域主要是三维物质形态问题,使用的手法是建筑师惯用的。工业革命以后至第二次世界大战前,功能主义思想占据主导地位,它以讲究效率,形式追随功能著称,但在主导思想与价值观上与工业革命以前并无太大区别,在这里把它们一并归结为传统城市设计思想。第二次世界大战以后城市建设的重点已经发生转移,注重人本、历史文化和社会精神内涵,追求环境品质已成为主旋律,城市设计思想更加开放与多元,我们称呼这时期为现代城市设计思想。对比传统城市设计与现代城市设计思想,可以发现有如下一些特征①:

1. 传统城市设计特征

（1）主导思想和价值观是"物质形态决定论"和"精英高明论";

（2）把城市设计看成扩大规模的建筑设计;

（3）方法上多用建筑师惯用手法和设计过程,缺少其他学科的参与;

（4）对城市社区不同价值观、亚文化群和居民的多重选择认识不足。

2. 现代城市设计特征

（1）认为城市设计是多因子互动,它可以对社会问题产生影响,但不能根本解决;

（2）在对象上多是局部,但设计内容是多元的,并以满足人的需求为旨归;

（3）在方法上多学科参与,并强调决策

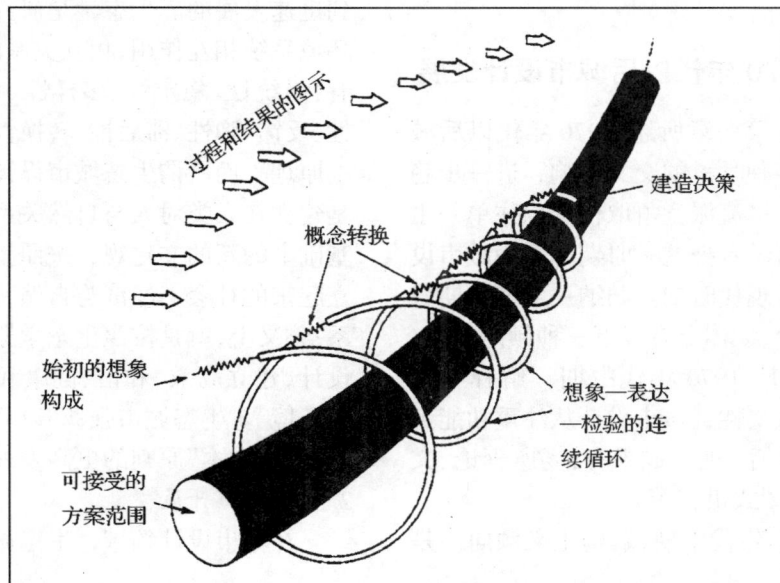

图 2-3-22 设计螺旋
(资料来源:carmona,2005)

---

① 王建国.城市设计[M].中国建筑工业出版社,1999.

与调控功能；

（4）正确定位，区分与建筑学、城市规划的异同；

（5）设计成果图文并茂，重视导则作用。

3. 两者的差异

（1）城市设计是过程，而不是终极蓝图；

（2）城市设计是多学科的交融，而不仅仅是空间与视觉美学；

（3）城市是复杂的呈半网络状的，而不仅仅是横向功能区分；

（4）城市环境是行为的容器，是为人服务的，而不是巴洛克式的气派；

（5）需保护历史、社区网络，旧区的改造应该是审慎的，而不是大拆大迁。

2.4 当代城市设计思想及其未来走向

2.4.1 1970 年代以后城市设计发展

正如在第一章所述，1970 年代以后城市设计受多种学科的交叉影响，进一步趋向多元化，多流派竞争取代了以往单一主导潮流，有学者把这一时期称呼为城市设计理论的后现代时期。归纳一下该时期城市设计理论，大体上有以下三种倾向：

1. 1960～1970 年代中期，解释学倾向。强调人文性，城市设计从注重功能到注重生活秩序，理论成果有：场所理论、文化分析论、图式语言等。

2. 1970 年代中期，解构主义倾向。是

对现代主义的颠覆和消解，重差异、非规则，设计自由活跃。

3. 1980 年代中期至今，新城市主义和生态城市设计，强调自然环境和城市有机体的和谐。该种思想倾向对当前城市设计实践影响颇深，以下仅对其内容，作一介绍。

2.4.2 生态城市设计思潮

1. 概 念

Chief Seattle 指出："我们不是从先辈手中继承了这个世界，而是向我们的后代借用了这个世界。"假如把人类的需求看作是"短期的急切"的行为，那么环境的需求则是"长期和重要的"。生态的概念实质就是平衡这种短期利益和环境的长期利益的关系[1]。

生态理念源远流长，如中国传统的人居环境思想、霍华德的花园城市思想等，但生态城市概念却是在 1980 年代以后才得到迅速发展的。生态学是研究生命系统和环境系统相互作用、相互关系的科学，它具有：系统性、稳定性、多样性、耐受性、动态性、反馈、弹性、滞后性、转换性和尺度等基本原理[2]。而所谓生态城市设计：广义上讲，是建立在人类对人与自然关系更深刻认识基础上的新的文化观，按照生态学原则建立起来的社会、经济与自然协调发展的关系；狭义上，就是按照生态学原理进行城市设计，建立高效、和谐、健康和可持续的人居环境[3]。生态城市强调"以环境为中心"，是"以人为本"原则的更高发展（表 2-4-1）。

2. 生态城市开展[4]

在城市设计领域，生态城市的开展一

---

① Matthew Carmona等著，冯江等译.城市设计的纬度[M].江苏科学技术出版社,2005.

② 李振基等.生态学[M].科学出版社,2004.

③ 洪亮平.城市设计历程[M].中国建筑工业出版社,2002.

④ 洪亮平.城市设计历程[M].中国建筑工业出版社,2002.

表 2-4-1　生态城市思想

	以人为本	以环境为中心
人的作用	万物之灵,宇宙主宰	自然生物链中的一个重要环节,对全球生态平衡负有最终责任
资源作用	服务于一部分人的需要,根据实力获取分配资源	服务于包括人类在内的所有物种。根据资源情况确定享用标准。重视人类长远利益,据此分配资源
环境作用	重视人为环境,根据人的需要对自然资源进行改造	重视自然—人为环境之间的生态平衡,根据环境条件制定保护标准,促进环境的保护—利用行为一体化
城市和建筑的特点	忽视资源与环境问题,强调空间效率和局部经济性	强调长期环境效率,资源效率和整体经济性,追求在此基础上的空间效率

资料来源:董卫.可持续发展的城市与建筑设计[M].东南大学出版社,1999.

般在以下三个层次展开。

（1）城市—区域层次

麦克哈格（Ian McHarg）认为：生态系统可以承受人类活动所带来的压力，但这个承受力是有限度的；并且某些生态环境对人类活动特别敏感，会影响带整个生态系统的安危。这就要求在区域层面城市的规模和容量必需控制在自然生态系统的合理承载能力以下，城市的开发应与生物区域相协调，使之不破坏自然生态的完整性。

（2）城市内部层次

主要涉及城市结构（含经济、社会结构）的生态性，城市开敞空间的建设以及维护生物多样性等，增强城市自组织能力。

（3）城市社区层面

鼓励多样混和、高密集土地利用和倡导公交等，建立活力社区。

3. 生态城市的原则与方法

（1）加拿大麦克·努斯兰得（Mark Roseland）的生态城市原则[1]

● 修正土地使用方式，创造紧凑、多样、绿色、安全、愉悦和混和功能的城市社区；

● 改革交通方式，使其有利于步行、自行车、轨道交通以及其他除汽车以外的交通方式；

● 恢复被破坏的城市环境,特别是城市水系；

● 创造适当的、可承受得起的、方便的以及在种族与经济方面混和的住宅区；

● 提倡社会的公正性，为妇女、少数民族和残疾人创造更好的机会；

● 促进地方农业、城市绿化和社区园林项目的发展；

① 洪亮平.城市设计历程[M].中国建筑工业出版社,2002.

● 促进资源循环,在减少污染和有害废物的同时,倡导采用适当的技术和资源保护;

● 通过商业行为支持有益生态的经济活动,限制污染及垃圾、有害材料;

● 提倡简单生活方式;

● 通过教育,增加公众对城市生态的认识。

（2）Michael Hough 的生态设计原则[①]

Hough 于 1984 年发表了《城市形态及其自然过程》（City Form and Natural Progress）一书,从自然进程角度论述了现代城市设计实践的失误与生态城市应遵循的准则。Hough 指出:"对城市中被改变,但运行着的自然过程的理解和利用成为城市设计的核心。决策者需要知晓和理解城市区域内运行的自然过程（图 2-4-1）。" Hough 确立了五个生态设计准则。

对进程和变化的理解:自然进程是永不停止的,变化是不可避免的,而且并不是总是更糟;

经济最大化:以最少的代价和能源获取最多;

多样性:是环境和社会健康的基础;

环境素养:是更广泛地理解生态问题地基础;

环境改善:作为变化的结果,而不是破坏的限度。

（3）麦克哈格（Ian McHarg）与其他

麦克哈格在《设计结合自然》一书中,总结生态设计的方法是:自然过程规划—生态因子调查—生态因子分析综合—规划结果表达。

其他一些学者也提出了他们的可持续

城市的发展原则（表 2-4-2）并对不同空间尺度的可持续设计做了概述（表 2-4-3）。

2.4.3　新城市主义[②]

1. 产生的背景

新城市主义运动（New Urbanism）是近年来逐步发展成熟的主张回归传统城市形态反对城市扩散的城市设计思潮。第二次世界大战以后,大规模城市扩散对 20 世纪美国的城市产生了深远的影响,带来了一系列的问题。首先是城市中心的衰落;其次是在郊区遍地开花式的发展浪费了大量的土地与能源;第三是由于出行严重依赖私人汽车,带来了交通堵塞由城区向郊区蔓延,同时还带来了公共空间场所感消失,不易形成社区气氛和加重了社会阶层的隔离等。

新城市主义提倡回归美国传统的城镇形态,设计师热衷从"旧"的城镇中寻找"新"的灵感。新城市主义的思想来源之一是 L.克里尔提出的"城市重建"概念,主张将有历史感、纪念性和标志性的历史建筑或公共空间引人城市,打破现代均质空间等（图 2-4-2）。

2. 新城市主义的主张

新城市主义大会（Congress of New Urbanism）在 1993 年 10 月宣告成立,1996 年第四次大会签署了《新城市主义宪章》。这份宪章分成三个部分,涵盖了从区域(region)到住区、城区和发展轴(neighborhood, district, and corridor),乃至街区、街道和建筑物(block, street, and building)各个层面的议题,凸现以系统方法改造城市模式之决心。其中:

---

① Matthew Carmona 等著,冯江等译.城市设计的纬度[M].江苏科学技术出版社,2005.

② 时匡等.全球化时代的城市设计[M].中国建筑工业出版社,2006.

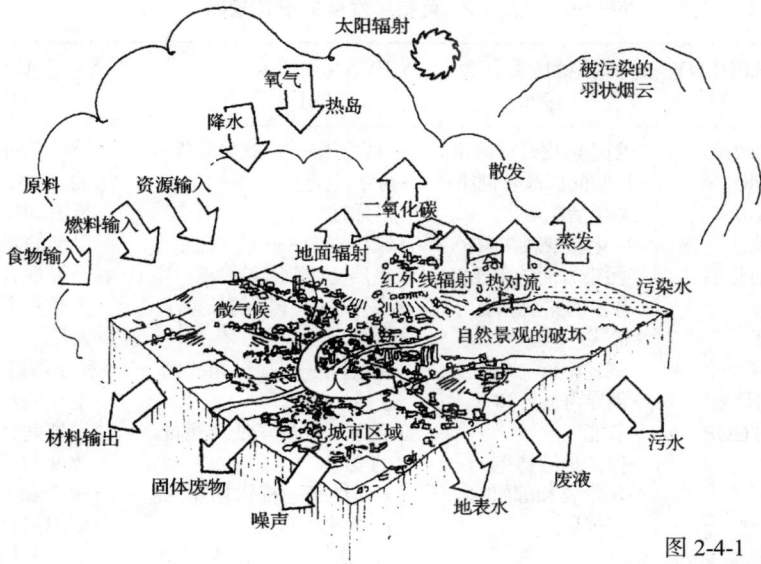

图 2-4-1　人居生态系统
(资料来源:carmona,2005)

（1）在区域层面,新城市主义强调大都市区(metropolitan region)作为一个整体来考虑,主张优先开发和填充城市空地,新开发应成一定规模并提供多元化交通体系;

（2）市区和住区层面,倡导中、高密度开发,主张多功能混合,强调公共空间的作用及其步行可达性;

（3）街区和建筑层面,关注公共空间的安全和舒适,建筑尊重地方性、历史、生态与气候,并具有可识别性。

3. 方法论:TOD 和 TND

新城市主义代表性的方法是彼得·卡尔索普(Peter Calthorpe)提出的 TOD 体系(Transit Oriented Development, 以公共交通为导向的开发) 和安德列斯杜尔尼(Andres Duany) 与伊丽莎白·普拉特姬布(Elizabeth Plater-zyberk) 夫妇提出的 TND 体系(TraditionalNeighborhoodDevelopment, 传统住区开发)。TOD 从区域角度出发提倡建立区域性的公共交通体系,引导城市沿着大型交通线路进行集约式发展。TND 则从社区层面倡导学习美国传统的城镇形式和结构,主张相对密集的开发、混合功能和多样化住宅形式,创造有意义的公共空间并加强步行可达性(图 2-4-3)。

4. 新城市主义特点

（1）新城市主义大会不是建筑师、规划师的组织大会,而是由有共识的设计、开发、管理等各领域人员共同发起的运动,因而能够有利于解决城市发展中较复杂的问题;

（2）新城市主义并不就事论事,由于成员广泛,它能够介入各种相关环境议题,同时新城市主义关注从区域发展直至单体设计的一系列连贯的问题,进行整体思考;

（3）新城市主义提倡民主的工作方法,在设计过程中欢迎居民和其他人员参与,提高执行的社会基础。

总之,新城市主义所提倡的适度社区规模、创造可识别性和领域感、鼓励土地使用多功能混和、公交优先和创造丰富多彩的社区生活,以及多元参与、整体连贯的解

117

表 2-4-2 可持续发展的设计战略

MICHAEL BREHENY（1992）	欧洲社区委员会（1990）	EVANS ET AL.(2001)	URBED（1997）
·采取城市控制政策和减少城市扩散 ·极端紧凑的城市方案是不切实际的 ·更新市镇中心区 ·鼓励城市绿化 ·改善城市交通 ·强化交通节点 ·鼓励混合使用计划 ·更广泛地使用 CHP 系统	·创造适度开放的市民空间以改善健康和生活品质 ·绿化和景观在减轻污染方面的重要性 ·开发的紧凑和混合形式 ·减少出行 ·倡导再循环和节能 ·保持地域特色 ·跨学科和部门的综合规划	·消除污染——减少浪费 ·保护生态——维护生态多样性 ·保护资源——空气、水、表层土,矿物和能量 ·弹性——开发的长期生命力 ·渗透性——提供路线的选择 ·活力——使场所尽可能的安全 ·多样性——提供用途的选择性 ·可识别性——使人们理解一个场所的布局和活动 ·特色——景观和文化	·质量空间——有吸引力的,人性化的城市空间 ·街道和广场结构——易识别的路线和空间 ·充分混合的土地使用和土地占有 ·大量活动——维护设施和使街道充满活力 ·最小的环境破坏——开发期间,以及随时适应改变的能力 ·综合和渗透 ·新旧混合的场所感 ·主人翁精神和责任感

表 2-4-3 可持续设计原则矩阵

	Michael hough（984）	IanBentley（1990）	欧洲委员会（1990）	Michael Breheny（1990）	Andrew Blowers（1993）	Braham Haughton 和 Colin Hunter（1994）	Haug Barton（1996）	URBED（1997）	Richard Rogers（1997）	Evans et al.(2001)	Hildebrand Frey(1999)
职责	通过改变加强	综合规划	城市中心区的更新					责任感	一个有创造力的城市		
资源效率	经济途径	能效	减少出行,节能,再循环	公共交通,CHP系统	土地/矿物/能源基础设施和建设	经济途径	能效、交通、能源战略	对环境的最小破坏	一个生态的城市	资源保护	公共交通,减少交通流量
多样性和选择性	多样性	多样性、渗透性	多样性、渗透性	混合开放	混合使用	多样性、渗透性		综合、渗透性、充分的混合	一个宜人的城市,一个多样化的城市	渗透性、多样性	混合使用、服务和设施的等级秩序
人类需求		可识别性			美学、人类需求	安全、合适的尺度	人类需求	一个安全的结构/可识别的空间	一个公平的城市,一个美丽的城市	可识别性	低犯罪率,社会融合,可意象性
弹性	过程和变化	弹性				灵活性		调整和改变的能力		弹性	适应力

	Michael hough (984)	IanBentley (1990)	欧洲委员会 (1990)	Michael Breheny (1990)	Andrew Blowers (1993)	Braham Haughton 和 Colin Hunter (1994)	Haug Barton (1996)	URBED (1997)	Richard Rogers (1997)	Evans et al.(2001)	Hildebrand Frey(1999)
减少污染		清洁	通过绿化减少污染		气候/水/空气质量		水策略			无污染	低污染和噪声
集聚		生命力	紧凑开发	限制,强化		集聚	线性集中	大量运动	一个紧凑、多中心的城市	生命力	限制、能支撑服务设施的密度
特色			地区特色		遗产	创造性的关系,有机设计		场所感		特色	中心感,场所感
生态保护			开放空间	城市绿化	开放空间、生态多样性		开放空间,网络			生态保护	绿化空间,公共/私人,共生,城镇
自足	环境的可读性				自足	民主,咨询,参与	自足				部分地方自治,部分自足

资料来源:carmona,2005.

决思路对当前我国城市设计实践极具借鉴价值。

2.4.4　城市设计的未来展望

回顾前述城市设计理论的发展历程,我们发现城市设计理论的演变犹如一部一脉相承、环环相扣的历史章回小说,虽然局部也许会有背离,但总体的发展脉络却是清晰可见。未来的发展总是在延续着昨天的故事,归纳总结城市设计发展的历史特征,无疑是开启了一盏指向未来城市设计理论发展的航灯。

1.城市设计理论发展的历史特征

(1)城市设计理论是历史语境的产物

正如植物的生长总是离不开特定的地域土壤,城市设计的理论发展也总是植根于特定历史语境,带有鲜明的时代与地域烙印。不同历史时期,由于城市社会、经济与技术背景不同,城市环境所面临的主要矛盾不同,城市设计作为一种解决环境矛盾的社会实践,其理论应对也就不同。从古至今城市设计理论的发展,深受不同时期主导因素的作用。在古代主要是宗教、政治、军事与审美等因素,在近现代则是技术因素,在现代则转为社会人文因素,到了当代生态与可持续发展意识则成为了时代的命题。城市设计解决了城市环境所面临的一个又一个问题,这样一种理论的积累也造就了当代城市设计理论多纬度的丰富内涵。城市设计的未来发展取决于我们提供给未来一种什么样的时代语境,城市环境面临何种问题的瓶颈。

(2)城市设计外延是变化的,但专业核心价值不变。

城市设计理论是问题导向型的。不同

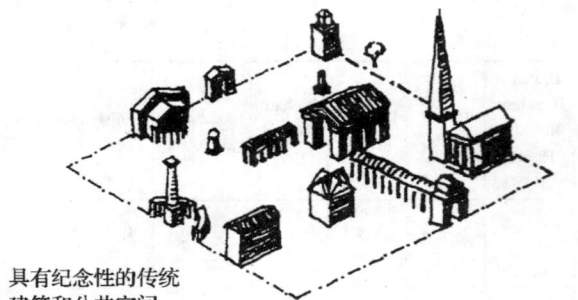

具有纪念性的传统
建筑和公共空间

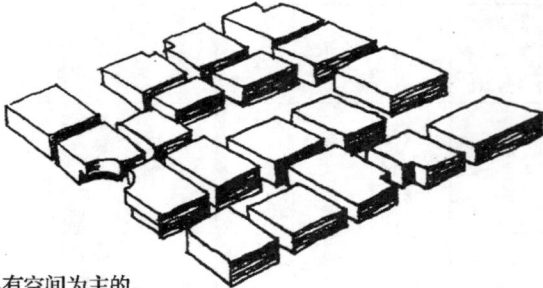

+

以私有空间为主的、
均质的现代城市街区

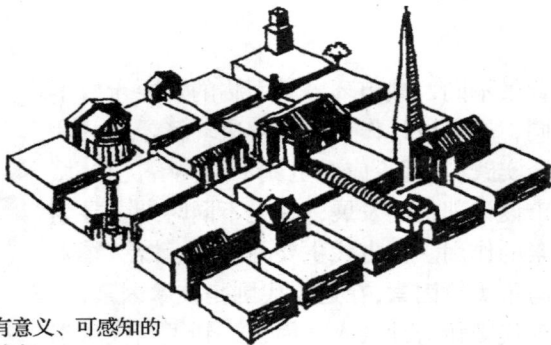

↓

有意义、可感知的
城市

图 2-4-2 L.克里尔提出的"城市重建"概念
(资料来源:洪亮平,2002)

时期由于矛盾的不同,直接引起城市设计实践内涵与需要倚借的理论工具的变化。起初是物质问题,后来是生产与社会问题,再后来是环境精神品质问题,到当代则是物质、社会、经济和环境的全面可持续发展问题。与此相对应,城市设计的学科外延也由传统的建筑学、城市规划向地理学、社会学、经济学、生态学及其他工程技术学科多学科交叉方向发展,学科外延不断扩大。虽然,城市设计的实践对象与学科外延随着时代发展在变,然而城市设计作为关注城市形体环境质量,提升人类生活品质的专业核心价值却始终如一。

(3)科技进步与乌托邦构想

Broadbent(1990)将大多数城市设计理论产生的哲学基础归纳为两类:经验主义(Empiricism)和理性主义(Rationalism)。其中理性主义就指乌托邦式构想,它是基于对未来城市的(理性或者主观)分析推理而得出的[①]。这样的例子很多,从古代的"占卜"、"宇宙模式"到文艺复兴时期阿尔伯蒂"理想城市"(Ideal City)、本世纪初玛塔的"线形城市"(Linear City)、柯布西耶的"光辉城市"、赖特的"广亩城市",还有矶崎新"空中城市"(Spatial City)、阿基格拉姆(Archigram)的行走城市(Walking City)和"镶嵌式城市"(Plug-in City)到现代的TOD 和 TND 模式,等等,都属于乌托邦理论类型。乌托邦的构想总是建立在一定的科技现实基础上的,它的内容往往充满着极富于创新精神的高科技幻想,它的最终实现也离不开科技自身的进步。也即,不同时代的科技进步孕育了不同时代的乌托邦构想,从而推动了城市设计理论的发展。未来的城市设计理论发展当然也离不开其他

---

① 张剑涛.简析当代西方城市设计理论[J].城市规划学刊,2005,156(2):6-12.

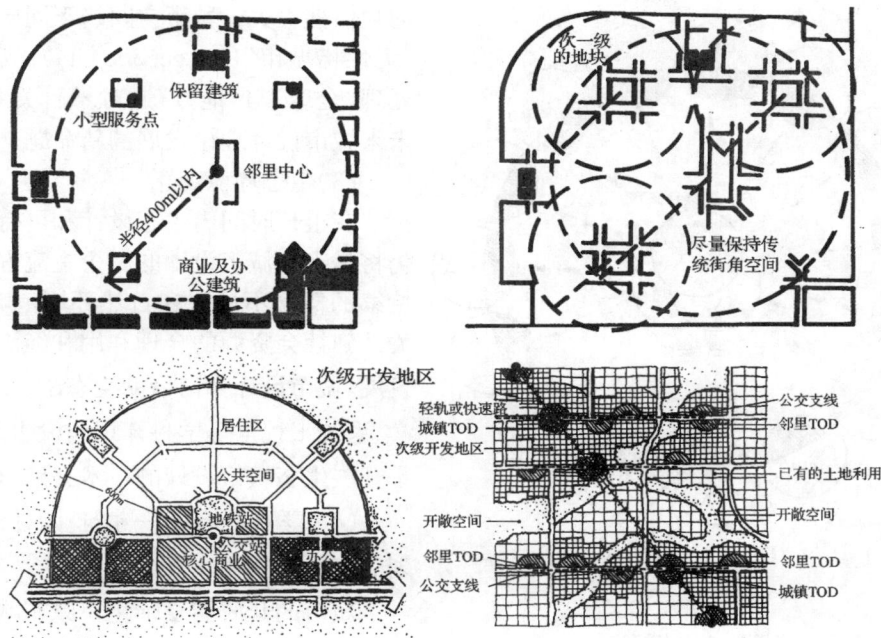

图 2-4-3　新城市设计开发模式图上左、上右为TND 开发模式示意图;下左、下右为
TOD 社区开发模式图和区域发展模式图

(资料来源:洪亮平,2002)

相关学科的发展与科技进步以及人类的开拓性思维。

2. 城市设计理论未来展望

总结城市设计理论历史发展特征,我们发现城市设计的核心价值是不变的,城市设计的理论发展总是根植于特定历史语境,应对特定历史时期城市环境主要矛盾的结果,它也是社会科技进步与人类乌托邦天才般构想力完美结合的结晶。以下结合当代城市社会、经济、环境与科技出现的新特点,对城市设计理论发展趋势作一简单展望:

(1)技术革新的挑战

技术的革新是多方面的,对城市设计而言主要面对的问题有:一,城市空间突变,传统的静态方法难以胜任,城市设计应该着力提供一种程序或者框架,引导城市良性发展;二,由于信息技术革新所产生的"伊托邦"(e-topia)城市,带来了人们居住、交往等社会模式的转变,城市建设中不仅要提供真实的场所,还应考虑虚拟的场所,并且信息技术还带来了城市分散化的趋向,以及可以让环境对每个人作出反应,提高环境的个性化与"智能化"[1]。未来城市设计理论急需面对如何适应这种因为技术革新而产生的城市问题。

(2)全球化的机遇与命题

全球化时代,城市与城市之间的交流

---

① 刘宛.城市设计理论思潮初探索(之三)[J].国外城市规划,2005,20(4):52-58.

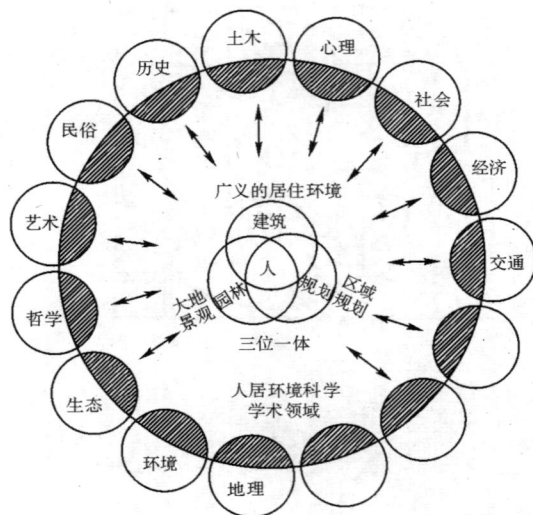

图 2-4-4　人居环境科学的学术框架
(资料来源：吴良镛,2001)

与影响跨越了传统空间的制约，城市设计操作不再停留在寻求与周边环境文脉的联系上，跨地域、跨国界连接，要求城市设计师在对城市的定位与发展上需要有更广阔的视野。另一方，全球化也带来了地域文化

的主体性丧失，城市空间趋于同质，成为"无性格城市"(the generic city)，故而如何处理"全球"与"地方"这对矛盾关系，也是未来城市设计理论发展的新命题。

（3）生态环境观念

在很长时间内生态设计和可持续发展仍将是未来城市设计的一个主流方向。可持续的概念不局限在自然环境范畴上，也关系到社会资源的合理利用和经济的稳定发展。城市设计如何借助生态学、循环经济学、系统工程学等学科知识建设生态环境，是开展生态城市设计的技术突破口所在。

（4）学科融合——建筑·园林·城市规划的三位一体①

城市的开放与复杂化，原非城市设计所能解决。建筑学走向"广义建筑学"，传统园林学向现代地景学发展，由于各学科的外延扩大与内涵的深化，专业融合成为解决环境与城市问题及各自学科发展的必然选择。城市设计走向"建筑·园林·城市规划"的有机融合以及更广范围的交叉，符合学科发展态势(图 2-4-4)。

---

① 吴良镛.人居环境科学导论[M].中国建筑工业出版社,2001.

第3章 城市空间设计方法

3.1 空间的感觉与认知

3.1.1 空间与认知

1. 围合产生了空间

空间作为人类存在的基本范畴，在不同研究领域具有很多的意义。人类的感觉认知系统使人通过光影、运动对空间与自身的关系进行了解，进而对空间有了不断深入的认识。

老子在"道德经"中写到："凿户牖以为室，当其无，有室之用。故有之以为利，无之以为用。"空间的本质与用途在此有了清晰的解释。出于保护自身的需要，人们建造了房屋，进而城市。独立于自然的"空间"产生

于"围合"。完整的室内空间要求地面、墙面与屋顶的六面围合。空间的可进入性与使用性要求产生了"门"与"窗"。房屋的产生满足人对于容纳自身的空间的需要，同时使室内空间独立于室外空间。房屋的围合布局，又使室外空间产生了分化，出现公共与私人的室外空间。因此，从建筑与城市认识出发，我们说：围合产生了空间（图 3-1-1）。

地面的上升与下降塑造了不同领域感的空间，下沉的地面获得了围合的空间效果，而抬高的地面具有构筑物的标志作用（图 3-1-2）。自然界中山体高原对空间起到了占领与标识作用，而河谷盆地则成为被围合限定的空间。从空间的使用上说，水平和近似水平的地面是空间存在的基本维度。斜坡（在水平与竖直之间）的地面由于其特殊性，不作为一般意义上的城市空间。

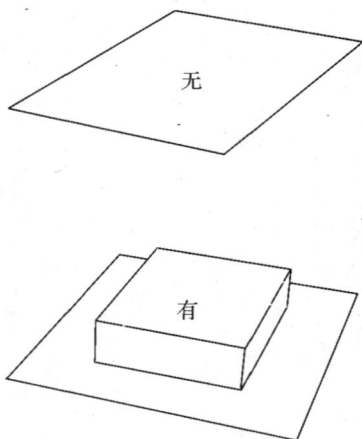

图 3-1-1　空间的产生

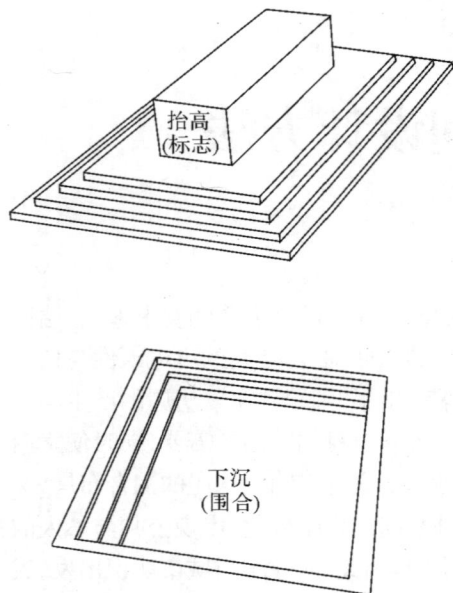

图 3-1-2　空间的上升与下沉

2. 室内外空间

　　建筑的产生使室内空间独立于室外空间。室内外空间主要差别在于屋顶这一水平向的空间维度，它产生于墙体或柱体的竖向支撑。缺少围合的有顶空间作为半室外空间，对室外空间进行了限定，有强烈的空间领域感(图 3-1-3)。

　　通过竖向元素(墙、柱等)的排列组合，空间被划分成不同区域，空间依托于界面形成有限的领域空间，如柱子周围的空间与靠墙面的两侧空间(图 3-1-4)。

　　空间能被作为认知的主体，则需要围合。这是室外与室内空间相同的地方。围合度低或缺少围合的空间容易作为背景(底)被认知，建筑成为突出的主体，围合度高、比例协调的围合空间则给人强烈的空间氛围与空间主体性(图 3-1-5)。

　　人对于建筑的外在观察与内在体验，加深了人对空间特点的了解和利用。人作为主体通过作为关照物的建筑，形成距离及方位空间感。建筑的群体围合所形成的空间领域与归属性使室外空间不再是没有意义的，而是与室内空间及其使用者紧密相关的社会性空间(图 3-1-6)。

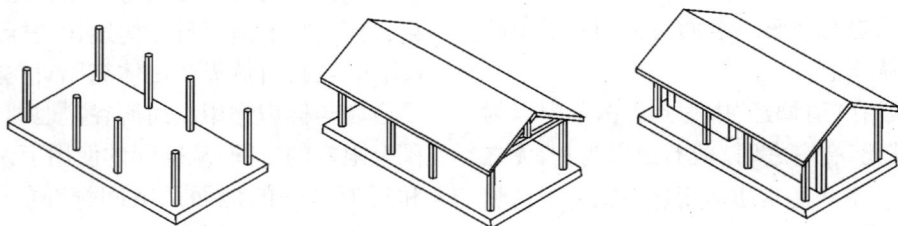

图 3-1-3　建筑构成方式

3. 空间与时间

对空间的经历必须通过时间——这一存在的另一基本范畴。人们在空间的变化中感受时间的流逝，在时间中获得对空间的回忆、感受和印象。

空间与时间作为两个基本的生存维度，是相互依存，互为条件的，从抽象的时空概念，到物理意义上的时间空间，再到人们生活居住的城镇空间，空间在不断具体而真实，成为具有现实和社会意义的认知对象。不同于理论空间及自然地理空间，城市空间主要是通过建筑形成的。建筑的松散与紧密，排列与围合塑造了不同领域感与氛围的城市空间。

3.1.2 空间与社会

1. 封闭空间

前面谈到，围合的空间能被人作为主体来识别，建筑（界面）成为塑造空间的元素。不同的高宽比、界面开口的多少、位置大小成为空间封闭或开敞的参量。高宽比越大，空间的封闭性与压迫感越强烈，反之则空间趋于开敞（图 3-1-7，3-1-8）。

人的自我保护意识使人对自己的领域空间用明确的方式进行界定，如院墙，内部形成相对封闭的私人室外空间。与此同时，传统城市中街道广场等公共空间也呈现较强的封闭感。城市空间的封闭性成为中西方传统城市中共同的特征（图3-1-9，3-1-10）。

街道作为由建筑物或构筑物界定的线性廊道空间与广场空间形成转折、引导、序列和穿插等联系方式。空间的完整性（围合）是形成空间交换连接关系的前提（图3-1-11）。同时街道空间由于其两端的开放而具有一定的开敞性，随着街道宽度的增加，大街往往是城市的开敞空间，其开敞性

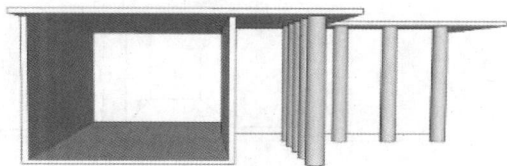

图 3-1-4　柱子对空间的限定

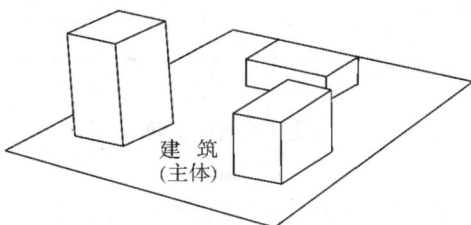

建筑
（主体）

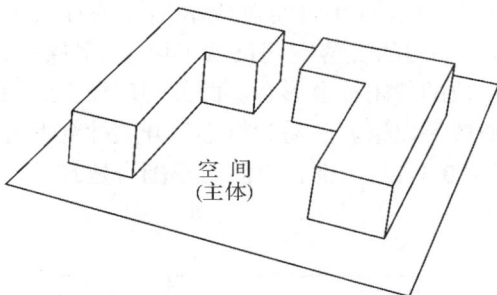

空间
（主体）

图 3-1-5　建筑与空间的主体性

图 3-1-6　住宅区邻里空间

(资料来源:杨,盖尔.交往与空间[M].中国建筑工业出版社,2002)

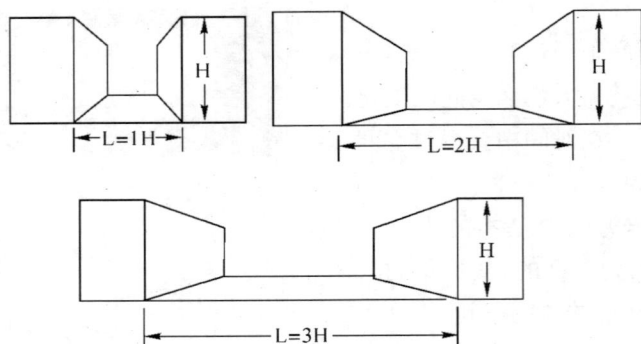

图 3-1-7　不同高宽比的街道空间

体现在较小的高宽比上(图3-1-12,3-1-13)。

2. 开敞空间

同样完整封闭的城市空间由于其组织界面的不同性质而对应了不同的社会形态,中国的院落空间反映了以家(宗族)为单位的封闭社会形态。西方的广场空间则适应了以宗教贸易为核心的开放社会形态(图 3-1-14)。围合空间由于围合建筑的性质不同而产生了不同的社会意义。

随着社会的开放,城墙围墙逐渐消失(建筑作为独立体广泛出现在城市中),由连续界面围合的城市空间越来越少。围合度的降低使空间的主体性减弱。开敞的城市空间是现代城市的普遍特征。公共的广场、绿化、道路空间互相贯穿、渗透。空间缺乏传统城市空间的独立性、完整性。与此同

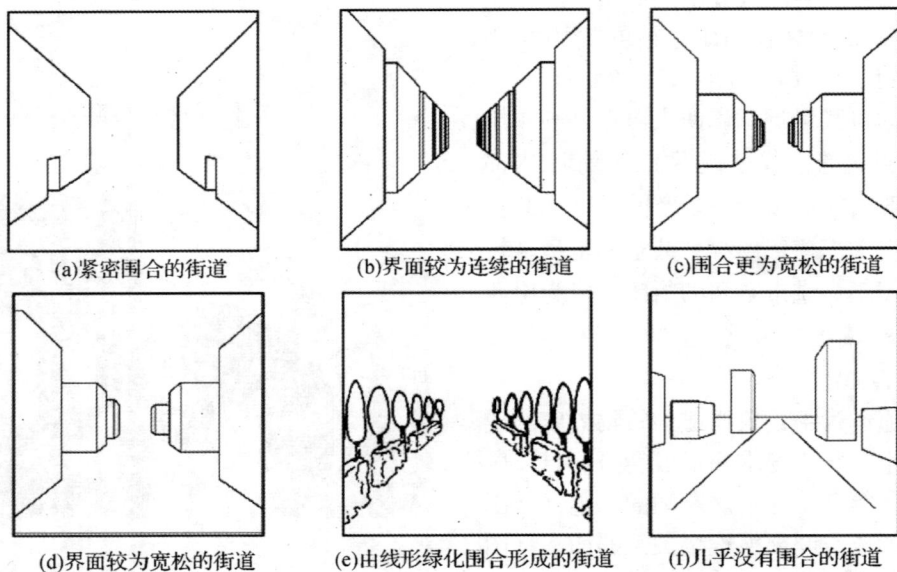

(a)紧密围合的街道　　(b)界面较为连续的街道　　(c)围合更为宽松的街道

(d)界面较为宽松的街道　　(e)由线形绿化围合形成的街道　　(f)几乎没有围合的街道

图 3-1-8　不同围合度的街道空间

时,空间更为自由灵活,对应了现代开放的社会形态(图 1-2-2)。

3.1.3 空间与文化

1. 礼制空间

从空间进入到人的意识起,空间就成为社会文化的载体与表现。对空间的组织,表现了人对空间功能意义与审美价值的综合把握。

空间只有在序列中,才可能更好地被完整体会。在时空的转化中,空间大小的对比、色彩的变化、尺度氛围的转换、室内外空间的交替等可以充分表达空间的文化精神。脱离文化是无从理解空间的。对规则空间的轴线序列组织是中国封建社会等级制度下的特色城市设计。它使空间成为社会秩序的表达。礼制空间统一了秩序与顺序。在空间的意义上反映了"天人合一"的儒家思想(图 1-6-1)。

2. 自由空间

对不规则空间的变化组织,即中国园林的设计是把建筑与自然溶为一体的空间设计。不同于礼制空间的秩序表达,园林空间追求审美与趣味。与礼制空间强烈的意义与象征相比较,中国园林空间更趋向于意味与艺术。反映了道家文化追求自由与自然的思想。虽然中国传统园林设计往往局限于围墙内,是脱离城市的皇家或私人空间。但现代城市与自然的融合,使城市设计更是一种对自然与建筑有机结合的空间设计(图 3-1-15)。

现代社会文化的交流与开放,使城市空间呈现多元文化的特点,传统街道院落与现代广场绿地并存于城市不同区域。延续传统文化,吸收外来文化。首先要了解空间的社会文化差异,从而更好地进行城市设计(图 3-1-16)。

图 3-1-9　欧洲中世纪城市肌理

图 3-1-10　山城港城镇肌理

(资料来源:城市规划资料集,2006)

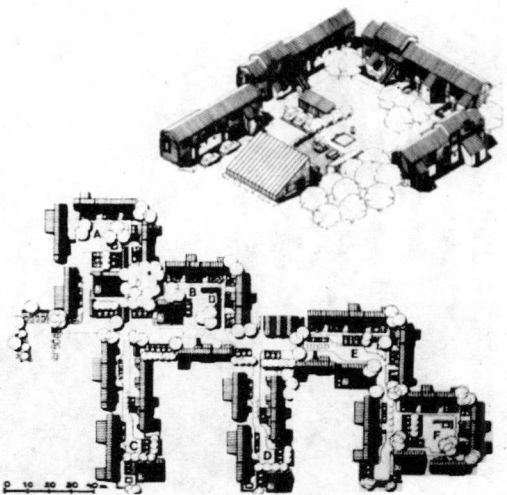

图 3-1-11　某居住组团的空间衔接

(资料来源:杨,盖尔.2002)

图 3-1-12　北京 1950 年代大街街景

(资料来源:北京旧城,北京城市规划设计研究院,1996)

3.1.4　空间与体验

1. 静止与流动空间

独立完整的空间让人体验到"静止"和"自我意识",当人通过大门进入到封闭的院落或室内空间时,空间的氛围感染着人,人的自我意识更加强烈,人与空间产生共鸣,达到"物我合一"的境界,空间从属于人,人也从属于空间。

缺少围合而相互贯通的空间呈现出"流动性",这种流动性需要人的行动来认

图 3-1-13　北京 1950 年代胡同街景

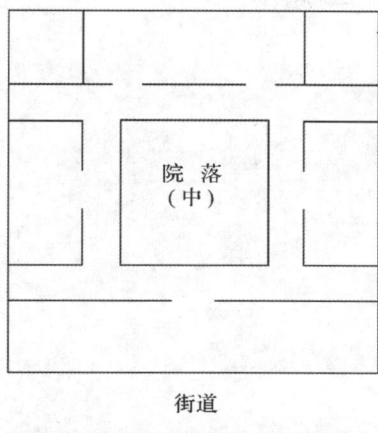

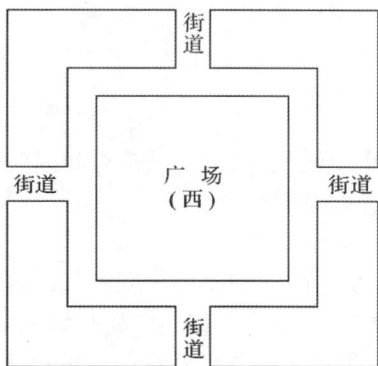

图 3-1-14　西方广场和中国院落结构

识。随着人在空间中的运动，人对空间的探索使人忘记"自我"的存在，在视景的刺激与变换中，人不断产生兴奋与冲动。

封闭(静止)空间与开敞(流动)空间让人对"自我"与"对象"进行了关照，即空间的内省与外观。静止空间让人在"静"中领悟，用心灵去体会，小小的院落也可以成为独立的广阔天地。在中国传统城市中，院落成为静止空间的代表(图 3-1-17，3-1-18)。

2. 广场与园林

西方传统城市的广场空间虽然有很强的围合感，但与道路是相通的。其公共属性使其与街道共同塑造了城市的流动空间。空间形态与建筑界面的丰富性使空间更富有视觉效果。空间有很强的外向性与动态感。人们更注意对空间的观察，透视学的产生使空间设计更进一步体现在视觉透视效果的分析与表现上(图 3-1-19)。

中国园林空间巧妙地把建筑空间与自然空间结合起来，塑造了动中有静、静中有动的空间意境。运用墙、门、窗、阶等元素对空间进行了划分与连接。中国建筑的灵活性使室内外空间相互渗透，空间的流动与

图 3-1-15　北京颐和园
(资料来源:\\image.baidu.com)

图 3-1-16　柏林波茨坦 San Souci 皇家林

静止随意而自然（图 3-1-20）。

现代城市生活的流动性也促使城市空间更加流动开敞。传统城市中伴随不同尺度和意义的公共空间到私密空间的过渡逐渐减少。如何在城市中塑造多种体验空间，让人在流动中发现，在静止中思索，这是城市设计中值得关注的。

3.1.5　城市空间

1. 定　义

城市空间从广义上讲是由城市所有建（构）筑物以及道路绿化等组成的整体。从空间的本身来看，城市空间与建（构）筑物构成图底关系，是建筑物以外的空间。如果建筑物为实，城市空间则为虚。两者的互补关系，使空间的设计也即是建筑物的组织。在城市空间设计上，空间成为实，而建筑物成为虚，对空间的关注，使建筑物往往以界面的形式出现（图 3-1-21）

城市空间作为满足城市居民生活工作的场所，必须首先达到技术功能等服务要求，在此基础上满足人们的社会交往和精神（审美愉悦）需求。城市空间因此也是社会空间和精神空间。

2. 使　用

从人的活动使用角度来看，城市空间主要包括街道（道路）、广场和绿地空间，街道（道路）空间搭起了城市空间的骨架。广场从使用和性质上可以划分为多种类型的广场，是一个有集聚性的活动场所。街道广场空间是城市开放性的公共活动空间。街道广场的设计往往是城市设计最主要的内容。

除了街道广场以外，城市中还存在着许多非公共性（半公共半私密、私密）的室外活动空间，如传统的院落空间是私人空间；后来的大杂院是部分居民使用的半私密空间；现代的居住小区则是多户居民使用的半公共空间。许多学校和单位的室外广场绿地空间也是半公共的城市空间。这些"独立于城市之外"而又存在于"城市之中"的城市空间往往不是城市设计的对象，但它们却共同构成了城市整体，其外界面直接影响限定了公共的城市空间。这些居住或使用单元空间的非公共性与其空间影

图 3-1-17　北京四合院内院空间
(资料来源:Http:\\image.baidu.com)

响(对城市空间和景观)的公共性,特别是高层建筑,构成了现代城市空间对立的主要矛盾。

3. 层 次

除了与地面相联系的使用活动空间外,与人的视觉相联系的城市景观空间则强调了城市(局部)的轮廓、层次、搭配(建筑与自然),也就是城市空间的画面效果。城市空间体现在立体的留白留绿上,特别是在滨江(湖、海)城市和山地城市,城市与

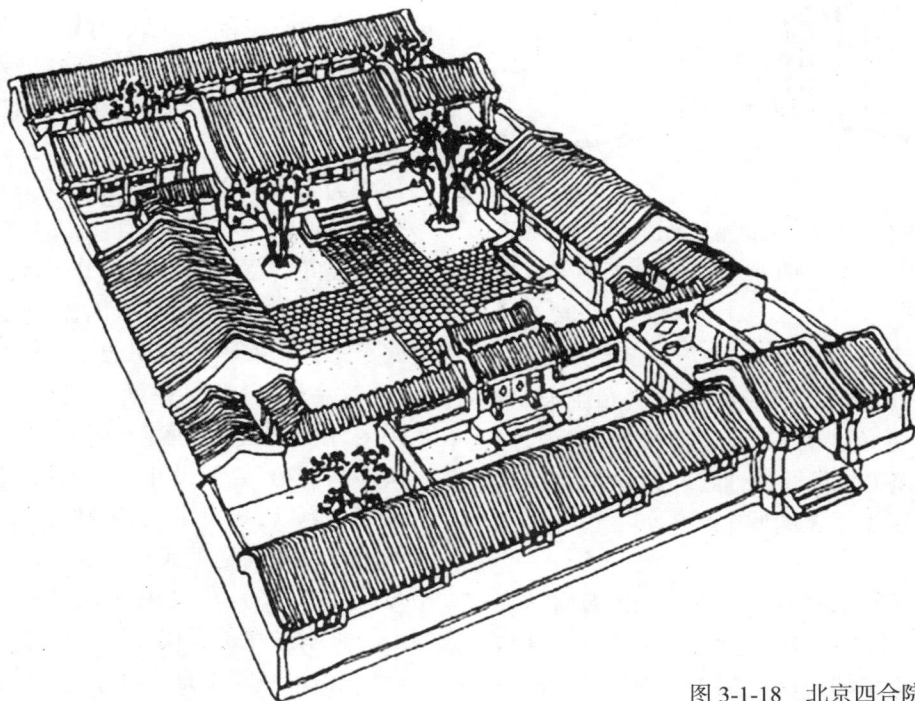

图 3-1-18　北京四合院轴侧图

131

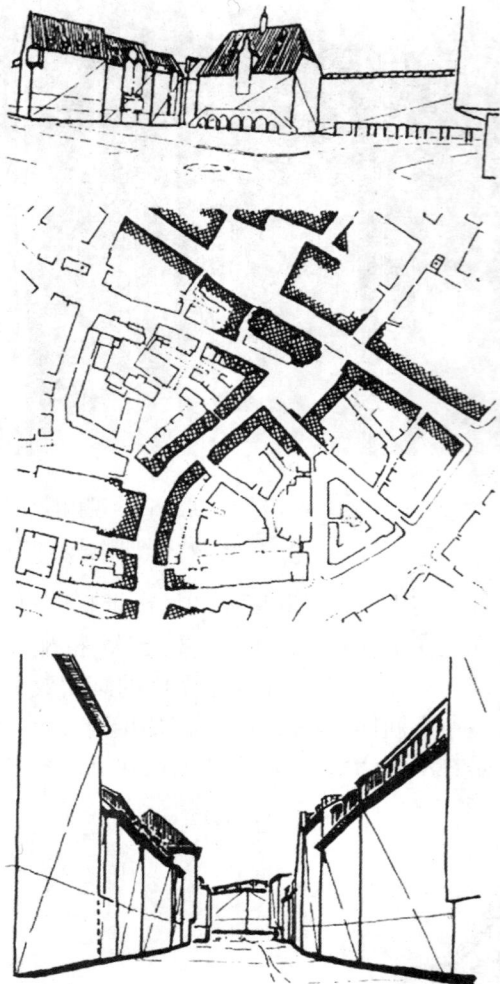

图 3-1-19 欧洲城市街道平面和透视
(资料来源:Trieb. Erhaltung und Gestaltung
des Ortsbildes ,1985)

自然山水构成了特色的城市景观画面,从人的视觉角度出发,对城市的高点(山体、建筑)、轮廓线、景观轴线和建筑群进行组织,体现了总体的城市（空间）设计（图3-1-22）。

建筑物的材料、形式、组织以及自然环境和时间岁月的凝练使城市空间各具特色。城市中的建(构)筑物作为塑造城市空间最主要的围合元素,直接影响了城市空间的气氛与意象。木屋石屋、坡顶穹顶、砖墙玻璃、低层高层、点窗条窗等带给人们不同的视觉感受。在相同的空间尺度与形式下,建筑材料与形式的不同也会带来截然不同的空间氛围。因此在城市设计中除了空间形式以外,还要对建筑进行导则式的说明与规范,从而达到设计空间的效果。这是微观层面的城市设计（图 3-1-23）。

以上我们从城市空间的本身、使用和视觉表现上谈了一般意义上城市空间的内容,随着城市的发展,空中花园和廊道、立体交通等多层次空间会不断增加,地下空间的利用和地下广场的多样化也将更加普遍。传统的以地面为基本界面的城市空间将进一步得到丰富。

3.1.6　公共与半公共空间

1. *历史发展*

公共空间(半公共空间)是城市设计最关注的,传统城市中道路和广场以其明确的线性和节点空间形式成为城市的公共空间。在中国城市中,由公共的街巷进入私人院落,院落多为私密空间。在欧洲城市,由公共街巷进入建筑,建筑围合成街区,街区内部成为半公共空间。

现代城市中,建筑的自由布局使建筑与建筑之间的空间属性不十分明确,作为自由开敞空间,其空间融绿化、停车、广场、道路于一体,有很强的功能兼容性和可进入性,这在国外,特别是西方城市很常见。在国内,由于小区管理等方面的要求,小区沿街多为群房环绕,设几个出入口,小区之间设围栏隔断,居民出入必须经过大门。所以虽然建筑布局是现代自由的,但空间并不是流动自由的。层层栅栏围墙作为空间限定元素附加在了现代建筑自由布局的外面,栅栏内部空间也是一种半公共空间,由

图 3-1-20 苏州园林

大门出入。

这样看来,在西方,建筑散点式自由布局塑造了更多的公共开敞空间,而在中国,很多情况下,特别是居住小区和单位等,建筑自由布局塑造了供一部分人使用的半公共空间。即使是办公商业建筑等也会通过绿化等设施对外围空间进行限定从而进行停车及其他的管理。所以开放的公共空间主要是街道、滨水绿带及广场之类的公共空间,自由流动空间不多。公共空间界面比较清晰(图 3-1-24)。

2. 空间特点

自由流动的空间十分开敞,但也容易降低空间的可识别性,使空间缺少领域感,安全感。缺少规律的建筑组织让人感到混乱无序,如 Trier 所分析的,不同大小形状

图 3-1-21 建筑物的组织与空间
(资料来源:Trieb. Ortsbild,1985)

133

的体块任意摆放,体块间的空间相互穿插,道路纵横其间,空间都是公共的开放的,但空间却难以很好的被认知和使用（图1-2-2）。

中国传统城市中,空间的过渡通过大街—小巷—院落形成,在水平的空间运动与转化中,识别性、交往性、领域感和安全感同时获得。现代高层住宅建筑使居住空间尺度增大,传统观念下居住的小尺度私密氛围也成为过去。公共与半公共空间缺少尺度的过渡,尺度跳跃性与不规律性明显。在自由布置的现代建筑空间中,空间的过渡没有了,为了获得安全感,人们加建了栅栏围墙。而在从地下车库经电梯到住宅的这种竖向空间运动和转化中人很难交往识别。小尺度的水平巷道空间由于集合式住宅的不断发展(向高层)而消失。而这一空间,作为半公共空间具有极高的社会交往功能。北京的胡同和上海的弄堂成为居民的公共小客厅。现代高层住宅间的大面积绿化具有更多的景观视觉效果。虽然都是半公共空间,但尺度与形式的差异让人的使用非常不同。

因此,合理明确地塑造公共和半公共空间,形成空间模式与规律,可以使人更好地识别和利用空间。塑造空间的手法,如建筑的围合组织、构筑物的限定(如围墙)、高差的设计,如不同高差的地坪,踏步平台以及绿化的限定。另外,尺度体量悬殊的主体建筑不宜混和布置。尺度连接的原则应为渐进或接近的,从而形成空间感的变化与过渡。标志建筑不宜过多、体量过大。

3.2 城市空间设计的基础和参量

3.2.1 空间设计的基础

1. 空间体验

人们对空间的体会是在过程中完成的,人的移动带来视觉画面的变化。画面的丰富性、空间形式的多样性使人的经历回味无穷。空间序列的变化有时带给人戏剧性的体验,如序幕、展开、高潮、尾声等,不同的空间反映了不同的时代和文化背景。

人对空间的感知主要是通过视觉完成的,人作为移动点和观赏点,在移动路线上对空间进行观察,对路线空间的规定或非规定,对视觉画面的限定或透露使人产生多种空间的体会和景观画面(图2-3-9)。如何在不同的点塑造完整的画面构图,加

图 3-1-22　某城市轮廓线设计

(资料来源:罗卿平,建筑学报 2006(1)

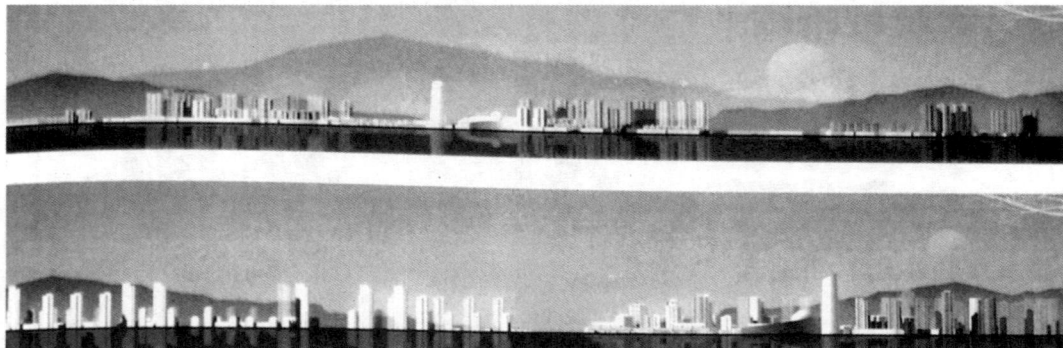

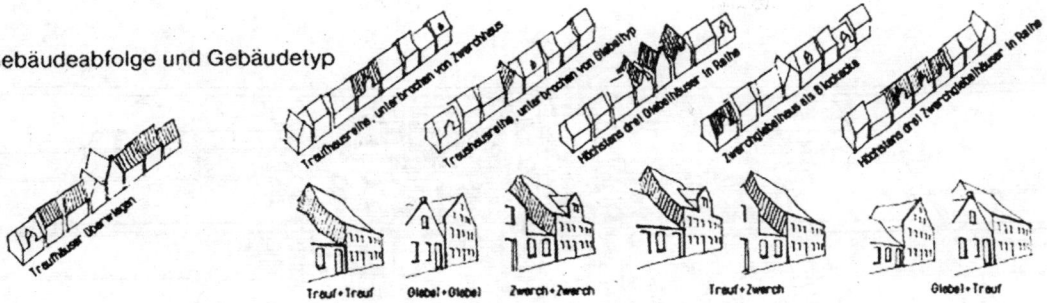

Gebäudeabfolge und Gebäudetyp

图 3-1-23　建筑设计导则图例

(资料来源：Trieb. Ortsbild ,1985)

强人对空间的认知与印象，同时使景观的变化富有节奏和序列，这是空间设计的主要任务。既让人在静观中(画外)欣赏完美的画面，又让人在移动中(画中)感受和发现空间构成的规律特点。从而把空间的认知与审美完整地结合起来。

2. 空间的审美

空间设计从根本上讲是塑造"美的空间"。"自然"可以说是真正意义上的"美"。自然的生命力与博大赋予了空间无限的魅力，各种形容词都不足于描述自然的美，自然代表了"真"、"善"、"美"的统一。对自然空间的审美引起了人的情感共鸣，产生了情景交融的"情境"。

创造美的城市空间，必须首先认识理解"自然空间"。在此基础上使城市与自然相互协调，通过认识自然的"美的法则"，来把握建筑空间的形式与构成，使形式满足材料、功能和审美的需要，这是空间设计的出发点。

通过认识自然空间的形式与意境，我们可以有意识地塑造不同意境的空间。在中国园林中，我们可以体会到壮观、秀丽、幽雅等的空间意境。把建筑物与自然巧妙地融合，使空间变化丰富，画中有画，在"师

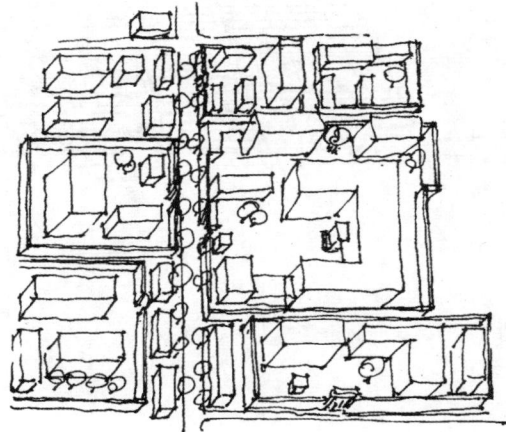

中国街道和围合封闭的建筑组团

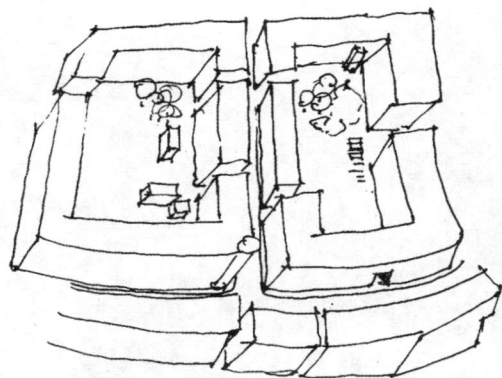

欧洲传统街道和开放的围合式街区

图 3-1-24　中西传统街道模式比较

135

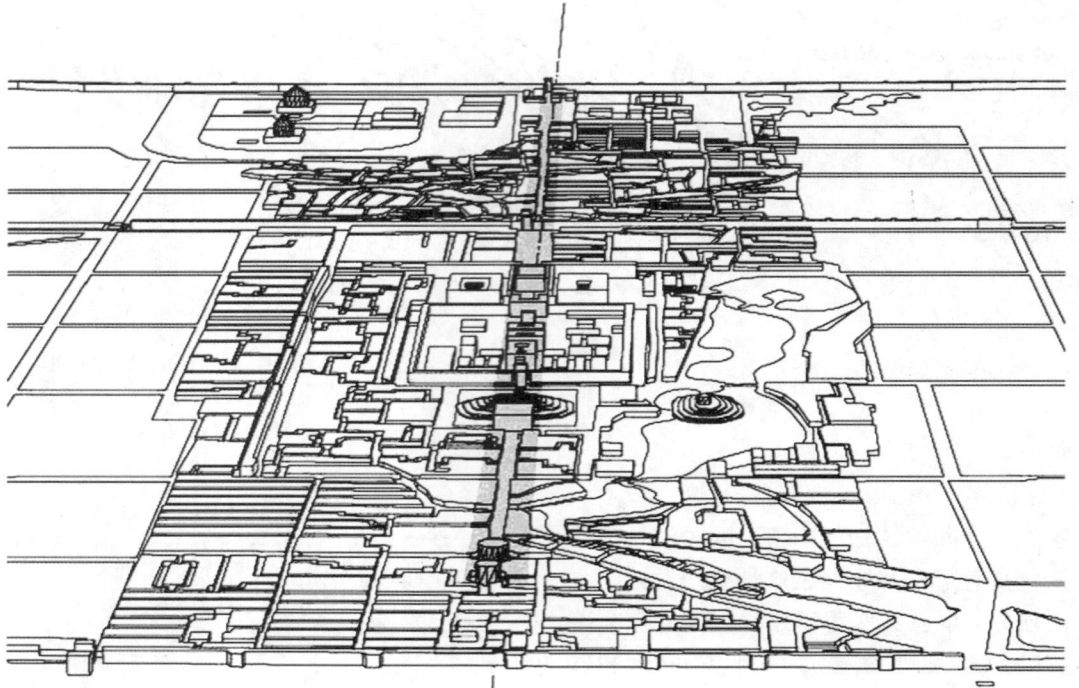

图 3-2-1　北京城中轴线

(资料来源:Wei Wei. Stadtgestaltung in Peking[M]. Stuttgart,2004)

图 3-2-2　欧洲城市景观

图 3-2-3　欧洲城市景观

"法自然"的基础上,中国园林达到空间设计的极高境界。

如果说园林设计更注重审美和趣味,那么城市空间则首先要满足技术功能及操作管理的要求。城市的复杂性使城市空间的审美往往只能局限在个别地段。随着城市空间的扩大,城市本身作为独立的审美对象已不太可能。而历史上的许多城镇却能带给人完整的审美享受。城市整体空间作为审美对象的突出例子是明清北京城。其城市空间的完整,空间序列的壮观,自然空间的融入以及城市景观的协调,充分说明城市成为功能与技术的统一体是可能的,城市作为人类文明的代表,更应当满足和表现人的精神追求,成为"真善美"的统一,所

以空间的审美作为空间设计的基本原理是具有普遍意义的(图 3-2-1)。

3. 地域与文化

不同地域环境和气候下的城市空间具有很大差异,特别是在工业革命之前。采用当地建筑材料、运用传统建造方式、根据地形地势建成的城市地域性突出。城市空间极具变化,丰富细腻。地域环境应当说是城市空间设计的基本前提(图 3-2-2,3-2-3)。

与地域环境相联系,在历史发展过程中,社会文化与行为习惯也逐渐形成。建筑从环境出发,根据生活习惯衍生出多样的室内外空间,如中国传统商业店面与街道空间的渗透。不同于个性化的地域景观,社会文＋化在历史上不断融汇发展。战争灾

图 3-2-4 法国巴黎城市景观

图 3-2-5 江南城镇景观

(资料来源:阮仪三.江南古镇[M].上海出版社,1998)

害等迫使居民迁移,使文化随之迁移,现代通讯技术使文化传播更加迅速。强势文化在大范围区域内不断扩张。同一地域内,不同族群的聚居地,空间形态也差异明显。为了突出民族文化,历史强盛时期的建筑形式与装饰等往往成为建筑空间语汇,强化了该空间的文化特征。有时地域相同但文化相异,有时地域相异,但文化相连,因此了解当地的文化风俗,生活习惯是设计的必要前提。

4. 生态与建筑

随着城市的快速发展,城市生态环境不断恶化。空气污染、噪音、污水等严重影响城市居住环境。能源生态问题成为城市可持续发展所面临的主要问题。如何优化城市空间结构,发展集约化生态城市空间格局,从而降低能耗污染,提高城市生活质量,是城市空间设计必须考虑的,美化城市空间首先要保障人的基本生存需要。因此在城市空间设计上,不能仅仅追求表面的空间视觉效果,更要从生态节能角度,健康安全角度综合考虑评价。

此外对于影响城市空间最突出的建筑形式与风格应加以关注。在历史风貌保护区等特殊地段的城市设计很多情况下要对新建建筑加以引导,使其更好地融入历史环境中,所以对当地建筑形式风格的了解可以使建筑与城市空间更好地结合,延续传统城市空间。

总之,空间设计的基础是广泛综合的。地域环境、社会文化、生态环保、以及技术法规、建筑形式是进行空间设计的前提条件和基础。同时必须与其他相关专业合作与沟通,城市设计方案才有可能成为现实。

3.2.2 空间设计的原则

1. 整体性原则

现代城市规模不断扩大,城市空间逐渐片段化、局部化。老城区、新城区、科技园与工业园等呈现出不同的空间形态格局。在空间设计上如果只注重所在空间的独立性和个性,忽略其在城市空间中的从属性,则会加剧城市空间的分异和分裂。所以从总体出发,使空间成为整体的一个组成部分。"整体大于部分的总和",创造连续性的城市空间,使空间形成整体的可识别空间,这是空间设计的首要原则。

2. 地方性原则

我们前面谈到城市的地域环境是空间设计的基础。地方性原则应是空间设计的基本原则。对环境的改造和开发要因地制宜,保护原生态地貌特点。应当指出,在前工业化时期,人力有限,城市开发规模小,建筑材料结构比较统一,历史上许多城镇顺应地形地势,形成了特色城镇景观和较

完整的城市形态,与所在环境相得益彰。工业革命之后,城市开发力度加大,机械化手段及大众化住宅消费使地域性人居环境特点被削弱,"千城一面"成为普遍现象。因此从地方出发,挖掘地方的自然人文历史和民居的特色。保护突出空间的地方性,这在当前全球化发展中是非常重要的。

3. 活力原则

现代城市的快速发展,使空间使用与转换日益频繁。城市发展与改造更新速度与力度都在不断加大,功能使用的不确定性增加。因此复合型城市空间具有更强的灵活性和生命力。空间设计首先是空间系统的设计,复合型流动空间系统把交通、交往、生活结合起来,有利于空间功能置换与可持续性发展,增加人性化活动空间。城市空间的活力原则有多种内涵,如简单便捷的道路系统,空间的功能使用复合,人性化空间尺度,公共空间的生活氛围等。所以城市空间的设计应从人的使用出发,积极的人性化场所是充满活力和具有发展潜能的城市空间,活力原则也即是人性化原则。

3.2.3 空间设计的参量

1. 尺度

如果说"人是万物的尺度",宇宙自然是以人的尺度为参照的话,那么空间设计的尺度参量也是人。传统城市空间基本上以私人住宅为尺度参量。空间尺度主要决定于建筑的高度,私人住宅体量上比较小,其排列组合形成的城市空间尺度也是比较小的。突出于住宅的公共建筑,如教堂、寺庙、城楼、宫殿等数量较少,视觉景观突出,成为城市空间的控制点。

在建筑高度基本恒定的情况下,空间水平尺度的增加、减少可以使空间呈现不

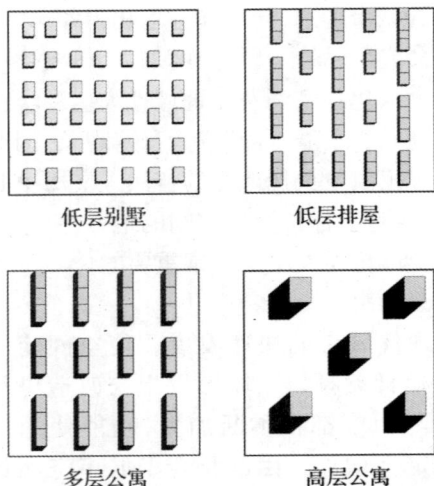

图 3-2-6　相同容积率不同建筑类型的建筑密度

同的气氛与性质。如公共开放的大街或私人宅院空间等。高大建筑对应尺度较大的广场，与其他空间形成尺度上的对比（图3-2-4，3-2-5）。

随着建筑物高度的增加，它的使用间距及视觉观赏距离也要相应增加。也就是垂直向度与水平向度存在对应关系。低层建筑的空间间距较低，建筑密集，在图底关系上，建筑所占比例大于空间比例。建筑高度的增加，使建筑密度不断降低，在图底关系上，空间所占比例增加，城市空间逐步开敞(图3-2-6)。

一般来讲，街道广场舒适的高宽比例为1：1，大于1则空间会趋向封闭压迫，小于1则趋向开敞。但这一比例也存在适用尺度范围，超过尺度范围，则合适的比例也不会带来舒适和谐的感受。从人的视觉观察能力来看，资料显示：[①]

0.9米~2.4米之间人与人关系密切，可以观察到面部表情的细微变化。

12米距离内可以识别人的表情。

24米距离内可以识别朋友和观察材质细部。

60米距离内可以分辨熟人，推测材料类别。

180米距离内可以辨别人的性别与

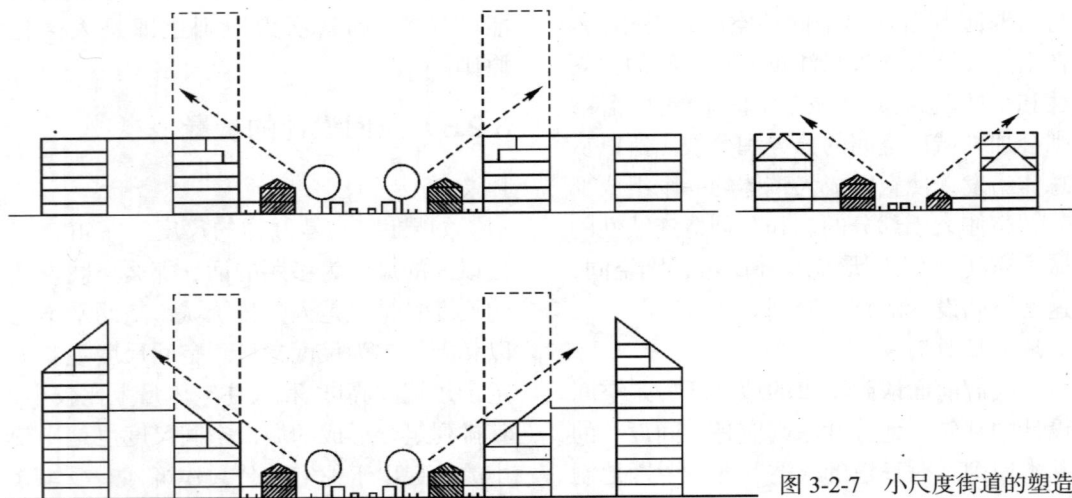

图 3-2-7　小尺度街道的塑造

① 徐思淑，周文华：城市设计导论，中国建筑工业出版社，P54 页

140

动作。

540 米距离内可以识别人体要素。

1600 米距离内可以分辨人种。

可以看出，从适于交流欣赏及活动的角度出发，24 米的距离是满足了公共性交往与细部识别的尺度。日本建筑师芦原义信在《外部空间设计》一书中"外部模数理论"提出每 20~25 米外部空间尺度为一模数，因为它与人眼识别距离吻合，所以对于人际交往有重要意义。现代大城市给人冷漠非人性的感觉，主要原因就是建筑及空间的超大尺度。人与人的交往缺少空间上的依托。

从城市空间尺度发展来看，大规模的生产、消费、活动等促使城市建筑向大尺度空间发展。私人机动车的增加，使城市道路空间不断拓宽，在大尺度空间环境下营造小尺度人性化场所可以减少大尺度带给人的空旷感与孤立感。如运用植被、建筑、铺地、城市家具等创造小尺度围合性空间，提供人们交往休息的场所；在人眼容易观察到的尺度范围（底层 -2~3 层）设置小型商业服务设施等；或对高层建筑进行后退设计，减少高层建筑的压迫感，并利用人的视觉观察范围特点使高层建筑消失在小尺度空间外（图 3-2-7）。

通过小尺度（人性化）与大尺度空间的过渡、穿插、对比，可以使城市空间更富有层次、内容。公共性与私密性空间更易于识别，城市中心与城市外围形成对比。

2. 速度

对城市空间的体验是与速度密切相关的，而城市空间地面形式也受到速度及其条件的限制。

传统的一般意义上的城市空间以步行作为基本活动方式，在这一方式下，城市空间的使用是复合的：行走交谈、休息娱乐等都可以同时发生。街道广场空间既是交通

图 3-2-8　欧洲城市街道铺地

图 3-2-9　江南城镇街道铺地

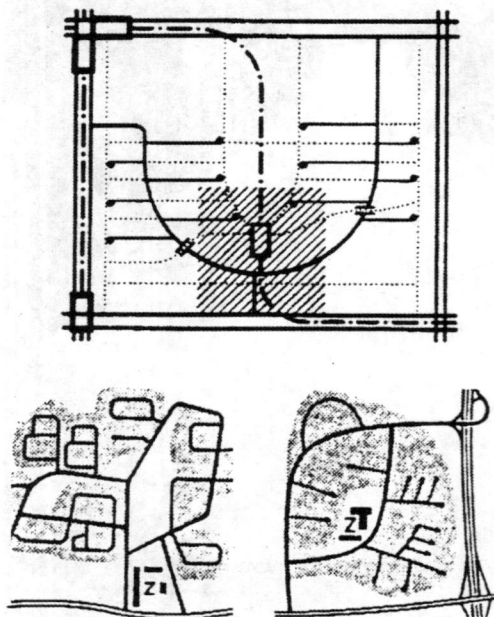

图 3-2-10 道路系统规划

(资料来源:Staedtebau-Institut der Uni Stuttgart.
Lehrbausteine Staedtebau [M]. Stuttgart,2001)

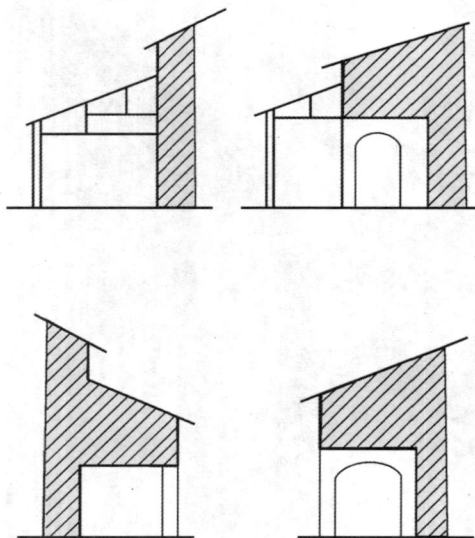

图 3-2-11 不同骑楼廊道空间

空间,也是多功能活动场所,不同形式的地面—平面、踏步、坡道等使空间变化丰富。人对空间的体会与观察是细微深入的,颜色材料形式的细微变化都能引起人的注意(图 3-2-8,3-2-9)。

机动车使人在车里观察体验城市,在快速或高速运动状态下,人的注意力集中在道路上,对城市的观察是远景的、粗略的,道路是平直(缓坡)的单一功能的城市空间,为了保障速度与安全,高速路与快速路成为封闭式的机动车通道。

针对不同的速度,会形成不同的空间尺度,或者可以说空间尺度也决定了速度,弯曲、转折、起伏或狭窄的街道空间可以控制或限制机动车速度和流量,从而降低噪音和污染。

把速度作为城市空间设计的基本参量,通过不同形式,断面和铺地的空间来限制引导人们行进的速度是十分重要的。另外,通过空间设计提倡促进环保健康的出行方式,如公共汽车、自行车对于城市的可持续健康发展意义很大。当然这不仅仅是道路空间的设计,也包括城市整体道路系统及功能结构规划(图 3-2-10)。

建立步行(自行车)道路,混合交通(人车共行)及高速道路系统,根据目标范围完善不同尺度的速度运行系统,通过分析,设计道路宽度、密度、形式、使用功能等,从而形成网络化、层次化的城市道路交通空间,把公交和步行(自行车)作为城市交通道路空间设计的一个出发点,引导城市空间发展。

3. 亮 度

光线是人感知认识事物的前提,不同的地理气候环境,人们对环境亮度的要求也不同。南方地区气候炎热,城市空间要考虑遮阴的需求,北方则更需要日照,不同季节人们对光亮也要求不同,夏季喜阴,冬季

图 3-2-12　欧洲街道景观

图 3-2-13　江南城镇街道景观

143

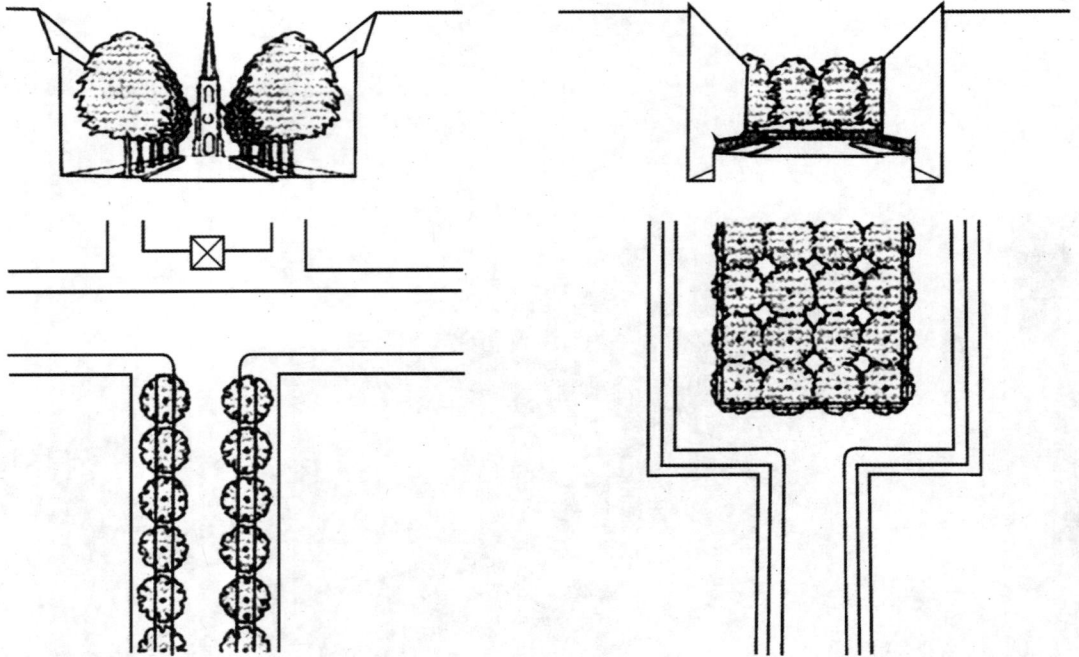

图 3-2-14　街道绿化设计
(资料来源:Matthew Carmona,2005)

喜阳。富有层次的建筑立面在光线照射下形成生动变化的效果,同时,一些特殊形式会形成室外"灰空间",如柱廊、骑楼等。与室外无遮挡空间相比,这里光线较暗,但这里提供了人们更多的使用和功能,特别为行人,如遮阳防雨、停留休息。同时这些灰空间加强了空间的层次与过渡,丰富了街道广场的视觉效果（图 3-2-11—图 3-2-13）。

与墙面、地面、玻璃等硬质高反射界面相比,植被树木可以有效吸收光线,调节空间亮度。因此绿化成为塑造广场街道空间的积极手段,树木本身的优美造型及其色彩变化使空间生动亲切。同时其组合形成的小环境及柔和氛围促进了人们的交往停留。根据树木及气候特点,选择常绿或落叶乔木,与草地灌木结合,使城市空间更加富有生气活力,同时可以有效调节空间亮度。

4.硬　度

不同材质的建筑给人不同的心理感受。西方传统的石材建筑与中国传统的木质建筑给人一刚一柔的表现力。其形式上的厚重和轻盈与材料本身的特点是紧密相关的。建筑从总体上来说是由硬质界面组成的。而木屋、草屋、帐篷等相对来讲界面更加自然柔和。与人工的建筑环境相对,自然表现了内刚(岩石)外柔(植被水面)的特点,在风雨四季交替下呈现"风吹草低"的活泼姿态。

有机地组织协调硬质与软质界面,可以使城市空间更加丰富。在城市总体环境中加入自然景观,在自然环境中塑造和谐的城市环境,从宏观到微观使两者相互渗透。保持城市的生态活力,就要合理控制软硬界面比例。在广场、停车场等空间设计上尽可能考虑软质界面,在建筑界面上结合绿化整体设计，如屋顶或立体绿化等（图3-2-14）。

3.3　建筑类型与组织

3.3.1　建筑类型

建筑类型是城市设计的基本元素，不同类型(尺度)的建筑需要不同的组织联系方式，产生不同的构图形式。传统低层合院住宅形成了变化丰富而细腻的平面构图，而条式建筑的排列围合又会产生相应的肌理，因此有必要对建筑类型及其组织方式有基本的认识和了解。

建筑从形式类型上可以划分为：

——点式建筑：别墅，点式多层、高层公建和住宅，烟囱、电视塔

——条式建筑：排屋，条式多层、高层板楼公建和住宅

——大尺度独立建筑：体育场馆、剧院展馆、车站厂房

——小尺度(构)建筑：候车亭、报亭、车库、市政设施

根据层数，建筑分为低层、多层和高层建筑，层数影响到建筑的间距。在图底关系上，层数愈低，肌理愈细密；层数愈高，则空间愈开敞通透。所以，从图底关系中可以区分建筑的层数尺度，虽然别墅与塔式高层住宅都属于点式建筑，但其尺度关系上的差异在平面构图上是显而易见的。

3.3.2　建筑组织结构

低层建筑的连接组织方式有"并联"与

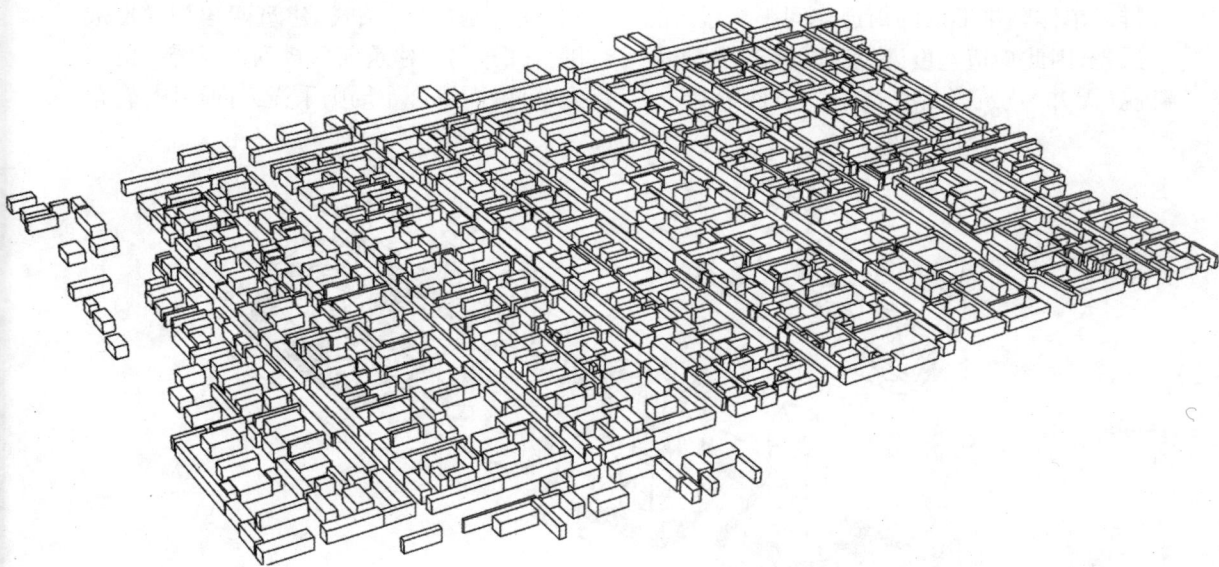

图 3-3-1　低层四合院街区
(资料来源:Wei Wei,2004)

145

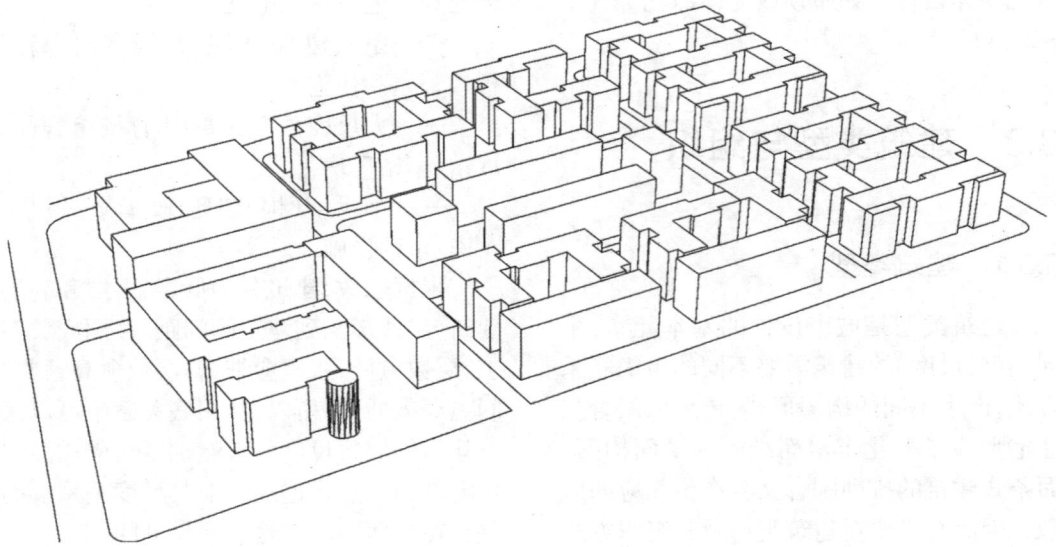

图 3-3-2　多层街区

"围合"两种形式。"围合"是单体建筑的向心式布局，"并联"则是建筑沿线排列，既可以是单体建筑联排也可以是合院建筑联排，单体联排形成的街道空间影响建筑的采光，因此街道宽度(高度比)需要考虑，合院(天井)建筑联排受街道的条件限制小，街道面积比例低(图 3-3-1)。

多层建筑的组织方式有"排列"与"围合"两种，排列是建筑的前后或自由排列形式，围合是多层(条式)建筑四角相联形成围合式布局。建筑前后排列形成统一的采光条件，而围合布局则采光方向不同，转角

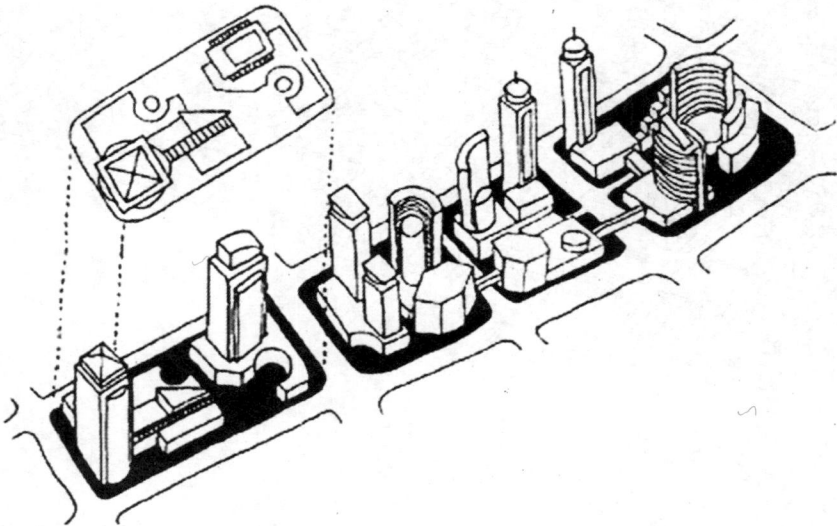

图 3-3-3　高层街区

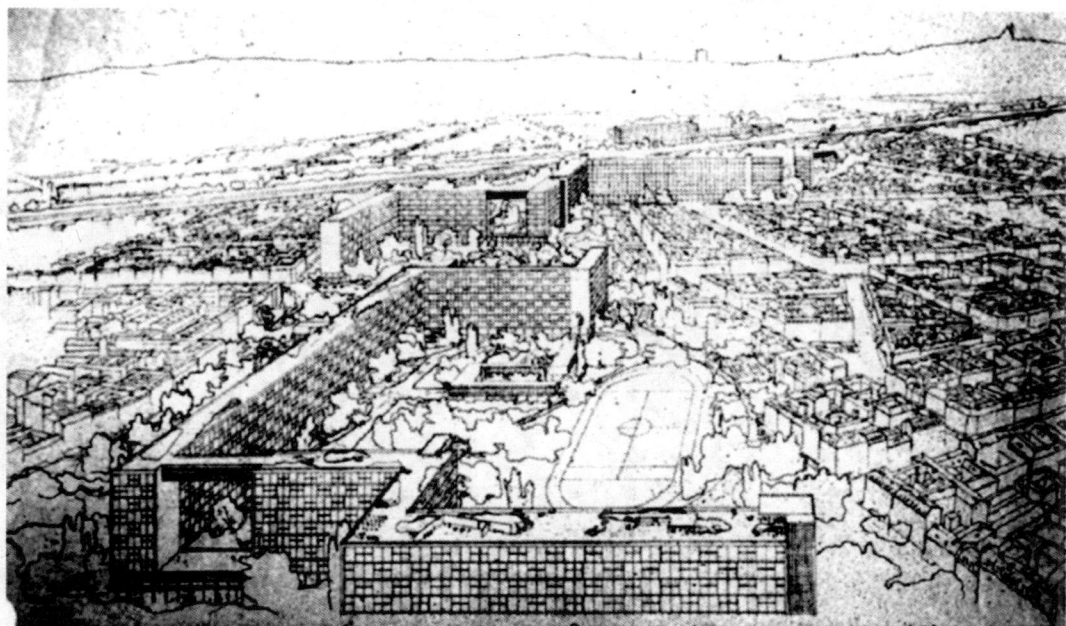

图 3-3-4　柯布西耶的城市改造规划

(资料来源:Staedtebau-Institut der Uni Stuttgart. Lehrbausteine Staedtebau [M]. Stuttgart,2001)

处通风不畅,但内部形成较安全私密的公共空间。根据气候条件不同,居民对采光通风要求也有差异,另外,文化传统、规划管理等都对建筑布局产生影响(图 3-3-2)。

高层建筑基本上以独立形式出现,在群房部分有一定的连接组织,点式(条式)高层建筑以自由排列为主(图 3-3-3)。

3.3.3　现代建筑的组织布局

1. 现代建筑的组织布局

现代建筑较传统建筑有了尺度上的飞跃,大尺度建筑只能以独立体形式出现。建筑之间很难直接连接(只能通过连廊或群房),这样必然导致街道连续界面的缺失,建筑呈跳跃式和错落式排列。大型公共建筑要后退道路相应距离,形成疏散广场。建筑的独立式与散点式布局使街道空间,公共、半公共空间难以从形态特点上明确划分。街道脱离"线渠"模式向道路转变。

在柯布西耶的光明城规划中,用一幢独立的高层建筑取代传统的周边围合式街区(图 3-3-4),城市建筑体量增加,空间尺度加大,传统小街区在这里往往只能容纳一到两座高层建筑,在大尺度街区中,则有多个独立式建筑排列,通过内部道路系统来组织。

现代建筑的自由布局使空间灵活流动而缺少规定性,这种散点式布局类似消失了围墙的中国园林建筑布局,道路穿插其间。现代建筑的散点式布局与中国传统园林和院落存在一定共同之处,并在中国得到快速发展。但其大尺度使其与自然环境的结合十分困难,人在其中难以体会空间氛围的变化。

2. 沿街布局

建筑类型和居住形态直接影响到建筑

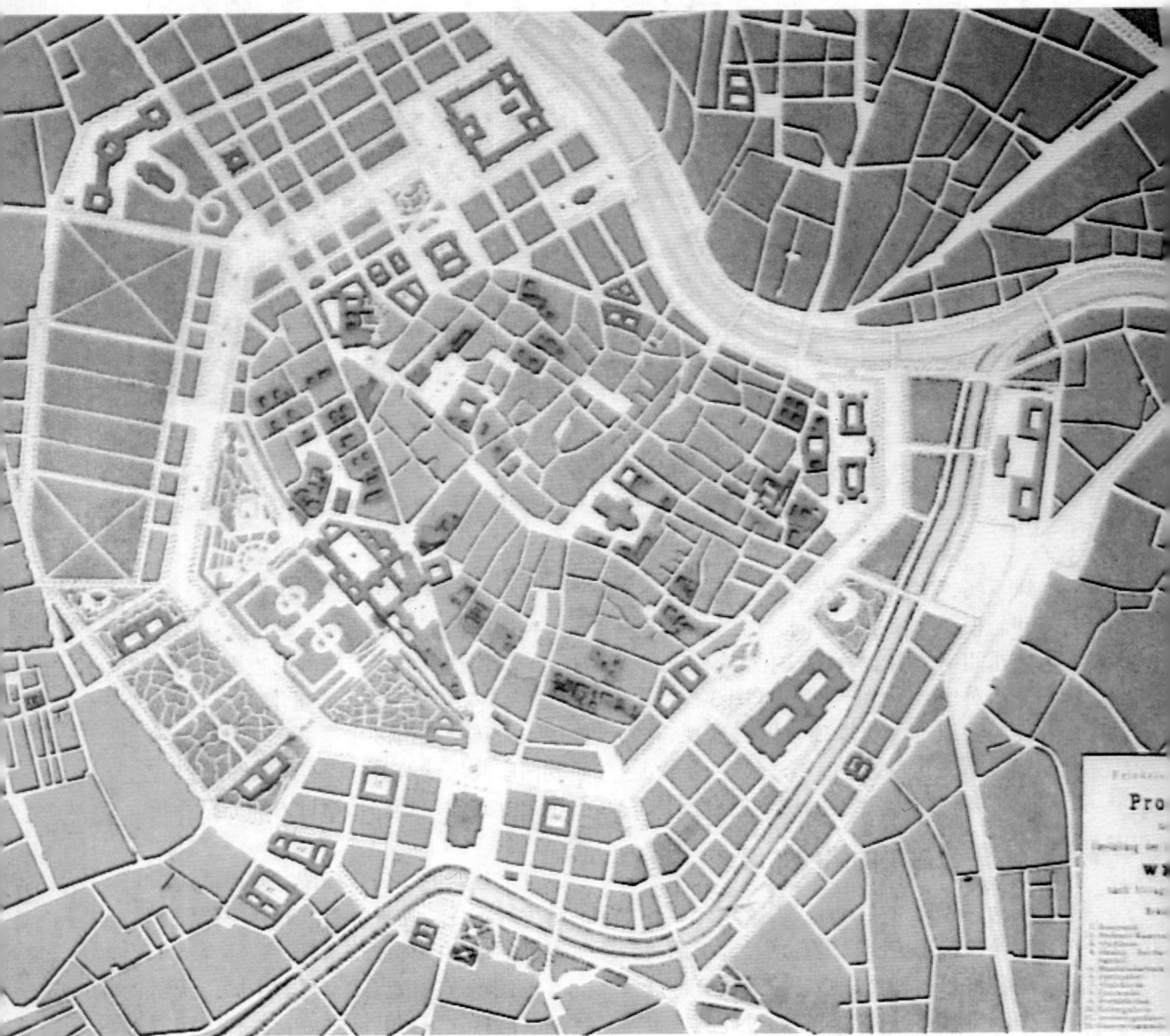

图 3-3-5　维也纳老城平面

(资料来源：Walter kieb, Urbanismus im Industriezeitalter,1991)

图 3-3-6　英国小镇街道

布局与道路(街道)的关系。建筑沿街道连续排列，形成贯通的街道界面，这是西方传统城市中基本的街道形式，即街道为"线渠"的形式，这种连续性的排列需要小尺度的建筑类型。在西方(欧洲)，建筑为单体形式，竖向一般为 3 到 5 层，建筑沿街联排，向街道开门开窗。由于单体建筑进深有限，沿街周边布局，形成了小尺度围合式街区(图 3-3-5,3-3-6)。

虽然都是沿街连续排列，但在中国，住宅以一到二层为主，体量较小，多采用合院式的围合布局形态，由院落来组织建筑，沿街建筑或围墙仅是院落住宅的一部分，其内部通过院落形成纵深布局，在商业街中，沿街建筑作为商铺对外开放，气氛活跃，在居住街巷中，沿街建筑较为封闭，大门和院墙成为空间界定的主要元素。

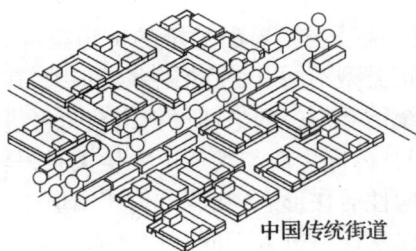

中国传统街道

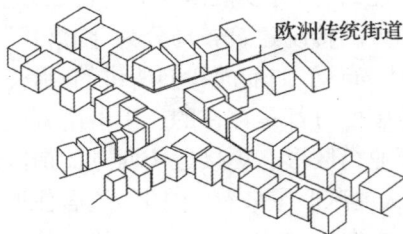

欧洲传统街道

图 3-3-7　中西街道形式比较

大街小巷结构

BLOCK 结构

内部的空间序列

街道空间

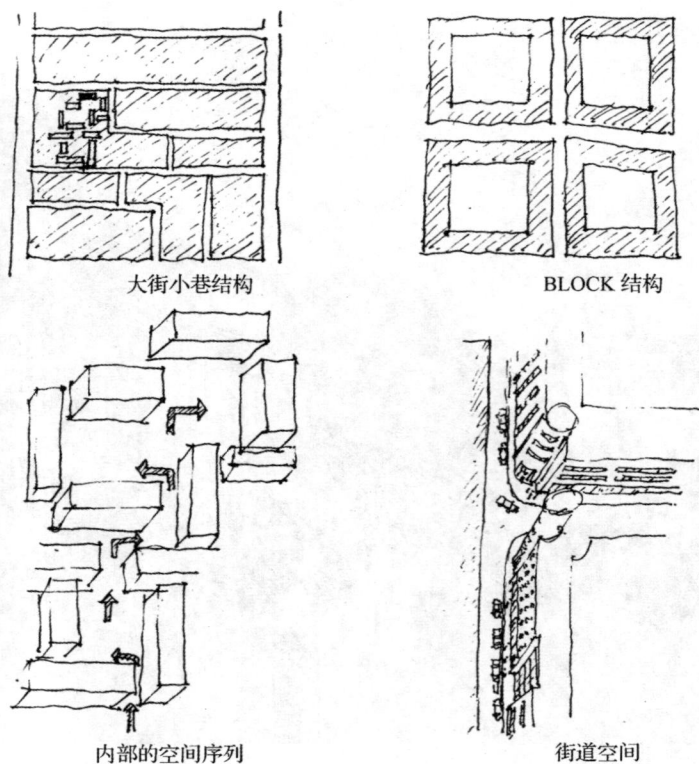

图 3-3-8　中西建筑布局与结构比较

　　同是被连续界面规定的街道空间,由于建筑类型不同,尺度氛围差异很大,在中国传统街巷中,住宅通过街道获得可进入性,但其内部生活与街道不发生关系,是一种内向性居住形态。在西方传统街道中,住宅不仅从街道进入,同时住宅采光通风都从街道获得,建筑立面塑造了街道空间,建筑与居住形态具有外向性(图 3-3-7)。

　　因此,我们可以根据两者的特点,把中国与西方的传统建筑布局分为"院落式"和"沿街式"布局。如前面我们所讲的。沿街式布局在中西方都是存在的,中国南方一些城市商业街区形态更接近于西方的街区形态,但从主流形态来看,中国传统居住形态应当是内向性和院落式的。虽然其外界面也是沿街巷的,但不是其本质特点。西方建筑的沿街式概括了其居住外向性及单体并

联的特点。在街道空间形态上,中国传统居住街巷外墙较实,开窗少,建筑低矮,街道空间安静,色调沉稳(灰)。西方传统城市街道空间尺度比较大,(建筑高度大),建筑开窗多,立面和色彩丰富。色调比较鲜艳活泼,商业氛围浓厚(建筑底层多为商铺)(图3-3-8)。

　　街区式是以街道(广场)—公共空间为中心。连续的街道立面,围合的广场空间,街道对景是设计的核心。街区式的基础是开放的空间结构和网络,小街坊是其本质。沿街式布局可以形成积极的街道空间氛围,配套服务设施共享,道路网与城市路网联系形成开放的道路网络系统,便于多种功能的混和,创造近距离的就业生活场所,同样沿街式布局也存在机动车干扰,安全性低以及建筑朝向不均匀的缺点。

3. 院落布局

随着现代建筑体量高度的增加，建筑间很难直接连接。建筑停车疏散等要求需要建筑退后道路红线布置，这样就产生了建筑退后。建筑的退后使街道空间出现收缩和间断。现代居住小区或单位的布局也是院落式的，但其单体建筑比传统建筑尺度增加，排列更加松散，其内部形成独立的交通系统。院落式布局的特点是独立式建筑的组织，这一布局体系适应了现代独立式建筑的发展，特别是高层建筑的发展使连续的街道空间逐渐消失。院落式布局的重点是空间的序列，大街坊是其本质。

我们看到我国现代大型院落（居住小区等）替代了传统私家住宅院落。这种大型院落的优点表现在内部环境安静，没有城市交通干扰、方便管理、较为安全。而缺点也十分明显，如配套设施重复建设或缺乏，小区

图 3-3-9　中国某居住区规划平面
(资料来源:建筑学报,2005,8)

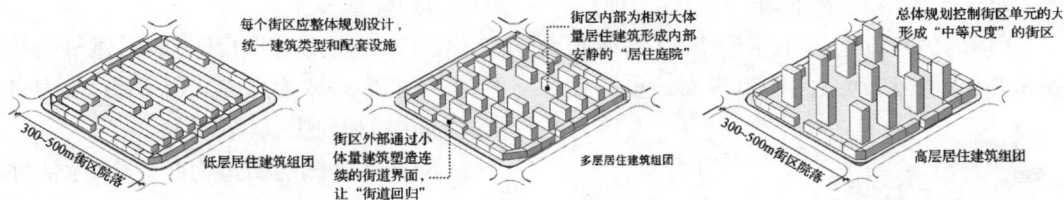

图 3-3-10　不同高度的院落式街区

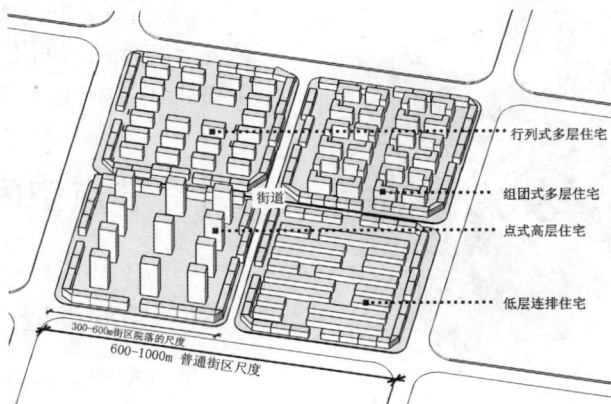

图 3-3-11　院落式街区

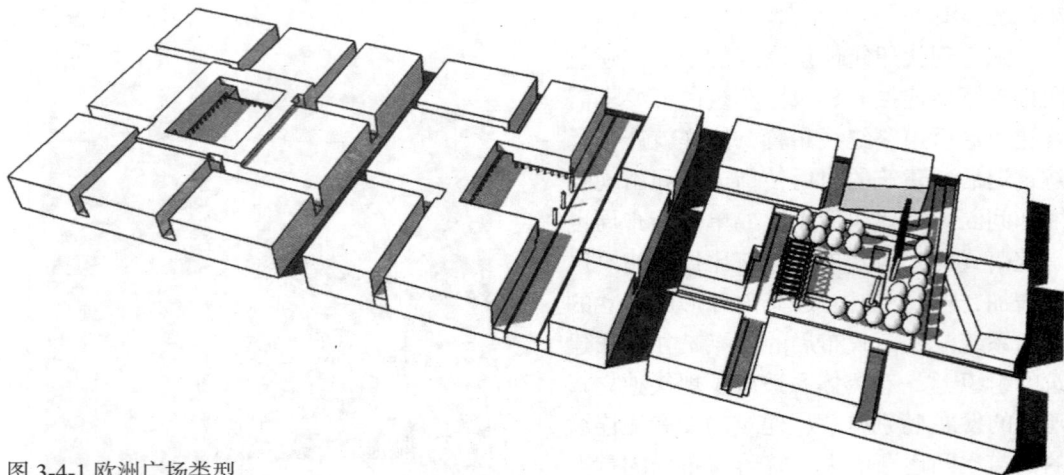

图 3-4-1 欧洲广场类型

绿化公共空间难以共享，街区形态很难协调，大尺度街区模式使机动车汇集于主干道，于交通疏散不利。同时，大尺度道路空间容易造成城市空间的割断(图 3-3-9)。

4. 街区院落布局

针对院落式与街区式布局的不同特点，可以建立起"街区院落"的布局模式，表现在：

（1）街区外部通过小体量建筑(商业服务和办公)塑造连续的街道界面，重新让

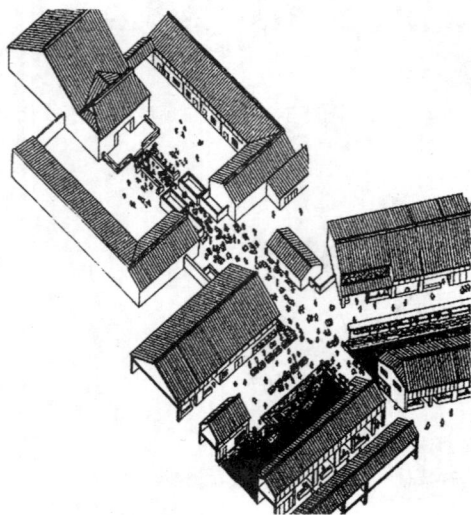

图 3-4-2 江南城镇庙会
(资料来源:阮仪三:江南古镇[M],上海出版社,1998)

"街道回归"。

（2）街区内部为居住建筑，形成内部安静的"居住庭院"氛围。

（3）总体规划控制街区单元的大小，形成"中等尺度"的街区。

（4）每个街区应整体规划设计，统一建筑类型和配套设施。

（5）街区内部为步行区，根据建筑层数类型，街道形式或为里弄式(低层)、或为自由式(高层)和规则式(多层)。

（6）街区外侧的街道为商业街(生活性街道)，机动车人行混行，有一定的交通疏散功能。

（7）街区之间高度应协调控制，同一街区高层与低层之间不宜混合，多层建筑为主要居住类型(图 3-3-10,3-3-11)。

3.4 节点空间

3.4.1 空间类型

节点空间主要指道路交叉、转折形成的点状空间或不同形式大小的广场空间，两者之间常会存在交集。

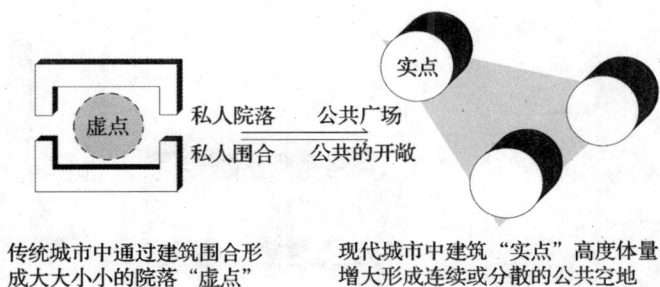

传统城市中通过建筑围合形
成大大小小的院落"虚点"

现代城市中建筑"实点"高度体量
增大形成连续或分散的公共空地

图 3-4-3　院落和空场的比较

1. 作为道路交叉口的节点空间

其主要功能是疏导交通,同时由于交通人流的汇集,转角处往往集中商业服务业功能,最常见的叉口形式为"十"字或"丁"字路口,叉口空间由于界面限制范围较小,人的视线比线性空间内开阔,在路口转角处由于建筑的退后会形成小的转角广场空间,广场在此节点空间里成为中心。

2. 广场空间

广场由于其较大的空间腹地范围,具有较强的静态性,根据广场的道路连接方式和界面、地面形式,广场会形成一定的动态流动和静态活动区域。广场作为开放性的公共活动空间,有特殊的社会政治意义以及商业文化意义。广场在西方欧洲城市中是社会精神的空间表现形式:市民社会的不规则广场,绝对君权下的规则对称式广场以及民主资本社会时期的开放式广场等。广场是开放式城市空间结构中公共活动汇集的空间节点(图 3-4-1)。

3. 院落

封闭型的城市空间结构中街道是主要的公共活动空间,我国传统城市中缺少集聚式开放的广场空间。与广场的非限制性相比,院落空间是通过门来进入的,一些院落具有公共性的使用功能,如寺庙,对所有

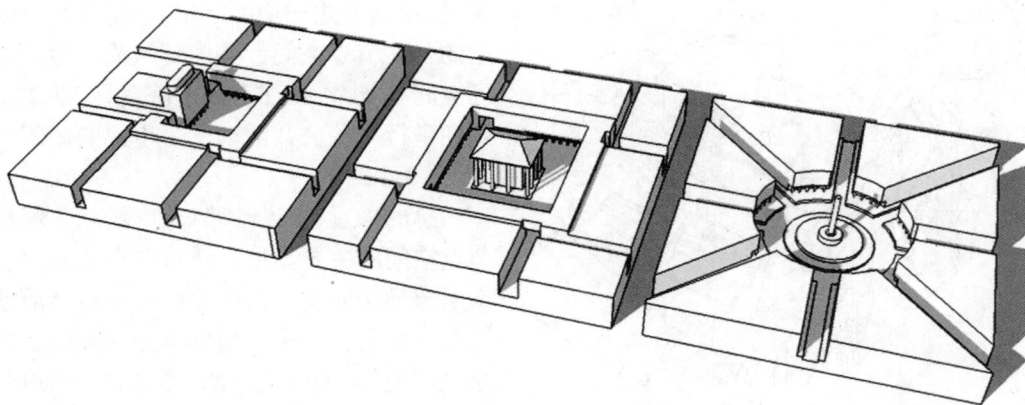

图 3-4-4　欧洲广场类型

(资料来源:图片根据"Lehrbausteine Staedtebau"绘制)

153

图 3-4-5　欧洲城市街道广场图

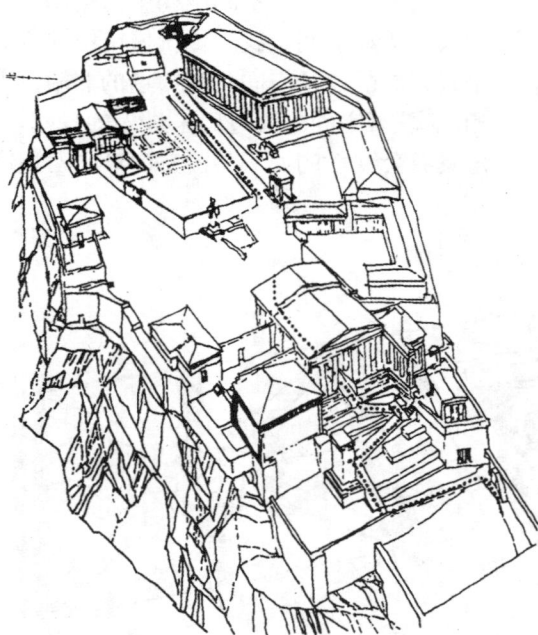

图 3-4-6　雅典卫城

(资料来源.洪亮平.城市设计历程[M].中国建筑工业出版社,2002)

人也是开放的。但由于"大门"的存在,其空间的开放性被削弱,与此同时,其空间不受干扰的独立使用性很高。在城市空间中,公共性质的院落(园林)空间有很高的使用值和独立氛围,这种"脱离"公共空间的"空间节点"一般不被作为公共空间节点来考悉。但从其形式和功能来说,应是一种封闭型的公共节点空间,其内部组成一般比广场空间要复杂,往往有多个院落,定期或不定期举行一些公共活动,是市民的休闲场所(图 3-4-2)。

总的来看,交通性路口、广场和院落是节点空间的主要类型,路口节点空间由于交通疏导功能的突出而往往缺少社会活动功能与意义,一些大型立体交叉路口多为绿化场地,缺少可进入性,可以成为景观节点。广场在欧洲(西方)城市空间中有悠久的历史和深厚的人文内涵,而院落则是中国(东方)城市空间中的精华,其公共价值

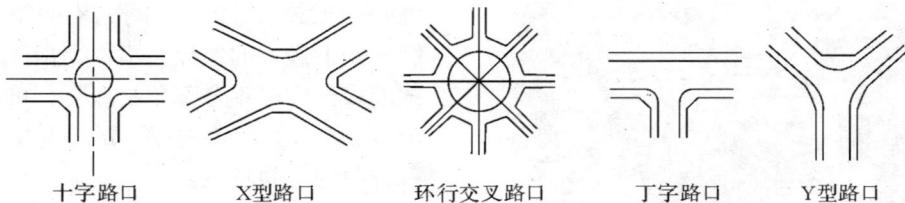

| 十字路口 | X型路口 | 环行交叉路口 | 丁字路口 | Y型路口 |

图 3-4-7　道路路口形式

与意义往往没有得到充分认识。社会的发展使许多皇家和私人院落园林成为公共的文化休闲场所，为市民提供了大量的公共活动交往空间。院落由于其封闭性，内部安排较为自由灵活。而广场的开放性则需要对广场位置、大小、比例、道路连接方式、界面形式功能以及铺地形式划分等系统设计，以保证广场的使用性、活动性和可进入性，我国很多城市的广场由于尺度过大或缺少功能，而成为无人光顾的空地或停车场(图 3-4-3)。

3.4.2　节点空间形式

道路交叉口和广场的功能形式在很多书上都有十分详细的说明，特别是广场空间，被作为城市设计的核心内容进行了多方面的论述，在这里我们对道路交叉口形式及广场作一下简单分析。

1. 规则空间与不规则空间

点状空间与线型空间的区别在于其面状形式，没有强烈的方向性和引导性，面状空间可以分为规则空间和不规则空间。规则空间(如方形、圆形)，有对称轴线和中心点，不规则空间则缺少轴线及中心。

规则空间能产生向心性、稳定性和完美性，烘托庄严、秩序和安静的氛围。在以对称形式建筑物为立面的广场空间中，这种气氛更加强烈。规则空间的形式相对较少，空间界面如果处理不好，会让人感到死板乏味。在绝对君权统治下，独立的规则广场不断增多，同时道路节点广场采用对称形式，中心有标志物，道路节点广场融合广场与道路交叉口，形成道路景观节点(图3-4-4)。

不规则空间，根据其形状会产生长边动势，起到引导的作用，另外还会形成特殊的视线景观，空间气氛活泼，充满趣味和吸引力。不规则空间的形式很多，但处理不好也会产生混乱、不安和排斥的效果。欧洲中世纪的城市广场很多是道路叉口空间的放大，空间多为不规则形式(图 3-4-5)。

2. 空间构成

从规则和不规则空间的构成来看，有以下几种形式：

● 规则建筑的规则组合：形成规则的节点(广场院落)空间以及道路路口空间，这种形式在中国城市中比较多，建筑为规整的方(长方)形，采用南北东西方向排列组合，形成规则的城市空间结构和规律性组织。

● 规则建筑的不规则组合：形成不规则的节点空间，建筑由于转向或倾斜等使围合的空间形式不规则，在雅典卫城中，建筑都是规整的矩(方)形，但其不规则的布局，形成了活泼的空间和变化的视觉效果(图 3-4-6)。

● 不规则建筑在一定组织下可以形成规则空间。其建筑的空间限定界面构成

图 3-4-8　罗马市政广场鸟瞰
(资料来源:Staedtebau-Institut der Uni Stuttgart.
Lehrbausteine Staedtebau [M]. Stuttgart,2001)

(曲)线形式,而节点空间的不同是两种组织形式上最大的差异,不规则街区节点形式的多样性很难全部总结概括,可以说每个节点空间形式都是唯一的。从而城市具有鲜明的空间特色。

3.路口节点形式

在水平垂直的道路网中,道路交叉口形式十分简单,为"十"字型或"T"字型。"十"字型路口是贯穿式道路相交的节点形式;"T"字型为贯穿与尽端式道路相交形式。在小街区模式下,十字路口占绝大多数,而大街区结构下会出现较多的"T"字型路口,即支路交汇到主路上(图 3-4-7)。

在不规则街区条件下,"十"字路口会产生一定的变形,如倾斜、转折或变向。"倾

规则形式,而建筑本身可以是不规则的,不规则建筑在多数情况下会形成不规则空间。

欧洲老城中,近似规则的建筑围合形成不规则的街区,街区间形成了不规则的广场空间,我们可以把街区看成建筑单元,其不规则性与规则的矩(方)形街区形成对比,其空间的多样性与丰富性是规则街区所不具有的。

在历史传统城市中,建筑的一般类型是比较规则的,在组织上东西方城市都形成完整的线型空间——街道。由于街区形式的规则与不规则,使街道呈直线或斜

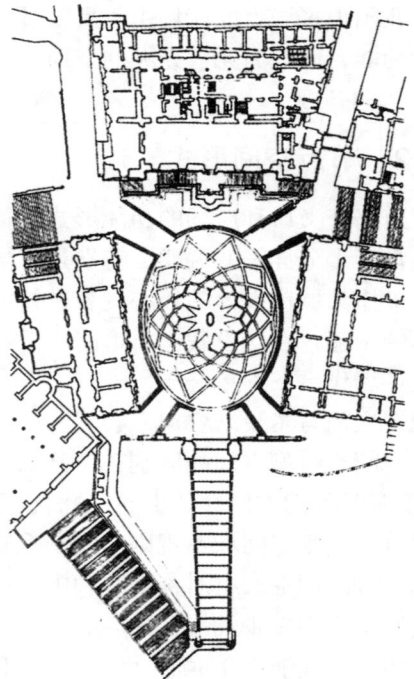

图 3-4-9　罗马市政广场平面
(资料来源:Staedtebau-Institut der Uni Stuttgart.
Lehrbausteine Staedtebau [M]. Stuttgart,2001)

图 3-4-10　古希腊露天剧场

图 3-4-11　古希腊神庙

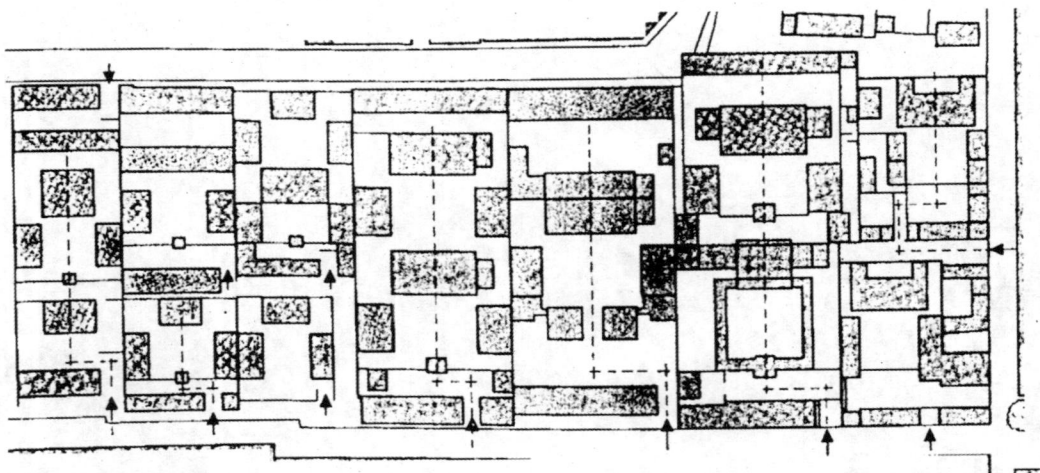

图 3-4-12　中国传统四合院散点布局
(资料来源:Wei Wei. Stadtgestaltung in Peking[M]. 2004)

斜"是两条道路的非直角交汇,道路方向不变,道路转角出现锐角或钝角。"转折"是一条路在路口方向产生变化。"变向"则是两条路在交汇后方向都发生了改变。"丁"字路口在方向偏移的条件下会形成"Y"字型叉口。

超过四条路的路口节点,道路的方向性与可识别性减弱,需要通过标志物或标志建筑对路口进行强调。多叉路口往往是两种道路网络系统叠加形成,如直角栅格路网与放射线道路网或环线道路相叠加,很多情况下形成转盘式道路路口。

路口形式与道路类型相适应。步行或慢速交通路口形式可以相对多样复杂,甚至设计转折、非贯通等形式,阻止机动车进入。在机动车道路条件下,路口应简单明了,保证功能使用。

4. 起 伏

节点空间作为面状形式的空间,从排

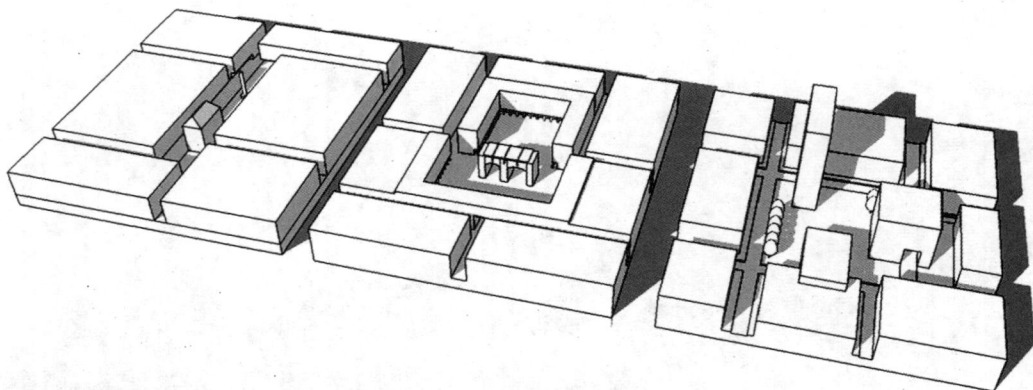

图 3-4-13　欧洲广场形式
(资料来源:自绘改编息"Lehrbausteine Staedtebau")

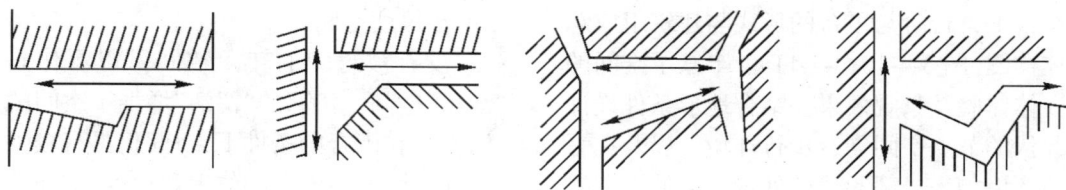

图 3-4-14　斜边对空间的引导

水的要求来讲应有一定的坡度（或排水槽）。而从广场使用上讲，坡度又应控制在一定范围内。台阶踏步是解决竖向联系的一种形式，适用于超过一定坡度的地面。与广场、平台等相结合的宽阔的踏步容易使人停留、休憩，特别是踏步面对的景观开敞、富有内容。踏步形成了天然的看台。形式各样、个性鲜明的大台阶、坡道、台地等是城市景观节点的特殊形式。其地面这一

界面被立体化、景观化。在山地或丘陵城市，地面的起伏使城市有很强的层次感和画面感（图 3-4-8，3-4-9）。

台阶踏步丰富了城市的构图与联系，在希腊城市中，利用环绕的山坡设计了开放的剧场看台，有极佳的视觉和声学效果，而从景观上看，看台与地形合二为一，自然和谐。下沉式广场可以形成围合性强的公共空间。而重要建筑物往往坐落在高起的

图 3-4-15　威尼斯圣马可广场鸟瞰

平台上，台阶与平台的形式与建筑组成总体构图(图3-4-10,3-4-11)。丰富了空间的立体体验及景观效果。结合地形条件设计起伏的节点空间创造步行环境，以及在平地环境加入局部起伏的处理，会使空间界面富于变化，生动有趣。

3.4.3 节点空间元素

1."死角"与"活角"

节点空间中"边"、"角"形式是空间形态的基本内容。节点空间可以由四条边(角部开敞)或由四个角(边部开口)来确定。不规则的节点空间中，角还存在锐角、钝角等形式。

角部围合的空间，空间稳定性很强，由于角部空间的封闭，人的视线被限定。空间在没有遮挡的条件下一览无余。缺少暗示、透露或引导，空间在界面一致的情况下比较死板，这种"死角"(凹角)空间由于很强的界定性与领域感，往往对人有一定的排斥作用。欧洲城市围合街区内部空间是典型的封闭的节点空间。巴洛克时期的一些广场，由"U"字形建筑形成封闭型转角空间，此外建筑的内庭天井空间也是封闭转

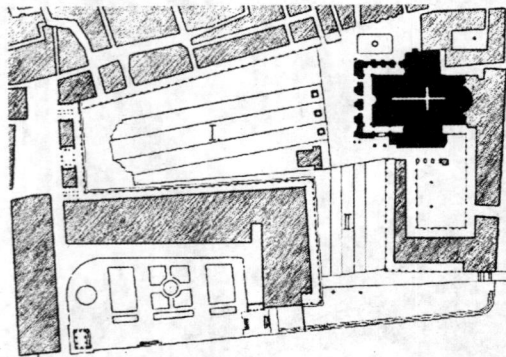

图3-4-16 威尼斯圣马可广场平面
(资料来源：Camillo Sitte,1972)

角的小尺度空间。

没有被封闭的转角空间可以看作是"活角"空间。角部的"留活"增加了空间的"活性"。在围合的条件下，空间仍具有较强的封闭性，但在不同的位置和角度，空间透露出一些线索和趋势，引起人的好奇。角部的留空，一方面使建筑本身形态突出完整，另一方面角部的留空为空间衔接与发展留下无数可能性，空间具有更强的可进入性、公共性和趣味性。在中国北方，传统四合院的组织中，由围墙限定的空间角部为死角，院落中转角往往留空或用廊子连接，转角可形成小院，空间的层次感非常丰富。中国传统建筑的散点式围合布局，既保证了建筑的使用性，同时院落空间也十分完整、灵活、自由。院落间的过渡顺畅，内部空间不死板(图3-4-12)。

大多数广场空间如欧洲中世纪广场，以教堂为中心，道路汇集到广场，广场角部开口。现代的广场空间多以道路为边界，广场角部更加开敞(图3-4-13)。

由此看来，角部的"死"与"活"与空间的"死"与"活"紧密相关，空间的角部处理应根据空间的使用性质及功能综合考虑，"角"本身也存在双向性。"凹角"和"凸角"是角的两面。在十字路口，建筑的衔接形成凸角，内部则为凹角。在广场空间，运用"凸角"使建筑物体量感突出，同时产生空间的转折，使空间出现变化。威尼斯圣马可广场的塔楼成为"L"形广场的交点和标志。佛罗伦萨西格诺利亚广场中的市政厅也把广场一折为"二"，建筑雄伟突出。

2."斜边"

方正的节点空间有较强的静态稳定性，当节点空间三条边平行垂直，而有一条边倾斜时，空间就有了不稳定感，两条非平行边产生了特殊的透视效果。空间产生动态吸引力，引导性得到加强。一些广场空间

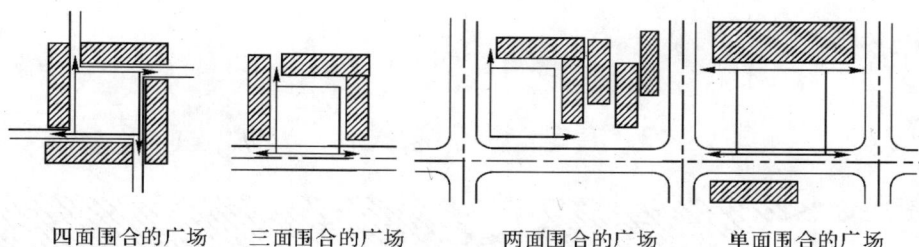

四面围合的广场　　三面围合的广场　　　两面围合的广场　　　单面围合的广场

图 3-4-17　广场的围合形式

就是线性街道空间的其中一个界面后退倾斜而形成(图 3-4-14)。

长向斜边会产生引导态势。如果这一向度由线性空间继续引导则更加强烈，如意大利威尼斯圣马可广场（图 3-4-15,3-4-16)。三角形广场的斜边比直角边有更强的动态性。单一斜边的动态性会随着斜边的增加而削弱，当斜边对称或平衡时，空间趋向稳定，每条边的吸附作用(滞留)或引导性(流动)保持平衡。

3.“开口”

节点空间开口的多少及形式对空间使用效果有很大影响。中国的院落节点空间存在大门，当大门敞开时，空间有可进入性和开放性，中国传统城市的一些广场和街道空间以及现代的城市公园或园林也常用门楼牌楼来对空间作一界定标识，门成为一种象征，空间还是流动联系的。除了独立大门或门楼形式，建筑底层的穿廊或独立连廊也提供了一种进入形式，在围合的节点空间里，底层的穿越增加了空间的通透性。

最一般的节点空间开口形式是建筑界面(边)的断开和道路路口的断开。一般是广场转角部有道路开口或建筑界面的开口。开口是节点空间可进入性和联系性(公共性)的关键。小的步行街巷的开口对空间的使用影响较小，而机动车道的开口对空间使用有很大影响。这也是交通路口划分为单独节点空间形式的原因(图 3-4-17)。

大门或穿越形式的开口不影响空间的围合，路口或建筑的开口超过一定比例会对空间的围合度有影响。传统广场与现代广场空间的区别是传统广场通过围合产生了向心性，建筑是以广场为核心来组织的，这一点在欧洲传统城市广场中表现得非常突出，广场的开口不影响广场整体的空间感。现代城市中，现代建筑的自由排列也会形成空间节点，但这一节点是缺少围合感与向心性的。建筑围合界面少于开口界面，空间开敞流动，往往很难确定节点空间的范围，特别是高层建筑，其形式难以和空间产生交流,跳跃起伏的独立体建筑难以塑造具有稳定尺度的节点空间。开敞的非向心型的节点空间是典型的现代城市广场空间。

4. 标志物

标志物可以作为节点空间的统一要素，标志物可以是独立形式的，如独立的雕塑、喷泉或竖向的建筑(构)物，也可以与界面相复合的，如建筑物的高塔、塔楼，节点空间界面存在高低起伏。

欧洲中世纪市民广场多为不规则形状，标志物也大多在广场的边侧或转折部

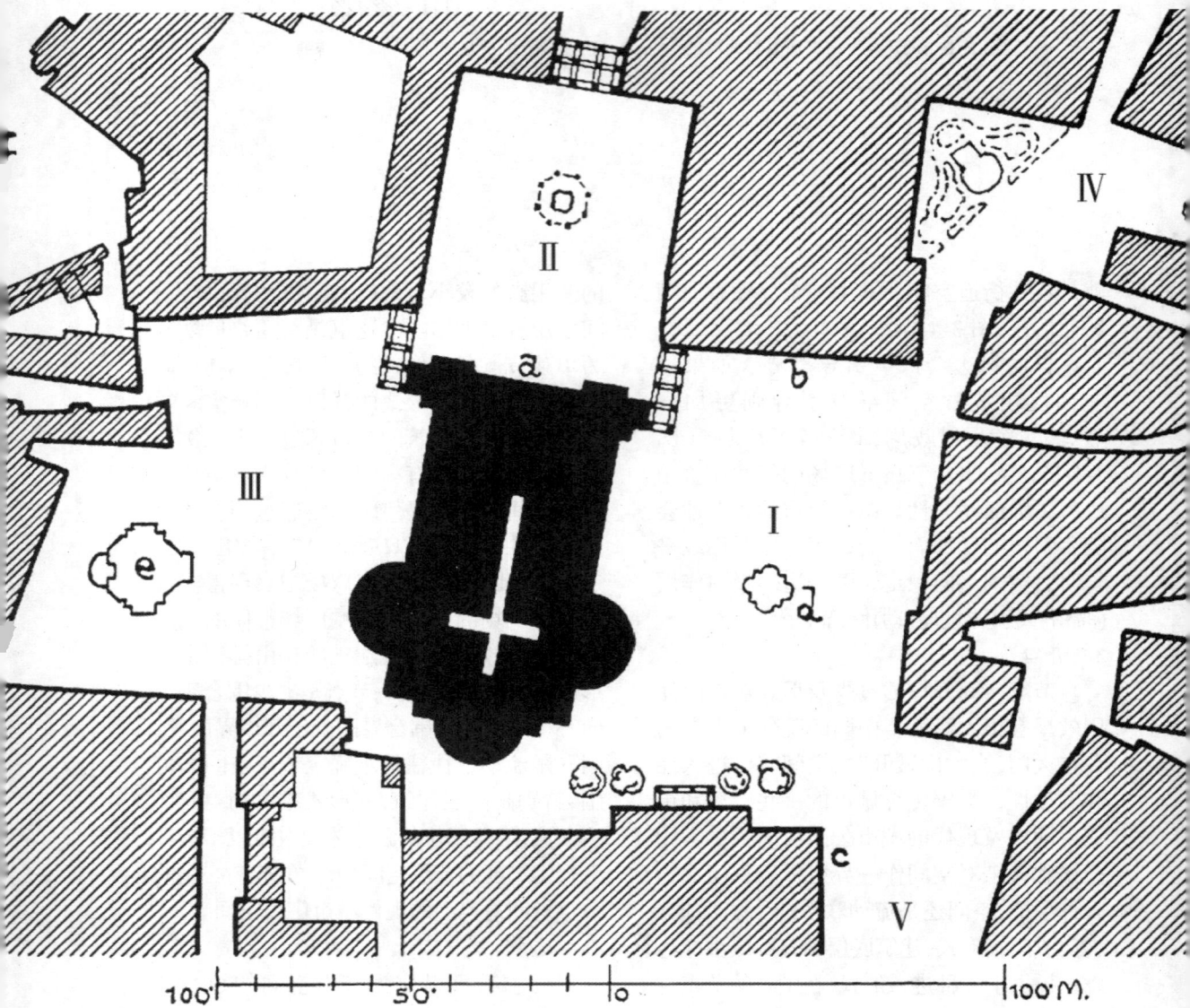

图 3-4-18　萨尔斯堡广场平面

(资料来源：Camillo Sitte,1972)

分。这一特殊的独立点统一强化了广场的整体空间氛围，起到了引导、提示、界定的多重作用，卡米罗西特对此有详细的分析（图3-4-18,3-4-19）。

中国传统城市的节点空间多以烘托主体建筑而形成，广场（院落）空间开敞，主体建筑高大突出，周围建筑低矮，主体建筑成为广场标志，广场形式规整，标志建筑位于广场一侧。

西方巴洛克时期及之后的广场强调了轴线对称，节点或为方或为多边形圆形，标志物（建筑）位于广场节点的几何中心，位于中心的标志物统领了整个广场空间，与此同时，大型标志建筑的中心布局也划分了广场空间，标志物形式和体量的大小决定了其位置，在考虑广场的大小，性质的前提下运用不同形式的标志物可以划分和统一广场空间。

5. "面"状元素

节点空间作为平面上的一个"面"，其在立体环境中则存在界面（围合建筑立面）、屋面、地面、绿化面等不同"面"状元素。其中地面元素中存在硬质地面自然地面（草地、水面），阶面（台阶、踏步、平台）。建筑屋顶的不同形式（平、坡、曲）增加了广场空间的立体维度；树冠及植被等塑造了立体的"绿面"，丰富了广场的空间层次。"面状"元素的综合运用，使节点空间适应其功能性质，或烘托庄严肃穆的氛围；或增加自然气息；或塑造人性尺度。在紫禁城的重要节点空间中，广场采用单一的硬质铺地，不植一树，红墙高台，营造了威严的气势。现代城市中，广场上绿地水面多种多样，富于生活气息。大尺度的空旷节点，通过增加"绿面"，提供空间尺度，削弱建筑尺度，改善生态环境，从而提高节点空间的可利用性（图3-4-20,3-4-21）。

3.4.4 节点空间的设计原则

1. "靠边"

考虑到广场空间的使用性质和景观构图的一般原则，"中间留空"提供人群的活动空间，同时增加了景深，满足了取景需要。

纪念性广场，标志物（纪念碑）宜"居中"布置。非纪念性广场，景观标志宜"靠边"布置，形成前景。在广场周围，建筑与广场要形成一定的"呼应"，即建筑功能向室外空间的延展和开放，如广场周边的咖啡茶座等，以建筑为凭借，人的视线景观朝向广场，视野宽广。

沿广场周边可以布置"廊"、"阶"空间，使广场层次感突出，在罗马圣彼得广场设计中，椭圆型围廊统一了空间，广场通透性增加，围廊与广场形成空间对比，大小氛围穿插，构图丰富。在广场设计中应尽量避免对广场空间的道路穿越，破坏广场的完整性，道路（机动车）尽量位于广场外部或一侧，使广场成为独立的步行区域（图3-4-22,3-4-23）。

2. 向心围合

广场节点空间的使用效果和凝聚力与其"向心围合"紧密相关，欧洲传统广场空间中，建筑朝向广场，建筑的出入空间与广场相连，建筑的公共功能（教堂、市政厅）和广场（市场）相适应。现代城市空间中，很多广场成为无人光顾的"空场"，这里面原因很多，其中之一就是缺少一定的向心性和围合度，节点空间在缺少功能支撑、边界模糊的条件下，难以发挥效益，很多广场注重内部的景观设计（小桥流水、喷泉、雕塑等）忽视了广场整体的功能向心和界面围合。因此，我们城市中虽然兴建了很多市民广场，尺度很大，但很多使用效果不佳，缺少像欧洲广场的活跃氛围和市民活动。

图 3-4-19　萨尔斯堡广场
(资料来源：Camillo Sitte,1972)

3. 动静分区

在广场使用上存在相应的流动区域和稳定区域，在前面的界面分析中，我们提到界面（点）对人流的吸附功能，在功能性疏散广场中，如车站剧院广场，广场主要承担了人流的疏散功能。车站出入口及道路口

图 3-4-20　北京武门广场
(资料来源：Http:image.baidu.com)

成为人流主导方向，广场设施的设计可以起到疏导控制人流的作用。

其他尺度较大的市民广场宜进行动静分区，即功能区和人流区，通过植被、高差和其他设施，增加广场的可利用性（图3-4-24）。而小尺度的街边广场，空间尽量统一完整，随着广场周围建筑功能的变化，广场的使用和人流也会相应变化，因此广场设计宜简洁以适应发展变化。

3.4.5　空间序列

空间序列是以节点空间为核心的空间组织，表现为进入节点空间的顺序过程，通过线性空间与节点空间的联系组织，空间变化呈现出一定的节奏和韵律。

在提到空间序列时，人们往往强调的是"轴线空间序列"，即方向不变的空间递进形式。如北京中轴线、南锡广场。另外，

图 3-4-21　欧洲维也纳城市广场

图 3-4-22　德国吕贝克市中心广场

图 3-4-23　佛罗伦萨西格诺利亚广场

图 3-4-24 欧洲城市广场

还存在着折线空间序列，即非直线演进的空间序列，在北京四合院中，大门非轴线布置使人在进入后，在节点空间发生两次方向转换，空间序列呈"折线"形式（图3-4-25）。

空间序列模式从城市空间角度来看是道路街道广场空间的组织模式，从建筑空间来看是建筑群的组织模式。棋盘式道路网使空间转折呈直角转折，空间序列或"轴线式"或"直角折线式"。有机或放射线路网的空间转折，节点空间形式很多，空间序列为"轴线式"或"曲（斜）折式"。纳什对伦敦摄政街的改造，运用圆弧形，使空间发生了"弧形"的转折递进（图3-4-26）。

在西方城市空间中，建筑群的组织模式也基本构成了城市空间的组织模式，由于建筑的开放式布局，其空间序列的体验与城市空间的体验是一致的。而在中国的城市空间中，建筑群的组织模

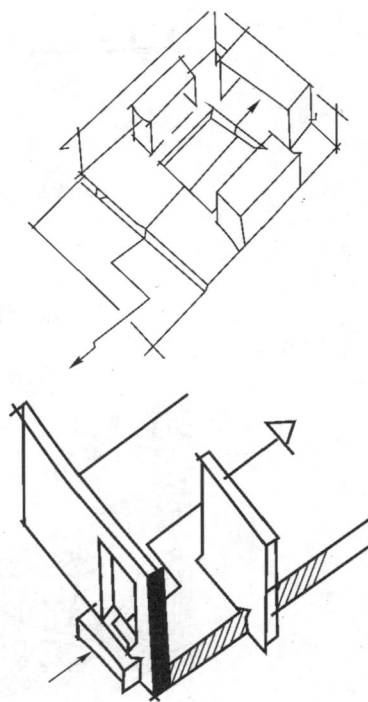

图 3-4-25 北京四合院折线序列空间

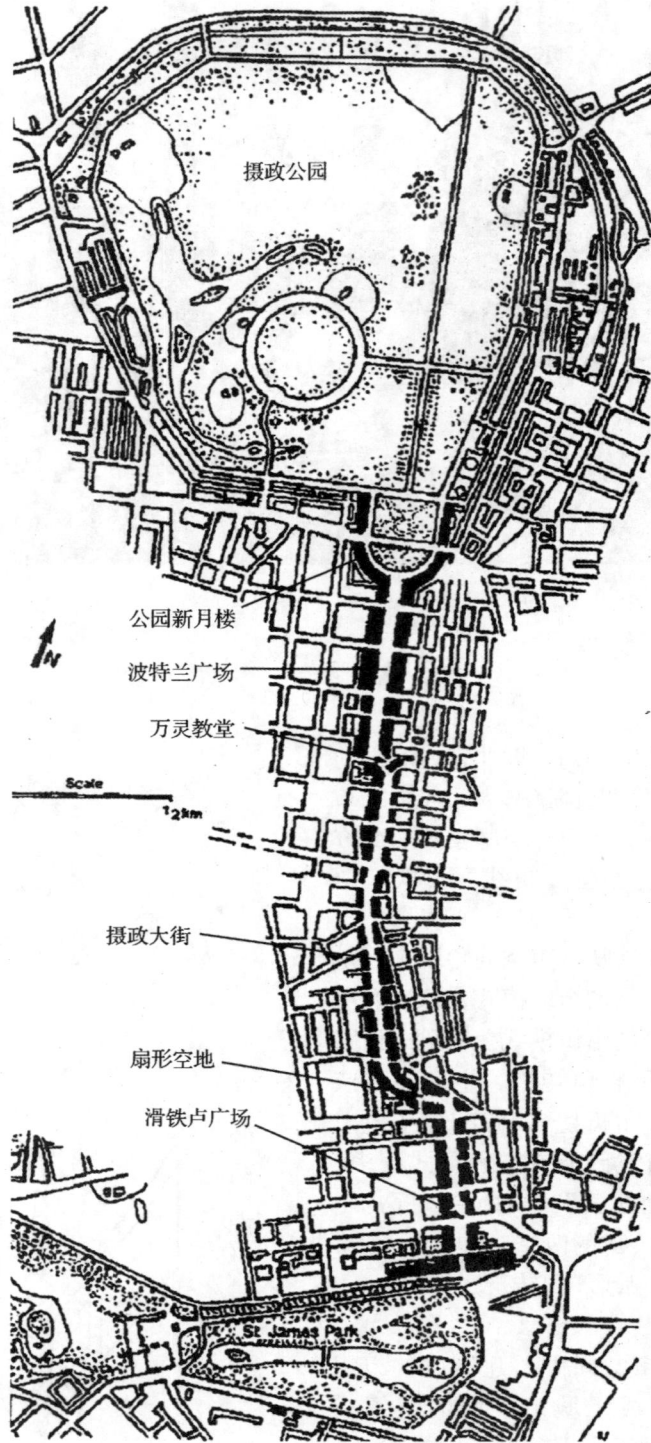

图 3-4-26　纳什对伦敦摄政街的改造平面
(图片来源:Matthew Carmona,2005)

摄政公园

公园新月楼

波特兰广场

万灵教堂

摄政大街

扇形空地

滑铁卢广场

式与城市空间组织模式相脱离，院落空间序列是一个独立的空间组织。北京紫禁城的轴线序列虽然是城市轴线序列空间的一部分，但不具有开放性，城市中轴线空间序列不能让人完整体验。与之相比，西方城市轴线空间是开放式的节点（广场）空间，由线形（街道）空间相串联，是开放的和可进入的轴线序列空间。

3.5 线性空间

3.5.1 线的基本形式

1. 直线和曲线

线是形体造型的基本元素，可以区分为直线与曲线。通过直线和曲线可以形成方形或圆形平面。单纯的几何形体空间带给人审美愉悦。在建筑表现上，承重结构基本上为垂直直线形式，屋顶因为排水则往往为曲面或斜面。中国传统木建筑通过举折形成的凹曲面与西方石材拱券结构塑造的穹顶(凸曲面)都表现了直线与曲线的完美结合(图 3-5-1—图 3-5-3)。

直线及垂直相交直线形成的方形(网)是进行使用和划分的最简方式。建筑与城市空间最一般的形式是方(长方)形，由此看到，直线(方形)表现了使用性(理性)。曲线(圆形)则表现了自身的个性及完整性。圆形建筑一般为独立体，圆形空间在使用划分上相对独立。

2. 实线和虚线

在城市空间中，线的表达可以划分为"实线"和"虚线"两种。"实线"是指空间为明确的线型空间，以道路街道为代表。而"虚线"则是由一系列空间以此虚线形成对称形式的依次排列，以空间序列(轴线)为代表，在空间序列中往往也存在街道这一实线空间。虽然这条线在空间上不存在，

但由于对称与序列，它的表现力更强烈。实线空间——"街道"作为引导性极强的空间形式在空间序列的组织中十分重要，往往是进入空间序列高潮前的前奏和序曲（图3-5-4）。

3. 路径与空间

线作为点的运动轨迹，可以看成人的行为路径。路径与空间的关系是空间设计的关键问题。它涉及了空间与路径的规定性与非规定性，以及由此引出的人的行为习惯方式，视线景观的对应与变化等。在传统城市中，线型街道空间与路径是相对应的。随着独立体建筑的不断增加，空间形式与路径的关联性减小，从而人的视线引导性减弱，扩散性加强。通过线形元素，如墙、树列、铺地等可以加强空间的引导性、延伸

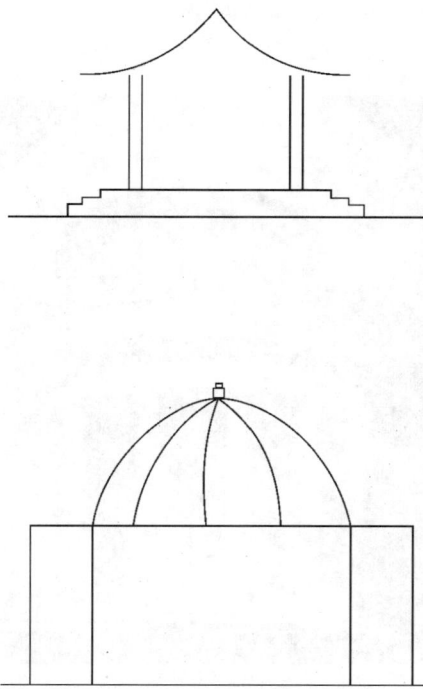

图 3-5-1 中西建筑形态比较

图 3-5-2　中国传统木结构

(资料来源:Benevolo. Die Geschichte der Stad[M].
Frankfurt am Main;New York,1983)

图 3-5-3　欧洲传统建筑结构

(资料来源:Benevolo. Die Geschichte der Stad[M].
Frankfurt am Main;New York,1983)

性(图 3-5-5)。

4. 线型与景观

线空间的三维透视景观是近大远小、透视延长线相交于视平线上一点的画面。在直线空间尽端设置标志建筑,可以标识空间。直线空间景观的汇聚效果,使对景和框景成为城市设计的基本手法。曲线空间的三维景观呈现渐次性、变化性。随着人在曲线空间中的行进,后面被遮挡的景观逐渐呈现。让人体会到发现与惊喜的感受。但同时空间的不明朗也使人缺少方向感和安全感(特别是封闭的曲线空间)。因此标志物对于曲线空间中的人来说十分重要,能让人对空间更好地识别定位(图 3-5-6)。

3.5.2　线的作用

1."穿接"与"串联"

线形空间——"街道"对城市空间进行组织连接;河流、城墙、轨道等线形元素对空间进行了划分;高速(快速)路既对空间进行连接,同时也割断划分了空间。

由于线性空间的方向性与引导性,它可以连接两点,从而实现从一点到另一点的最短距离穿越。想要获得最快的连接效果,则封闭性的轨道与高速道是最佳的方式。线对两点的连接作用在此得到充分体现(图 3-5-7)。

线性空间的流动性和可达性使其成为建筑的组织手段。沿街沿巷布置商业和居住建筑,使线形空间不仅是流通空间,同时也是组织空间。空间组织了建筑,建筑限定了空间。

一方面是线性空间对两点的"穿接"作用,另一方面是线性空间的"串联"作用。"穿接"要求尽可能减少干扰,实现两点之间的快速相通;而"串联"则希望尽可能多地组织建筑,实现"线"的最高效绩。所以我们在商业街或居住街巷常可以见到短面宽

170

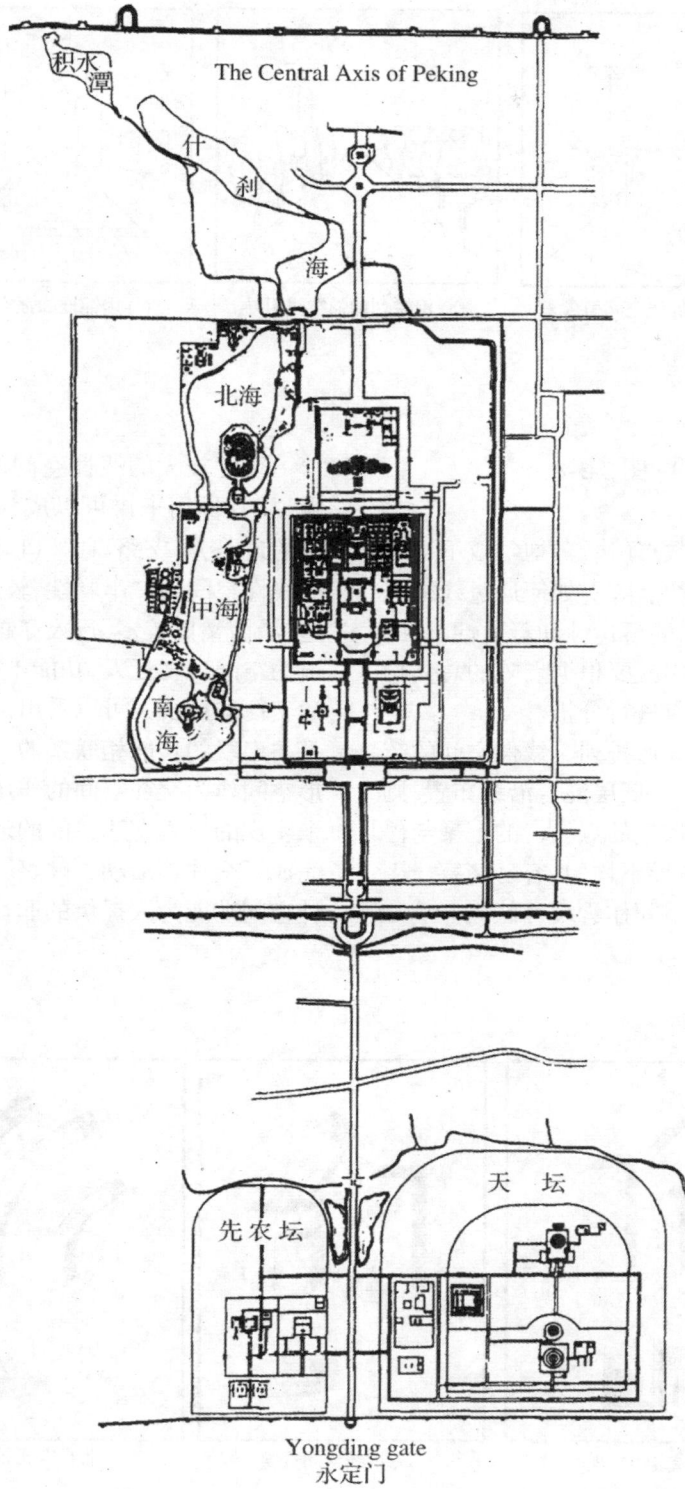

The Central Axis of Peking

积水潭

什刹海

北海

中海

南海

天坛

先农坛

Yongding gate
永定门

图 3-5-4　北京中轴线

(资料来源:吴良镛,北京旧城和菊儿胡同.中国建筑工业出版社,1994)

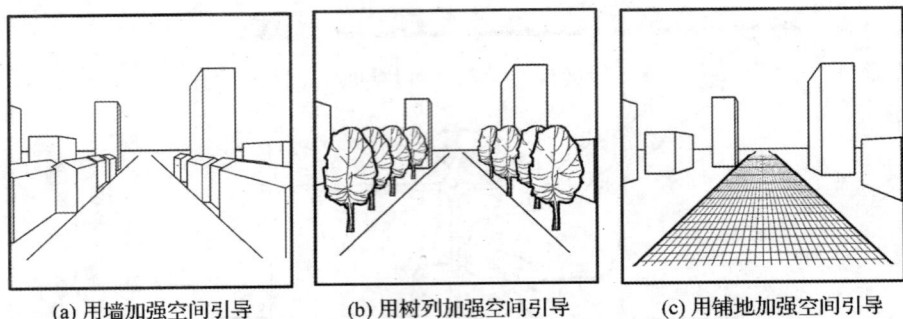

(a) 用墙加强空间引导　　　(b) 用树列加强空间引导　　　(c) 用铺地加强空间引导

图 3-5-5　空间的引导

长进深的建筑形式（图 3-5-8）。

2. 城市中的线

城市是由无数点（建筑）均匀或不均匀组合后形成的大的点阵。如何通过线来进行组织，实现较高的可达性和舒适性，线的形式、性质和作用就要根据点阵的总体构成关系与积聚特点进行分析。

低层建筑的线形排列，线性空间的疏导是均匀的。高层与低层混合沿线布置，则高层建筑入口处产生的点（人）的汇聚与停滞，线性空间的疏导不均匀，容易堵塞。因此需要设置广场空间作为缓冲区域。

尺度较大的线性空间的"穿接性"较强，从其作用来讲可以成为道路。等级越高的道路，其支路口（叉口）越少；尺度较小的线性空间，其"串联性"较强，可以成为街道，沿街叉口较多，行人穿越频繁。由于街道的空间尺度近人，功能丰富，成为人们生活交往的场所。可以看出街道的活跃氛围是与串联的功能相联系的。而街道这一线形空间作为交往空间的作用也是通过串联来实现的。人在达目的的运动过程中同时完成了交往等活动，"顺路"往往是沿线多种空间功能为人提供的非目的性的附加便

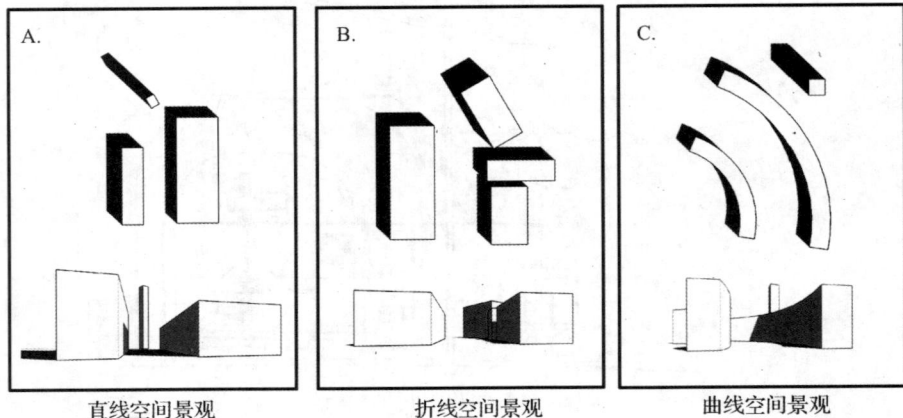

直线空间景观　　　　　折线空间景观　　　　　曲线空间景观

图 3-5-6　线型与景观

172

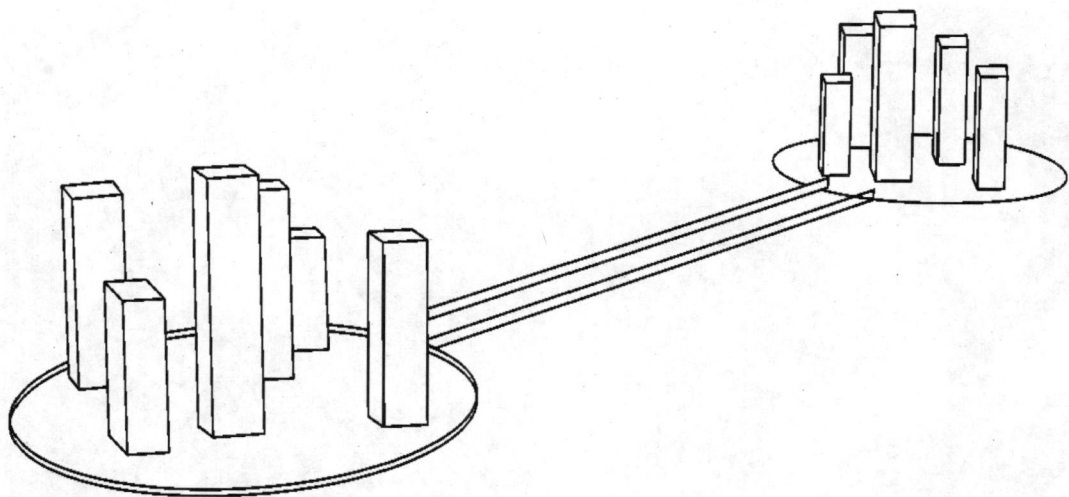

图 3-5-7　线性空间对两点的"穿接"

利。这是低速线性空间所具备的综合空间效益。

如果希望达到线的"穿接"与"串联"的综合最佳效果，则需要在功能点的集聚与混合上优化组织，既实现远距离连接的集聚性又实现近距离联系的复合性，充分发挥道路和街道的不同特性和作用，促进小尺度低速线形空间的规模发展。

3.5.3　线形空间的界面形式

1. 实　墙

最简单的界定线性空间的方法就是用两面平行的实墙，如河道和水渠。由于实墙对视线的阻挡以及实墙所具有的阴影透视效果，空间被明确规定和引导。实墙作为空间的纯粹划分，使"内"、"外"空间相互独立。由平行墙面塑造的线性空间也是一个

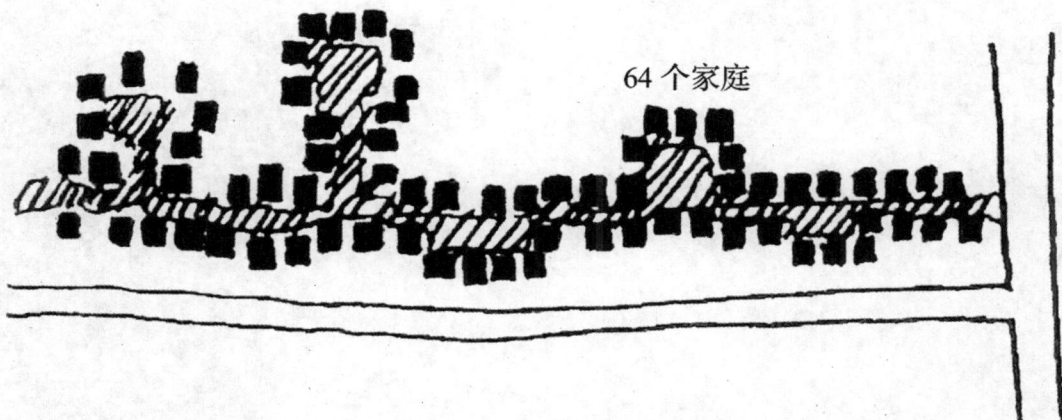

64 个家庭

图 3-5-8　线性空间的"串联"
(资料来源:亚历山大.建筑模式语言[M].知识产权出版社,2001)

173

图 3-5-9　老北京的街道图

图 3-5-10　老北京的街道

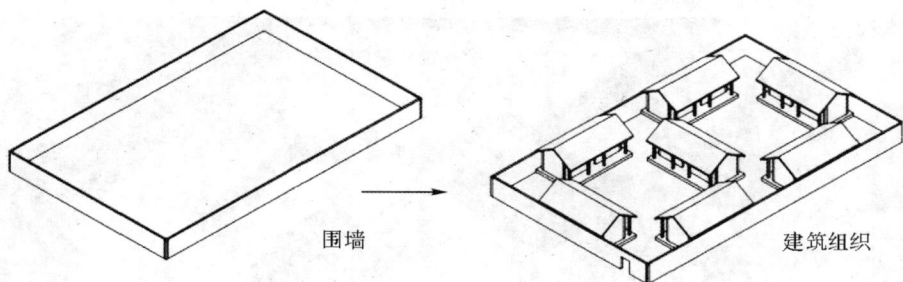

围墙　　　　　建筑组织

图 3-5-11　围墙与建筑

完全独立的空间，空间内的人与其外的人不发生联系。中国传统城市中，城墙、院墙、围墙等界定了许多线形空间，空间界面干净，气氛宁静肃穆（图 3-5-9,3-5-10）。

实墙作为"线"的空间实体转化，对空间一分为二，其本身一体二面，成为二个空间的界面。实墙对空间领域有明确的界定，能有效地作为防御手段，因此历史上的城市一般都筑有城墙来保护城市。同理，院墙明确划定私人住宅领地及各种设施领地。在中国，墙的普遍使用使传统城市公共空间（街道）实体界面表现突出。红墙、白墙、砖墙、土墙、高墙、矮墙等，让街道空间呈现不同的氛围特征。由外及内，通过墙可以间接了解到墙内的功能属性及社会等级。实墙所具有的引导性使其作为空间引导元素，而其界面性质又使其成为背景、隔断。通过遮挡、转折、引导等，人的行动由墙不断地规定引导，产生丰富的空间过程体验和视觉感受（图 3-5-11）。

2. 实墙 + 门

实墙对空间进行划分，而空间的沟通则需要"门"这一元素。通过"门"可以实现空间的穿越，所以"门"具有很强的象征寓意。它是从一个空间世界进入另一个空间世界的途径。"门"与"墙"两者相辅相承，实墙界面由于"门"的穿插而产生变化和韵

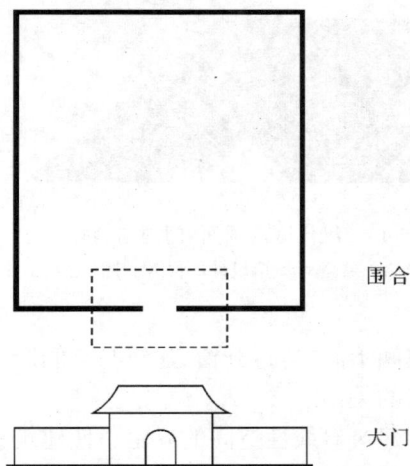

围合

大门

图 3-5-12　门与墙

律。由于"门"所具有的象征代表作用。门不是简单的门洞，而是具有多种型质的建筑元素甚至独立的建筑物。城墙上的城门是城市的标志。所以"门"是突出于墙的景观元素。在以实墙为界面的线性空间中。"门"的起伏穿插给空间带来活跃。门的开合以及人们围绕"门"的活动、停留成为这一线性空间里的独特场景（图 3-5-12,3-5-13）。

3. 实墙 + 窗

建筑对空间的限定在空间界面形式上主要表现为实墙与窗的组合。建筑立面上开窗的大小、比例、色彩直接影响了空间的氛围。通过开窗，室外空间与建筑产生视线与声音的交流（干扰）。与实墙划分二个独

175

图 3-5-13　汉代城市画面 -门内与门外

(资料来源:洪亮平.城市设计历程[M].中国建筑工业出版社,2002)

立空间不同。通过开窗,建筑与空间产生了直接的关系。

　　建筑对线性空间的界定,使建筑直接面向线性公共空间。建筑的功能、性质与公共空间是否存在共性或矛盾。两者之间的交流是主动的,还是被动的,如何引导促进。特别是处于空间底层的界面开窗,如何保证室内空间的使用要求,减少室外公共空间对室内私人空间的干扰,需要根据公共空间的性质特点来设计界面形式,处理好"看"与"被看","交流"与"保护"的相互关系(图 3-5-14)。

4. 窗 墙

　　随着玻璃在建筑上的普遍应用,特别是以整体玻璃为外立面的建筑,其界面对空间的作用效果与实墙差别很大。它虽然划分了空间,但其界面的通透弱化了空间的差别。

　　根据玻璃界面的特点(通透性、反射性及遮阳设施),它对空间的界定效果强度不同,深色反射性弱的玻璃与实体界面比较接近,透明高大的玻璃界面在不同光感条

完全开放　　　　　　部分开放　　　　　　完全封闭

图 3-5-14　开窗高度与交流

件下晶莹闪亮或不易察觉。透明的玻璃划分从视觉上弱化了室内外空间的差异。通过加建玻璃屋顶形成的室内步行街具有室外步行街的公共性质。窗面在不同的视线距离会产生不同的视觉效果。为了避免视觉污染和温室效应，应对玻璃立面的面积和色彩进行控制。

5. 间断界面

　　沿线排列的柱廊、树列等对空间也作了规定和引导。与连续性界面相比，其空间的开放交换更突出。柱廊往往是建筑底层所采用的形式，在实体界面与线性空间之间形成"灰空间"（有顶的室外空间）。由于柱廊所具有的强烈的阴影透视效果，它强调了线性空间的走势，使空间动感加强（图3-5-15）。同理，行道树的排列也增加了街道空间的线性走势。树干与树冠往往塑造出个性强烈的林荫道，成为特色的城市景观。

6. 混合界面

　　在城市中由单纯的界面形式塑造的线性空间并不多见。大部分情况下，线性空间是由前面几种界面来混合限定的，如实墙

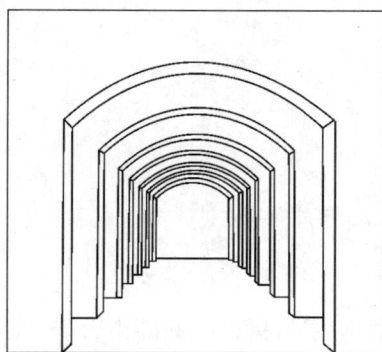

图 3-5-15　柱廊空间

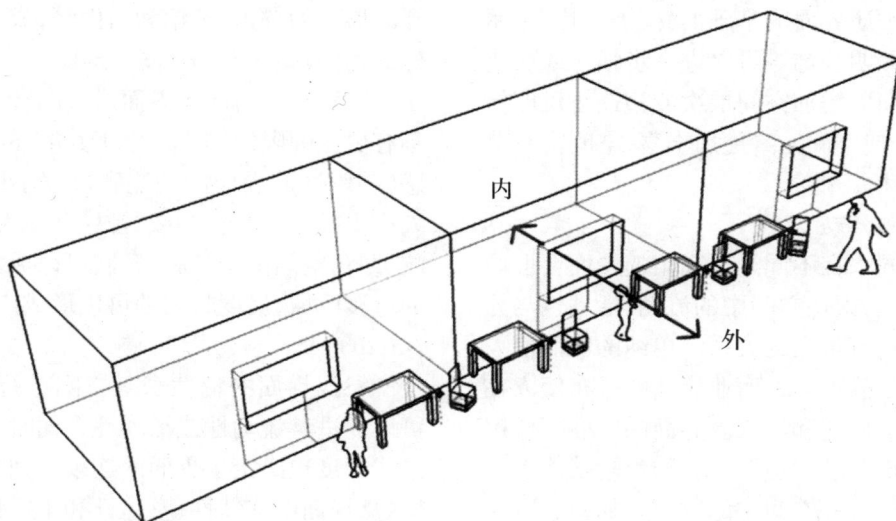

图 3-5-16　室内向室外扩展图

177

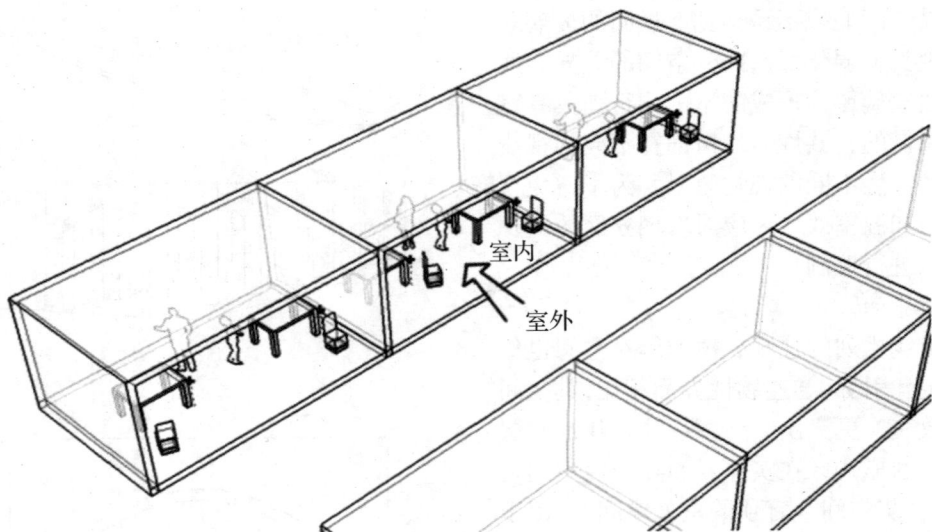

图 3-5-17　室外向室内扩展图

与柱廊、房屋与树列的间断组合等,在平面上表现为长短线与点列的交替组织。在街道空间中往往出现线性空间的复合,如两排行道树所塑造的线性空间,行道树和建筑(墙)界面形成的线性空间以及柱廊所形成的灰色步行空间等。

在硬质界面的基础上,植被绿化、小品家具、照明装饰等可以进一步强化或弱化线性空间。增加空间层次或塑造小尺度停留空间,使空间元素更加丰富,空间富有节奏和韵律。

7. 界面与活动

如同水在不同光滑和粗糙岸面会形成滞留漩涡,人在空间中的流动、活动也与界面的形式有很大的关系。单纯的墙面使人的活动平静均匀,商业店面的排布使人在店面前有停留和出入。界面的“粘滞”作用主要表现“点”、“边”、“角”的吸附功能。

“点”——空间中的“点”。如树、柱子、会成为人停留依靠的凭介,由此树下、树阵、柱廊都成为一定的停留空间。

“边”——实墙能提供人安全的停靠及表演界面,因此往往能形成临时性的活动场所,如市场、露天表演场。商业店面根据其功能往往能从里向外渗透,形成街边咖啡、茶座等;或从外向内渗透,如中国传统开敞形式的餐馆、茶馆和店面等,成为室内外的延伸(图 3-5-16—图 3-5-18)。

“角”——由两个界面形成的转角空间具有更强的限定作用,由于其较强的区域感(阴影区),界面的功能和尺度不同会对人产生“接受”(公共)或“排斥”(私人)的影响。凹角空间由于其私密性,可以成为空间的过渡区域,尺度较大的可以形成广场(图 3-5-20)。

根据界面的特性来对空间进行设计,可以促进其流动性或活动性,同时功能与形式尺度也决定了界面的连续、间断和进退。从界面的连续性、整体性和丰富性来设计空间是城市设计的重要方面。

图 3-5-18　欧洲街道——室内向室外扩展

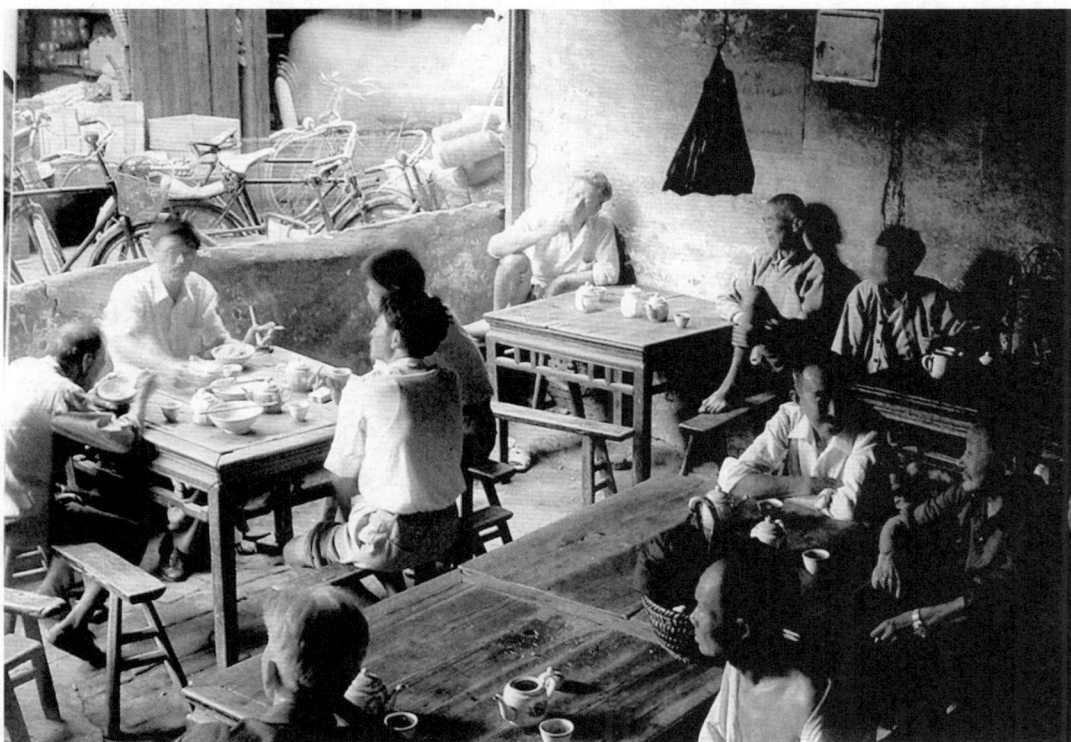

图 3-5-19　江南城镇街道——室外向室内扩展 179

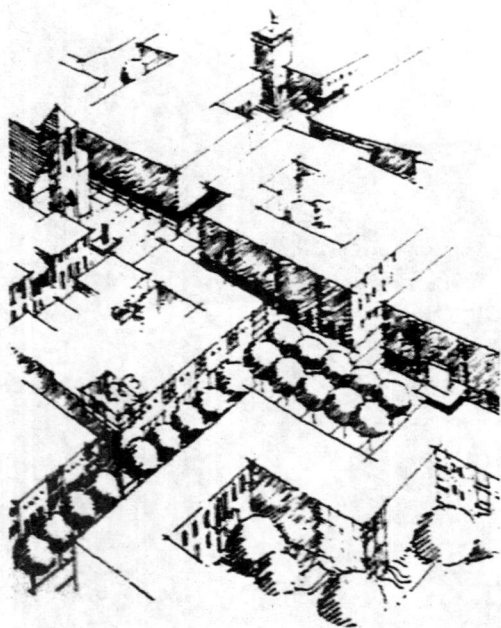

图 3-5-20 转角空间

（资料来源:Prinz, Dieter. St. dtebauliches Gestalten [M].   Stuttgart,1995）

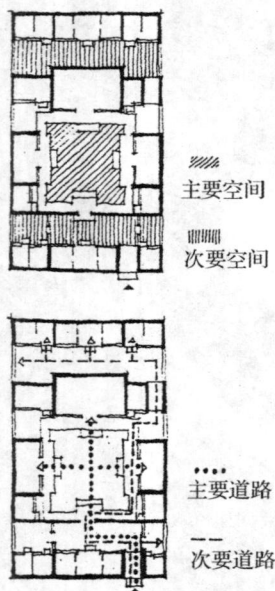

主要空间

次要空间

主要道路

次要道路

图 3-5-21　北京四合院空间与路径

3.5.4　空间与路径

线性空间表现了运动(路径)与空间形式的一致性(对应)。空间形式是丰富多样的,而路径的形式则为线型(直线或曲线)。对某个空间的认识了解,往往需要从不同路径或通过环绕路径方式来进行观察。因此空间与路径的关系是空间设计的核心问题。

从空间与路径的关系来看，有以下三种:

1. 空间规定,路径规定

线性空间中,空间和路径是统一的(形式与内容)。在空间序列中空间通过建(构)筑物被规定(如院落空间)。人进入空间的路径通过铺地走廊等被规定。空间与路径明确限定,人对空间的观察顺序、角度等也得到确定。路径对空间的环绕穿越;空间对路径的限制引导;景观的呈现与遮挡等使空间设计与路径合二为一。路径规定性使空间景观序列成为可能(图 3-5-21)。

2. 空间不规定,路径规定

在开敞空间里,空间的规定性很弱,可以认为空间不被规定。空间视域宽广,如田野、城市公园。空间里的路径是确定的,如田间小路、湖滨走廊等,由于空间的开阔,人的视线呈全景式,在移动中,视觉画面变化缓慢,空间氛围开放。这种场景在自然空间中较常见。在城市中体现在大面积的城市开放绿地,如公园、湿地等,其空间的开放性与自然空间相比较弱。

另外在城市中, 由于点式建筑的独立形式,空间没有明确规定,呈现出"流动空间"的特点。这种空间也可以认为是不被规定的空间。空间是松散的剩余空间。在这种空间中,一种是路径规定的形式,另一种是路径不被规定的形式。现代城市中,空间越来越开放,道路穿插其间,也反映了城市空间不规定,路径规定的特点(图 3-5-22, 3-5-23)。

3. 空间规定,路径不规定

被建筑物围合限定的空间(广场),空间以大面积铺地为主,人们在空间里的活动是自由的,没有规定的路径。根据空间的外部道路联系,空间存在滞留或流动区域。而封闭性强,道路联系均匀的步行广场空间,人的活动路径则比较分散,空间稳定性强(图 3-5-24,3-5-25)。

4. 小结

空间与路径的对应关系反映了城市的发展模式与特点。城市的社会化、规模化和机动化促进了城市开放形式的发展。以家庭手工业为主的生产生活方式所形成的传统城市空间逐步被取代。连续性的界面空间建立在小尺度建筑(多层以下)基础上,传统城市中由连续界面形成的街巷空间与路径相对应。随着建筑的尺度增高和体量增大,建筑独立性增强、空间界面的间断性越来越明显。建筑布局摆脱街道空间,形成几何排列布局,路径与空间相脱离,空间的开敞性和尺度增加。

由于人的尺度及其自然的行为活动方式——步行仍没有改变,所以从人的尺度及自然的行为方式出发,寻找空间与路径的相互关系,塑造安全、舒适、有趣的城市空间,对城市的和谐发展有积极意义。

3.5.5 线性空间的形式与规划

1. 规则中的不规则

城市空间的形成主要可以分为规划和

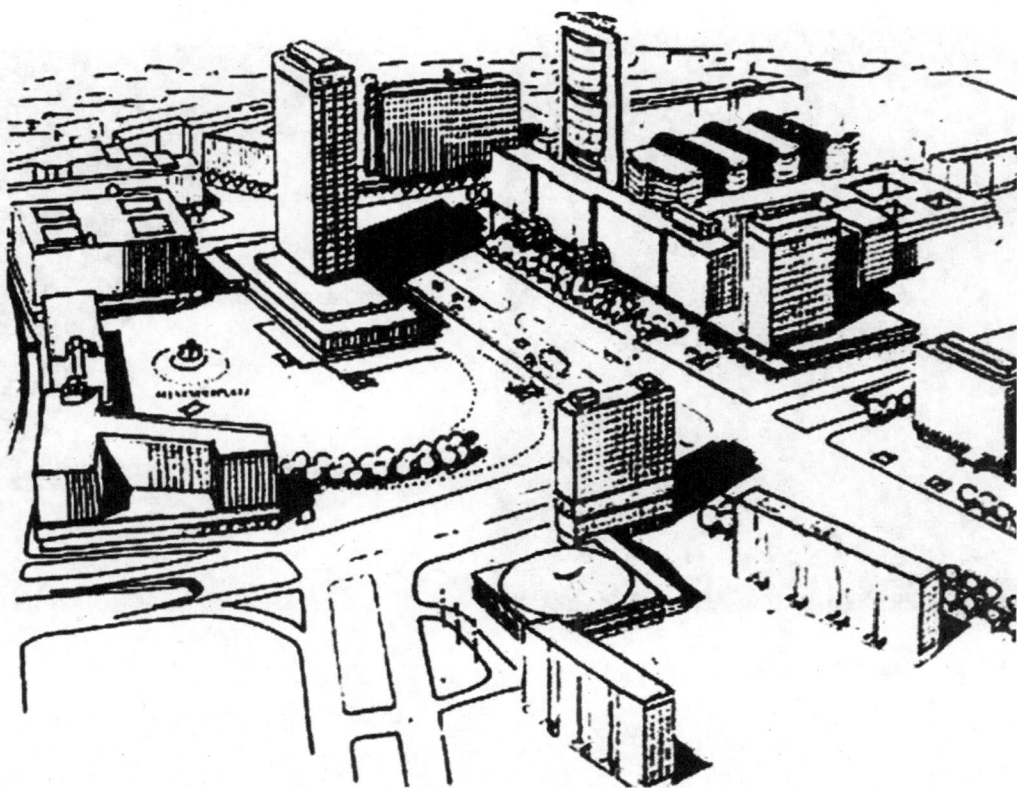

图 3-5-22 松散的城市空间
(资料来源:Curdes,Gerhard. Stadtstrukturund Stadtgestaltung. [M]. Stuttgart,1997)

图 3-5-23　开敞空间中的路径

自然发展两种形式。大部分城市在比较长的历史发展过程中受到两种模式的交替影响。在某一时期一种形式会占主导。在自然发展时期，城镇空间演变主要在自然条件的限制下，由居民根据生活习惯并受到社会文化的约束自发建设形成的。虽然这种发展没有统一的规划总图，但一种内在的控制，包括生产力的限制，等级制度及意识形态的规定使城镇空间达到了一种有机协调。街道空间作为公共交通空间体现了这种自然发展的特点：街道肌理既有一定的规则性，同时又存在着不规则和变化，街道空间形态不像规划道路那样机械缺少变化，而是有收有放，变化随意。

这些变化除了人为因素外，很多是从地形气候条件中创造性地发挥和应用，从而突出了地域环境特色，如江南的水乡，街巷、河道、桥梁与房屋的有机结合，廊棚、骑楼等空间适应了阴雨气候，塑造了具有地方特色的街道景观。可见，自然发展的有机街道形态中体现了一种"尊重自然的理性"。

工业革命之后，大规模的生产生活方式使规划发展成为城市演变主导模式，为了满足机械化生产运输需要，城市道路不断拓宽拉直，在"功能理性"的影响下和生产力高速发展的条件下，自然条件往往被忽略甚至抹杀。城市道路形态单一，形式单调，道路网呈现规则的几何图形。

道路空间作为人识别城市的最主要的空间类型，在规划中应从规则性和个性(可识别性)两方面出发，体现"规则中的不规则"。规则是在规划中根据功能需要进行规则性控制，如路网间距、等级密度等。"不规则"可以从自然历史环境中挖掘地域特色，使道路形态与之相适应。弯曲的河道，起伏的山坡等是塑造"不规则"道路的条件，应尽可能不用人工手段改变自然因素，如填

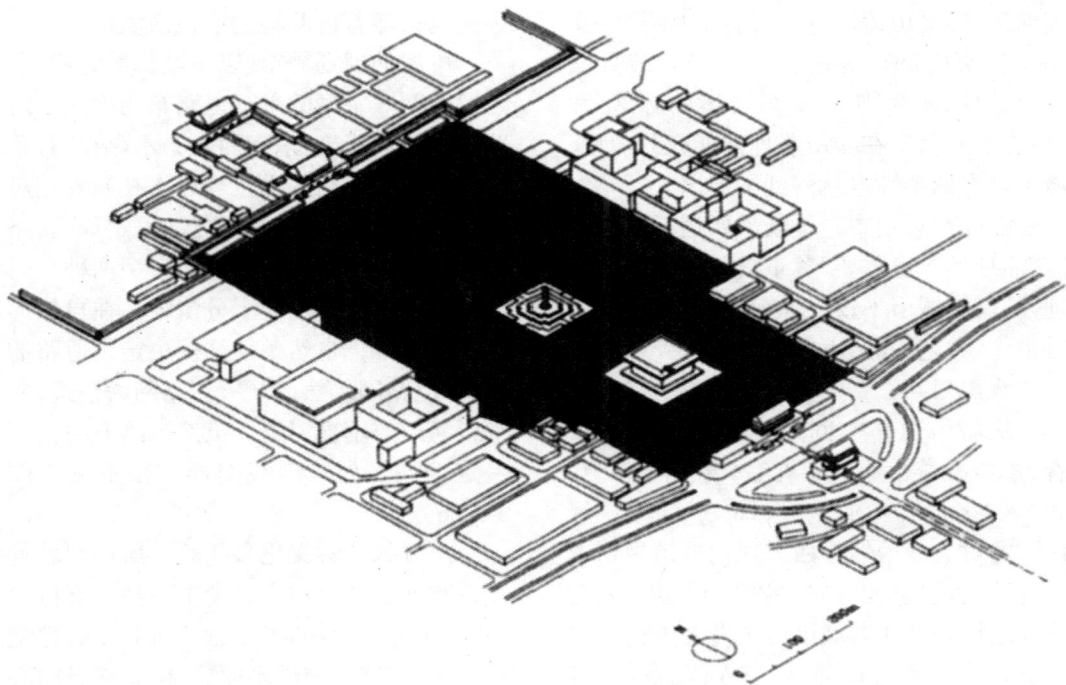

图 3-5-24 天安门广场轴侧

183

图 3-5-25 意大利锡耶纳广场

埋河道，削平山体。对历史街区也不要采用拓宽拉直内部街巷的单一手段来疏导交通。这样，不规则的"自然环境的脉落"和"历史的脉落"在城市肌理都能充分体现，城市空间的个性也就得到了突出。

因此在规划中，不仅需要逻辑性强的"功能理性"，也需要"尊重自然历史的人文理性"。使城市不仅仅作为"机器"运转，同时也作为"艺术品"不断传承。

2. 直线规划

从城市道路空间形态的历史发展来看，中西方城市肌理存在着"井"字型（中）和"米"字型（西）的差异，即"平行"与"聚焦"的对立。虽然在西方现代城市规划中综合运用了直角网格与"放射线"。但"放射线"结构是在西方城市历史发展中长期延续下来的，而"直角网格"只在西方现代城市规划中才有突出表现（古罗马城市规划

中的网格随着古罗马的消亡而消亡）。

中国的规划城市（以皇城都城为代表）延续着"井"字型的平行道路布局模式。道路的方向性明确（东南西北），不存在"对角线"式道路。道路的方位与风水礼制等相对应，"直角转折"是空间变化的恒定规则，路口形式只有"十"字型和"丁"字型两种。因此空间的定位与描述十分清晰。在自然形成的城镇中，自然条件往往决定了道路的走向，但路网仍然以"平行"路网为模式，或平行河道或垂直河道，虽然道路方向会有一定偏差，但"斜线交插"很少见（图3-5-26）。

西方基督教文化兴起后，城市开始复苏，欧洲中世纪城市表现了一种"有机向心"的形态，道路曲折，汇集到中心的教堂和广场。道路方向性不明确，但趋势是向心的，在后来的城市改造中（如罗马、巴黎），

直线形式的"放射线"和"对角线"成为规划道路的主要形式，反映了传统的"向心力"的作用。在理性的觉醒下，"直线放射线"代替了"曲线向心"成为道路规划的主导形式，即使在平行网格的现代理性规划中放射线仍然叠加进去，成为高等级道路系统。因此，在西方城市中，道路方向性多样，路口形式多样，城市空间的定位与识别与中国城市存在很大差异，道路空间方向难以用"东南西北"来描述(图 3-5-25)。

从道路规划角度来看，直线道路无疑是规划道路的基本模型。"曲线道路"仅在一定的地形条件下才被采用，从规划的历史沿革及人的方向识别习惯出发，在我国，十字网格应是道路网主要形式，在北方平原城市更多表现为"直角十字网格"，道路有明确的方向性，在山地或水网城市、道路方向性应适应地形条件，但"十字网格"即以两个相互垂直(或近是垂直)方向的道路为主导的路网应成为主要形式，局部可以有变化，路口不一定为直角，但是为两条道路的交点。这样，可以形成道路空间的规律性，有利于人的定位与识别。

3. "曲线"和"趣味"

直线空间的视觉画面是"近大远小"的透视效果，位于线性空间尽端的建筑以正立面的形式出现在视觉画面中，随着距离的拉近，建筑逐渐清晰。直线空间的视觉效果缺少变化，开门见山，适于烘托雄伟、庄严、肃穆的氛围。

曲线空间由于空间方向的转变，视觉画面形成流线转变，标志建筑不是"单面呈现"，而是"多角度形体展现"，标志物时隐时现，有时直到最后一刻标志建筑才突然出现眼前，让人产生惊喜。曲线空间的这种间接性与变化性成为塑造"趣味"空间的手段。在中国园林和欧洲中世纪城市，"曲径"是其空间的主要特点，"曲径"使人对空

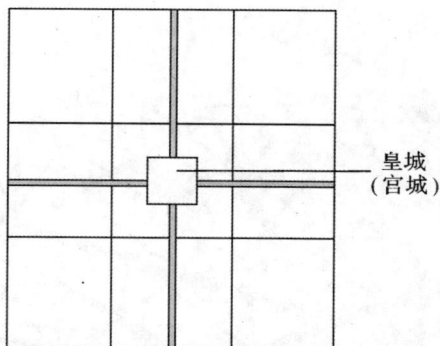

中国传统城市路网

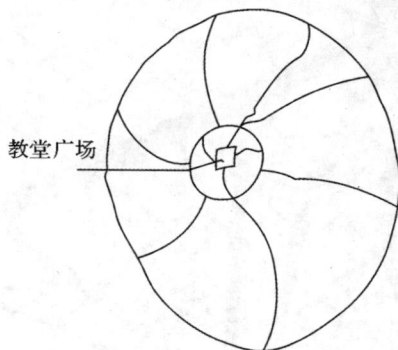

欧洲中世纪城市路

图 3-5-26　中西方城市形态比较

间产生全方位式的体验，"曲径"上的空间序列和节点上的空间开合，使景观巧妙对应，形成"峰回路转"、"曲径通幽"、"豁然开朗"的空间意境(图 3-5-28)。

在步行环境中，曲线路径的设计可以增加空间的"趣味"，而车流速度也可以通过"曲线道路"加以控制。欧洲中世纪城市往往作为步行商业区，其转折的空间和变化的景观让人回味无穷。中国皇家和私家园林也是市民游闲活动的地方，在城市中心，一旦进入到园林中，人马上体验到一种"世外桃园"的幽静和独特的空间意境。

当前，城市的发展越来越人性化和生

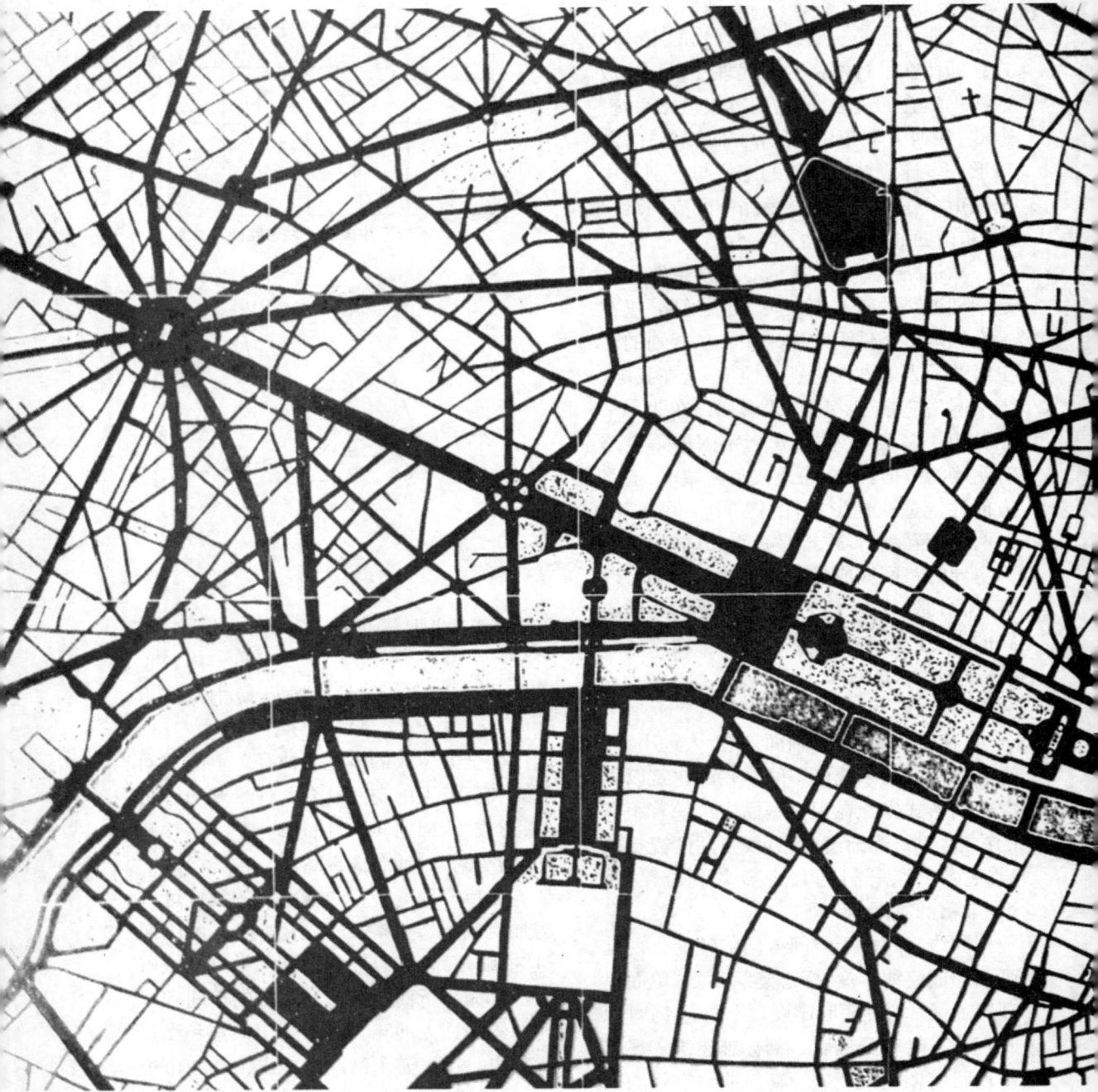

图 3-5-27　巴黎城市路网

（资料来源:Curdes，Gerhard. Stadtstruktur und Stadtgestaltung [M]. Stuttgart,1997）

态化，体现在步行街区的建立和慢行道路系统的建立，以及城市园林的扩展上。这些区域的空间环境应注重人的体验和审美感受，增加空间的"趣味"性。这需要对曲线道路及其景观特点深入研究，从中国园林和欧洲中世纪城市空间中吸取经验，从而创造现代城市的"趣味"空间。

3.5.6 线的系统

随着城市复杂性和功能性不断发展，城市中"线"的系统也需要不断完善，应在明确线的功能的基础上，合理划分形成不同系统组织。从功能和形式特点来划分，线的系统可以有以下几种：

1. 步行系统

机动车的增加一方面促使道路拓宽，另一方面也促使产生步行道路系统。西方城市往往以老城为范围对机动车进行限制，从而形成步行街道广场空间。不仅为人们创造了良好安全的活动场所，同时保护了传统城市肌理和建筑，增加了城市的文化历史氛围。

在步行空间中，存在如西方城市中的核心步行区（以老城为核心）或单一的步行街（商业街）和广场等几种形式。核心步行区的建立需要完善的外围停车设施、公交联系及地下轨道交通系统。单一的步行街（广场）也需要相应的公交站点及停车设置。在我国城市中，商业步行街和广场正在不断增加，但还没有形成完整的步行（慢行）空间系统。城市居住小区内部除了机动车道外一般设计了供行人散步的步行系统，但由于小区相互独立封闭，步行空间难以连续。从性质上讲，核心步行区或商业步行街是公共开放性的空间。而居住区（小区）内步行道则是半公共空间（图3-5-29）。

2. 街道—混行系统

街道空间的特点在于其较完整的空间界面以及浓厚的商业生活氛围，是比较传统的城市空间。街道空间中，人行、机动车与非机动车混行，由于街道尺度较小，车流较少，车速较慢，空间作为一个整体，人行

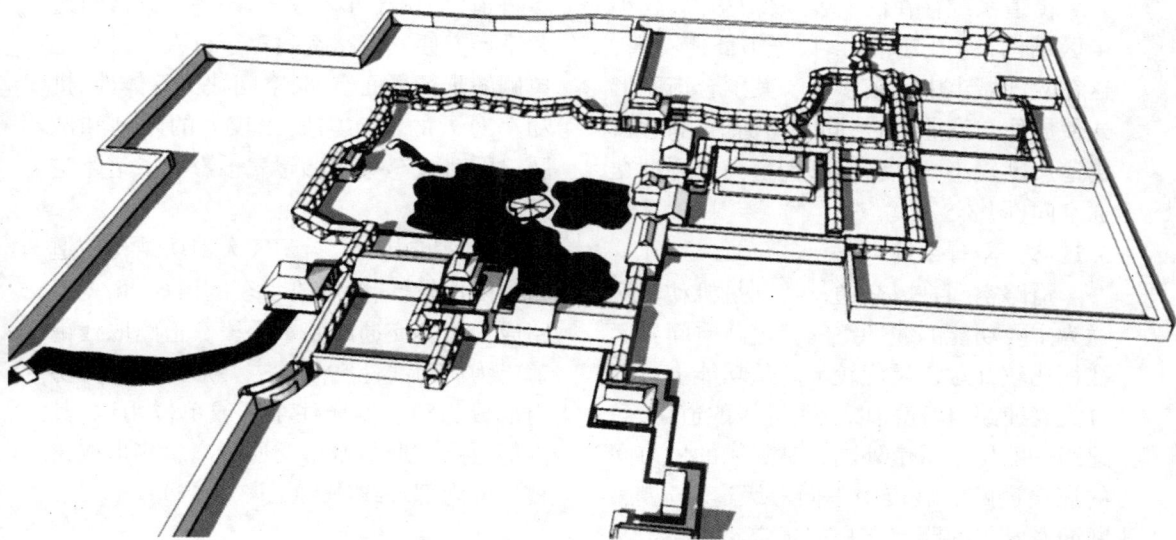

图 3-5-28　苏州留园

187

我国步行街和广场正在增加但
目前尚未形成完整的步行系统

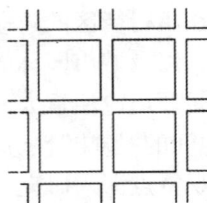

城市居住小区虽然提供了供行
人散步的系统,但是小区之间相互独
立,步行空间难以连续

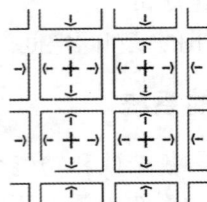

西方城市以老城为核心区建立步
行空间系统。其外围需要完善的外围
停车设施和公交系统

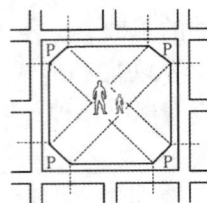

图 3-5-29　步行道路系统分析

活动频繁活跃。作为复合性功能的线性空间,街道既有一定的交通功能,又有很强的交流活动功能。

街道系统存在的一般条件是开放式小街区结构,街道分布均匀、分担低速交通,这在欧洲城市中比较多见,其围合街区形式使居住与商业混合,同时与街道相联系,街道尺度较小,密度较高,街道为复合型交通空间(图 3-5-30)。

3. 道路——车行系统

道路空间是以交通,特别是机动车交通为主要功能的线性空间,道路空间界面往往比较开敞,尺度较大。从功能上可划分为高速路、快速路以及高等级的道路,高速路一般位于城市外围,是封闭的城市间的连接道路。城市中不同等级道路宽度、断面及岔口间距都有相应规定。道路系统是满足城市交通的前提,随着城市范围的扩大,快速的机动车道成为城市区域联系的必然结果。

虽然道路空间中也划有非机动车道和步行道,但由于车流多、车速快,道路两边联系不方便。道路空间对于行人来讲只是单侧的步行界面空间,空间缺少整体性。机动车对人的活动构成比较大的限制和威胁,同时汽车噪音和尾气也影响了道路空间的舒适性。

我国城市中,封闭式大街坊结构使道路密度比较低,随着机动车的增加,拓宽道路成为解决交通的基本手段,道路取代街道成为城市线性空间的主要形式。大街坊内部成为独立的居住小区或单位用地,其内部道路交通与城市交通分离,多形成树枝型或内部环线体系(图 3-5-31)。

4. 绿色走廊

城市环境的改善使绿色空间系统越来

188

越成为重要的城市空间组成部分，通过绿色走廊，城市绿地联接成一个系统，这一空间成为城市的生态空间、人的运动休闲空间。绿色走廊可以是独立的绿化步行空间，如湖滨绿带，也可以是复合空间，如林荫道与河滨。

绿色走廊区别于道路街道空间的地方在于其较大的绿化宽度，其中可以有道路的穿插，但不影响走廊的活动，绿色走廊以绿色为主题和大背景，其中可以布置分散的文化休闲服务功能。依托于城市中的河、湖、水系、山体等，绿色空间塑造了城市的特色景观（图 3-5-32）。

5. 轴线空间

轴线空间区别于其他实用性线性空间表现在它是城市的精神性线性空间。前面谈到，空间序列是中国轴线空间的代表形式，在线型上是一条"虚线"，但由于其强烈的空间表现力，使这一"虚线"统领整个城市空间，成为城市的脊梁。

另外，轴线空间可以由主要道路、广场和标志建筑组成。轴线空间组织形成轴线框架，在中国城市中，南北向的空间序列轴线与东西向的道路广场轴线组成城市十字型的骨架，在西方，城市轴线主要由道路广场组织，有不同的方向，多形成放射三角形的城市网架（图 3-5-33）。

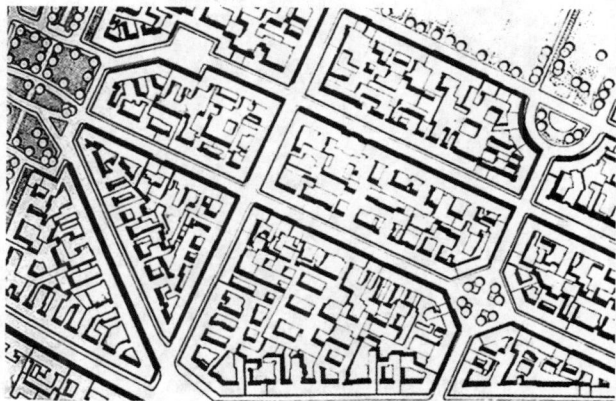

图 3-5-30　柏林市街区结构
（资料来源:G.Albers,Grundriss der Stadtplanung,1983）

图 3-5-31　我国城市大街坊结构

3.6　开放与封闭的城市空间结构

3.6.1　道路网结构

城市空间的组织——即道路网的形式反映了城市空间的结构特征，因此对城市道路系统的研究就可以比较清晰地认识城市的空间结构。在此结构下，进一步进行空间组织分析，了解建筑布局与道路骨架之间的关系，从而对城市的空间形态有更深入的认识。

网络与树枝型道路系统是两种基本道路结构模式，网络结构表现了空间划分与联系的匀质性和可达性，树枝结构存在着结构等级关系，所谓主干路与支干路等。在联系关系上，主干连接下一级支干，层级深

189

图 3-5-32　巴黎城市绿色走廊

入,最后产生尽端路形式(图 3-6-1)。

从两种结构的可达性来看,网络结构道路相互连通,可达性强,选择性多。而树枝结构中,可达性低,缺少选择性。因此,网络结构是一种开放性的空间结构,而树枝结则是一种封闭性的空间结构。

3.6.2　网络结构系统

1. 匀质网络结构

网络结构的一般形式为方格网 (栅格网),垂直线和平行线交织划分大小相同的街区。这种较为机械的划分模式在古罗马殖民地城市和现代城市规划中应用较多,如古罗马的提姆加德、美国华胜顿等(图

3-6-2,3-6-3)。

我国古代城市很早就运用网格对城市进行规划,特别是北方平原地区皇城都城的规划。道路格局十分规整,形成棋盘式的道路网。由于道路网划分的街区(坊里)尺度很大(如唐长安坊里边长超过 500 米,比提姆加德整个城市都大)。街区内部形成次一级的道路网,因此,城市道路结构为二级网络系统,即大街—小巷结构,小巷在发展过程中,形成不规则形式,大多数为贯通的有机形态,个别也存在尽端路形式。由此可见,这是一种分级网络结构。高级别道路网形式规整,低级别道路网则有机灵活。"我国的宫城大都为方格网状的道路网,但是这种格网并不是均质、同性的,而是有主次之分,主街具有较强的控制作用,其他的街巷,都是在和它们发生或垂直、或平行的关系,直到与之相交。"[1](图 3-6-3,3-6-5)

在现代新城规划中,如华盛顿,城市路网仍然延续了匀质的网络形式,同时加入放射线道路,放射线道路开始往往还不能构成完整的网络,需要与方格网共同组织。在发展过程中,放射线与环线构成高级别路网,与栅格网构成二级网络。城市空间开放,道路网密集机械,街区尺度小,商业性、公共性突出。

2. 有机网络结构

除了匀质(机械)划分的网络系统外,还存在有机的网络结构。欧洲中世纪城市中,街区为不规则形状,道路曲折贯通,少有尽端式的道路。道路路口不像匀质网格中都是十字路口形式,路口形式多样,但道路相互联系(图 3-6-6)。

在佩里的邻里单位街道模式中,也采用了有机的网络形式,通过其相对复杂的

---

① 赵杰.城市设计理论在古城保护中的应用研究.规划 50 年—2006 中国城市规划年会议论文集(中册),2006年

图 3-5-33　巴黎城市轴线
（资料来源:Kiess. Urbanismus im Industriezeitalter,1991）

形式和非直接性达到对机动车进入的限制,但其道路结构并不是树枝尽端式的,道路通过转折可以相互连接(图3-6-7)。有机网络中道路会弯曲转折,给人不明朗的感觉,因此在道路选择上,人们会首先选择方向明确的高等级大街,在进入街区内部时选择临近入口,所以有机网络可以有效防止穿越式机动车交通,同时其贯通性又可以提供内部交往交通的便捷。特别适合步行及慢速交通。

西方近现代城市的改造规划主要是对道路网结构的修改补充和新建。在奥斯曼的巴黎改造中,拓宽了许多街道,形成了高级别的道路。由于高级别道路是在老路的基础上延伸拓宽的,所以它们所形成的高级别路网形式不是规整的,多为放射线形式。网络并不完整,局部断头需要低级别道路连接。可以看出,以单级的有机网络为基础的欧洲老城,在改造后形成的二级网络并不是非常清晰的,其网络通过环线道路形成放射状的"蜘蛛网"网络结构（图3-6-8）。

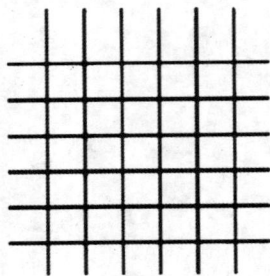

网络道路结构　　　　　　　　　　　树枝道路结构

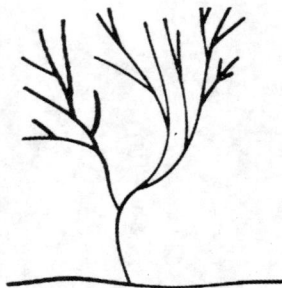

图 3-6-1　路网结构比较

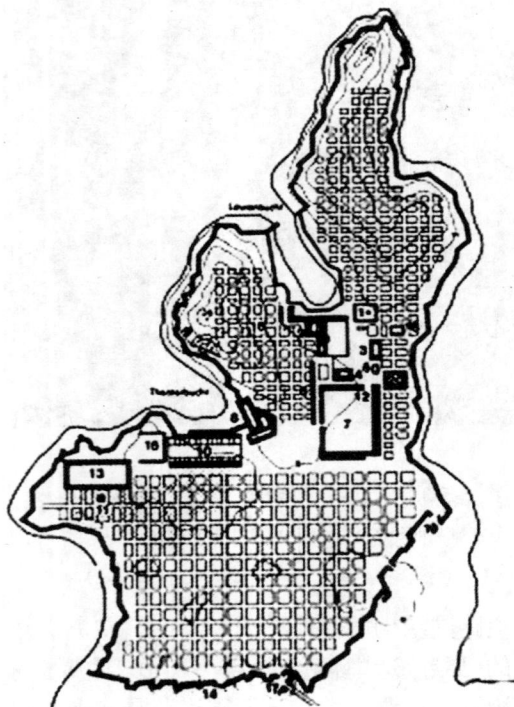

图 3-6-2　古罗马的提姆加德平面
(资料来源:洪亮平,2002)

从前面的分析来看,网络结构可以划分为单级和二级网络系统,从形态上看,网络存在有机和机械两种形态,单级网络,划分街区尺度小,二级网络系统中,上一级街区尺度划分大,道路间距大,而街区内部道路形成次一级网络。一般来看,二级网络系统在大尺度街区的划分上都比较清晰明确,网络框架完整,次一级网络或者为有机形式,或者是机械划分形式(图 3-6-9)。

3. 平行网络形式

在我国城市道路规划中,基本上采用南北和东西道路组织形式 (除了地形环境特殊的城市),道路方向性明确。高等级和次级道路的方向也基本相同 (存在个别斜街,但不是主流)。城市空间是平行构成的关系,道路的层级构成上没有方向上的冲突。空间的运动趋势与转折形式是相同的,空间的定位与识别是简单的。

在道路形态上,与西方现代城市机械的路网模式相区别,我国城市路网从历史上看,是有机的,匀质的,不仅在高一级的大街规划上,还是小巷的发展变化上,道路规整有序,方格网的形式不是机械死板的,而是根据礼制和环境有一定的变化。

4. 交插网络形式

在西方城市的道路体系中,交插网络

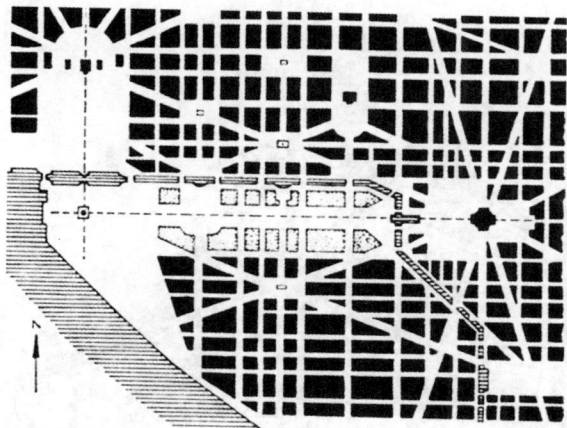

图 3-6-3　美国华胜顿平面
（资料来源:Staedtebau-Institut der Uni Stuttgart.
Lehrbausteine Staedtebau [M]. Stuttgart)

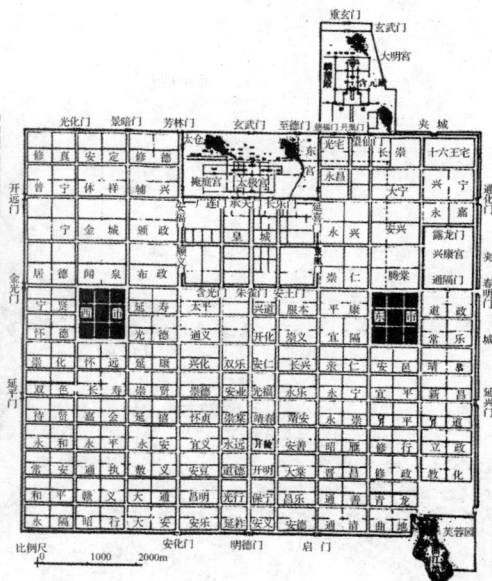

图 3-6-4　唐长安平面
（资料来源:董鉴泓,1989）

形式较为突出，表现在次一级道路网与高一级道路网方向上的转变，即平行路网与对角线路网的交插，这在现代城市规划中比较多见。另外，以老城为核心的城市发展模式，使老城成为放射线道路的焦点，放射线与外环线一起，形成了蛛网状的高一级道路网，这一路网在外围区域与网格状次级路网交插。在老城核心区,则与原有的有机路网形成一些叠加，城市道路空间给人错综复杂的感觉。

交插网络的道路方向上除了南北和东西道路外，还存在至少两个对角线的斜向道路。两种道路的交插点则是多向路口，特别在多条放射线路的汇集点，路口道路往往超过 8 条，路口形式较多,如果方格网道路方向也存在一些变化，则道路的方向定位存在一定困难。空间运动规律需要长时间认识和适应。

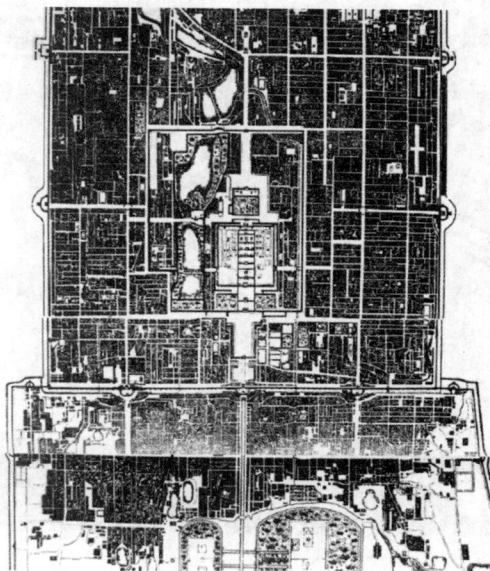

图 3-6-5　明清北京城平面
(资料来源:贝纳沃罗,世界城市发展史,1983)

图 3-6-6　法兰克福中世纪平面

(资料来源:Staedtebau-Institut der Uni Stuttgart. Lehrbausteine Staedtebau [M]. Stuttgart)

5. 平行放射网络

以老城为核心的城市在发展扩张中以放射线为基础，平行放射线形成方向不同的格网系统。新区通过放射线道路与核心区相联系，同时通过环线与周围新区相通。这种网络以放射线为组织轴线，发展城市新区，新区路网平行轴线，随着新区扩张，新区之间联成整体，然后依托放射线，城市再次扩张，由点及面，城市通过环线与放射线形成圈网结构，如科隆城市路网（图3-6-10）。

以上的网络结构形式是城市历史发展中比较典型的基本形式，其交插复合模式会很多，例如城市中心是平行网络形式，城市外围则发展了平行放射网络，如北京的城市道路网。又如纽约城市路网中，不同方向的格网相互连接，形成混合方向的平行网络。在单极网络中，传统的有机网络与现代的方格网络相互连接，形成转折变化的网络模式。

3.6.3 树枝结构

由主干道路、次级支干道路和末端道路形成的道路结构是树枝结构。树枝结构中道路的可达性和范围根据其等级而不同，同时由于主干路为快速路，而缺少与建筑功能的直接联系，需要进入下一级道路来实现功能的连接，多是由尽端路来连接

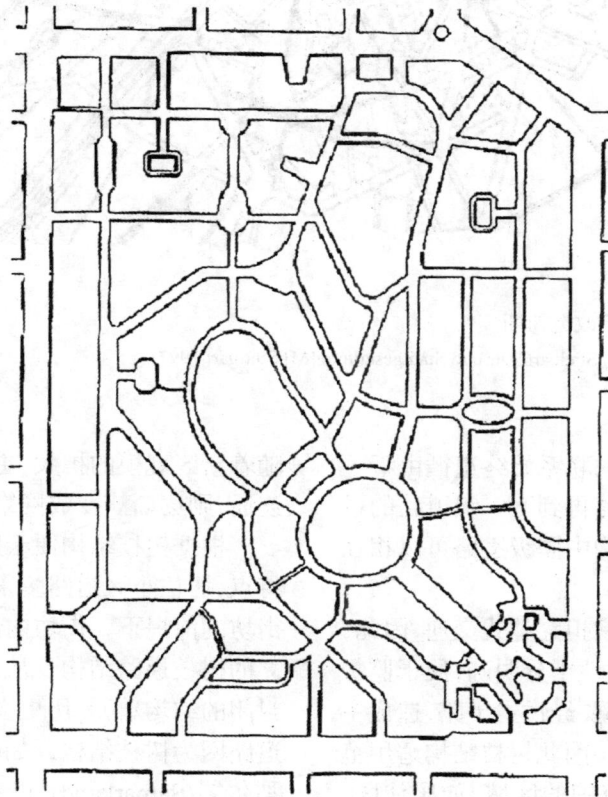

图 3-6-7　佩里的邻里单位街道模式

（资料来源：Matthew Carmona，2005）

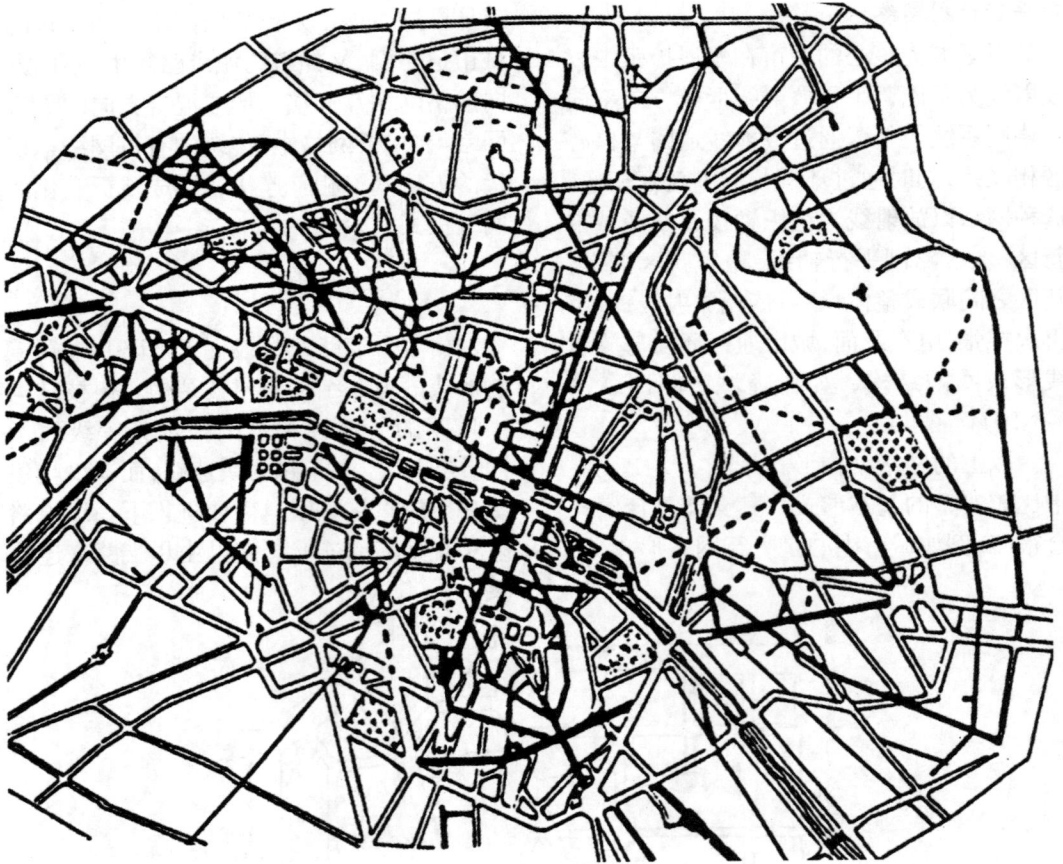

图 3-6-8　奥斯曼的巴黎改造初期

(资料来源:Curdes，Gerhard. Stadtstruktur und Stadtgestaltung[M].Stuttgart,1997)

建筑物，这种功能的联系始终遵循由下一级道路到上一级道路再到下一级道路的过渡模式，与网络结构中同级道路可以相互贯通是不同的。

由于尽端路不承担穿越式交通，因此，道路的专属性、目的性十分明确，便于监督管理。但由于支路都要经过主干路，造成主干路交通负担过大，因此树枝结构适用范围有限，仅限于小范围的区域，如居住区、居住街区等。根据范围大小，形成二级或多级树枝结构。树枝结构往往是新区形成时的结构形态，由一条主路连接多条支路，随着新区规模的扩大，主路增加，支路相互连通，则逐渐演变成网络结构。

根据树枝结构便于监管，安静安全的特点，居住小区道路多采用这一结构。在大街坊的前提下，街坊内部可以形成相对独立的树枝道路结构，从而其内部空间成为封闭的结构单元。历史上，很多伊斯兰城市道路网为树枝结构，如中世纪中亚城市撒马尔罕(Samarkand)，巴基斯坦的城市 Lahore 的道路也是树枝结构(图 3-6-11)。

城市的居住功能要求一个安全安静的居住环境，特别是随着机动车交通的增多，

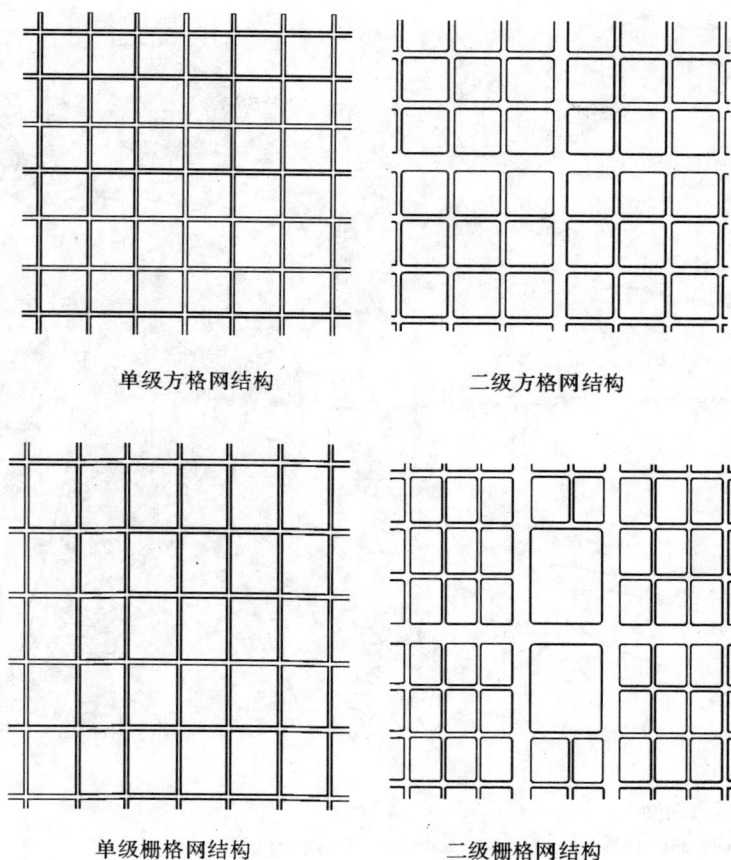

单级方格网结构 二级方格网结构

单级栅格网结构 二级栅格网结构

图 3-6-9　道路网络系统

噪音、尾气和交通事故成为威胁居民健康居住的首要原因。与此同时，城市作为交往交流的聚集场所，又要求道路的通达和开放的公共空间，这两者之间存在着鲜明矛盾。网络结构与树枝结构，一个开放一个封闭，对应了两种不同的城市空间形态。

3.7　整体的城市空间

3.7.1　概　述

我们前面从线性空间、节点空间、网络结构以及街区形态谈了城市空间的基本构成元素和方式。如何通过这些元素塑造整体的城市空间，这是城市设计面临的复杂问题。不可否认，在历史城镇中我们体会到的城市空间大多是整体的、协调的，城市街道空间有机性强，空间模式与规律稳定统一。应该说，城市始终处在动态演变中，历史阶段的演变延续性强，而现代阶段的变化往往是剧烈的。这导致了城市肌理与空间模式的断裂和解体。

库伦(Cordon Gulllen,1961)写到，"城市设计是一门'关系的艺术'，其目的是组织好各种环境要素，如建筑、树木、景观、交

197

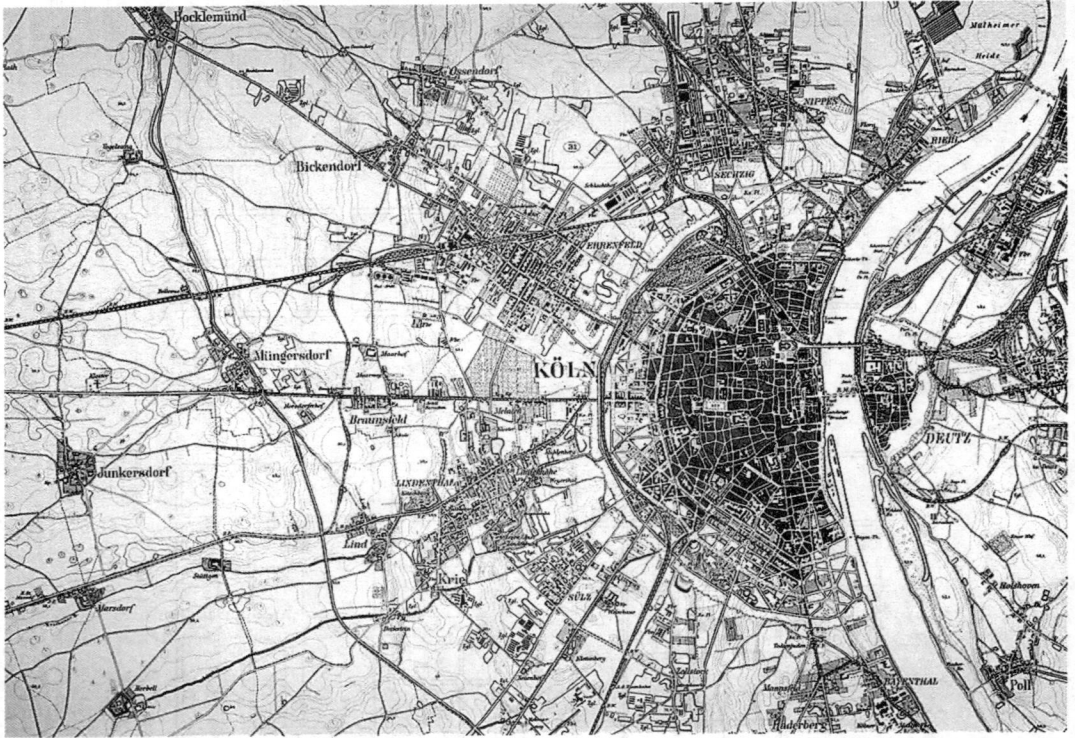

图 3-6-10　科隆城市路网

(资料来源:Curdes,Gerhard. Stadtstruktur und Stadtgestaltung[M]. Stuttgart,1997)

图 3-6-11　树枝结构路网

(资料来源:Curdes,Gerhard. Stadtstruktur und Stadtgestaltung[M]. Stuttgart,1997)

通。运用这些要素,我们就可以掌握好单体在肌理、色彩、特征的尺度和风格上的一些细微差别,从而将它们并列发挥集聚的效应"。

培根(1974)提及的:"体验的连续性",强调人对于体系清晰的空间体验是顺应人的运动轴线产生的。为了定义这一轴线,设计者要有目的地在轴线两边布置一些大小建筑,从而产生空间上的关联和后退的感觉,或者在场景中加入一个拱门、大门或者是一对门楼,为后面后退的面建立起一个参考的框架,设计者也可以通过相似形式的重复,来产生逐渐的消逝感。

城市的混乱与难以识别促使凯文·林奇寻找统一协调城市形态的城市设计元素。在"城市意象"中林奇写道:"一个具有可识别性的城市是由各个易于辨别的部分所组成，且能够组成一个整体，一个独特的、有秩序的环境有助于居住者适应周围的环境，使他们易于将城市部分纳入到城市整体中去，使居住者能根据周围的城市环境产生安全感。"凯文·林奇从人对环境的主观体验出发，提出了城市形象的主要元素：路径、节点、标志、区域和边界。这五要素是从人对城市的整体感受总结出来的，因此是宏观或针对城市某一区域的较为宏观的城市形态设计理论(图 3-7-1)。

以城市基本结构元素出发研究城市形态的西方学派主要有 3 个。以 Gonzen 为代表的城市地理学派，以 S-Muratori 为代表的建筑类型学派以及法国城市形态学派。[①]虽然他们的形态理论侧重点不同，但在理解城市形态最基础的层次上，有二点共识。首先，城市形态的 5 个层次：建筑、街坊、街区、城市和区域。其次，城市形态的历史性、持续性和可更新性。对于城市规划设计来讲。从街区、街坊到地块、建筑是城市建设操作实施性较强的层次。这是从城市单元细胞出发认识发展城市形态与城市结构，是微观或中观层次上的城市设计理论。

从微观来看，简·雅各布斯从街道出发，把功能混合、高密度、多样性看作是产生街道活力的条件，街道活力的产生也就是空间活力和整体性的表现，有活力的空间可以孕育生命力，生命力反过来促进了空间的多样性和个性发展。这种空间的塑造更需要市民的参与。

通过宏观或微观的城市设计理论，我们可以更好地从整体把握城市空间形态，例如从宏观上讲，统一设计限定城市标志物（轮廓线）、城市边界、划分不同的城市区域、规划设计重要的城市节点空间，梳理城

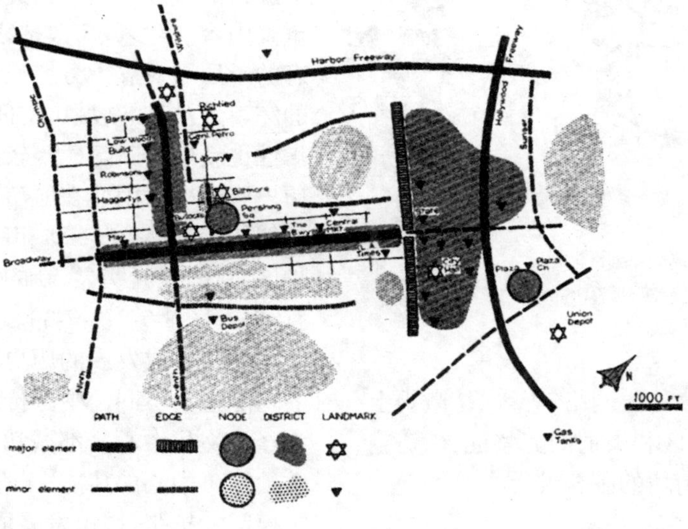

图 3-7-1　林奇对洛杉矶城市五要素分析
(资料来源：凯文·林奇,方益萍,何晓军.城市意象.[M].华夏出版社,2001)

---

① 王福臣.面向实施的城市设计.中国建工出版社,96 页

图 3-7-2　北京老城街巷肌理
(资料来源:王其明,北京四合院,1996)

市道路、河道、步行道网络,等等。从微观上讲,注重城市街区和街道的完整性、街道空间的延续性和街坊的围合性等。

3.7.2　城市中心

亚历山大认为城市的整体性是和"中心"密不可分的。没有中心或中心感不强的城市,城市的整体性就不明显,那么下面我们重点从城市中心这一点来看看城市的组织结构和形态特点。

1. 历史发展

从历史发展来看,传统城市中心多由重要建筑物及广场构成。建筑物在高度体量上占绝对优势。在历史发展过程中,这些历史建筑具有更多的象征和纪念意义,成为城市的标志。与此同时,城市的发展促使城市中心的经济效益加强,商业服务功能不断增加,文化体育设施增多。另外,城市的历史建筑景观赋予了城市更强的观赏性,旅游业的发展促进了历史景观的保护和旅游服务设施的完善。由此看来,城市中心具有历史建筑和人文景观的丰富性、文化体育设施的多样性、商业服务业的全面性、以及交通的便利性等特征。这种功能、景观、历史与建筑的复合性是城市新区所不具备的,也是短时间内难以形成的。

城市中心是高密度多功能的城市核心区域。现代城市中心多以老城为依托发展形成,旧城改造更新因此成为城市建设的重要内容。很多城市改造之后,城市空间形态的矛盾与对立十分突出。原有老城结构的完整性被破坏,城市空间分裂。只有在保护性更新中。新建建筑较好地融入到城市历史肌理中。因此在城市历史保护区人们还能较好的体会传统城市空间。而在非保护区,新旧差异明显,新的结构逐步取代原有结构(图 3-7-2,3-7-3)。

城市形成发展的历史不同,城市中心的功能也会不同,中国传统城市大部分作为经济文化中心,都城和要塞城市则还有政治军事中心的功能。工业革命以来,城市规模巨大扩张,城市发展成工业城市。而传统工业的转型使很多城市中心在 20 世纪末出现衰退或转移,商业金融的发展使 CBD 成为城市中心的新标志,地价效应促使城市中心在改造发展中成为高层建筑的集聚地。可以看到城市中心单一的使用功能会随着时间推移而变化——或衰退或转移,从而使城市中心成为城市改造中心。而城市的纪念象征功能则会随时间而加强,历史建筑成为城市中心的标志。城市中心功能的集聚与复合是城市中心的特征,而功能的过度集聚则会对环境交通产生负面影响。在历史城市中心和历史街区通过加强保护原有居住功能和尺度,可以更好地保护其历史文化特色,活跃其文化象征功能,同时减少其功能负荷与交通压力。

随着城市区域的扩大,建筑尺度的增加。城市中心从历史上的单中心向多中心过渡。虽然很多城市仍以原有中心为核心通过环线放射线向外扩张,即所谓摊大饼,城市总体上仍是单核心结构,但从城市形态上看,每个城市区域都有相应的商业服务中心,成为区域中心。城市 CBD 等其他大型金融贸易商业区和行政中心等都塑造了相应的城市区域中心。这些中心功能集聚并且逐步向外扩散。

2. 历史传统城市中心形态

从历史城市中心形态来看。以欧洲中世纪城市为例:城市道路多为向心,城市中心由教堂、市政大厅、皇宫以及广场组成了一组宏伟的建筑群。从高度体量上统治整个城市。城市中心的区位及形态都非常突出,因而整个城市被中心统一起来,形态十分完整。在中国,传统城市中心的建筑高度没有西方建筑突出。但由于城市中轴线的作用,城市空间序列突出了城市中心的意义。加之皇城、宫城、城楼、城门的建筑组群的气势。城市中心呈现另外一种庄严肃穆的气氛,与西方市民和商业城市中心氛围不同。

在中国,历史上传统城市中心以低层建筑为主,西方则以多层建筑为主。随着高层建筑的发展,一些金融中心和大城市中心发展成以高层建筑为主的中心形态,如纽约曼哈顿、上海。由于现代居住与商业建

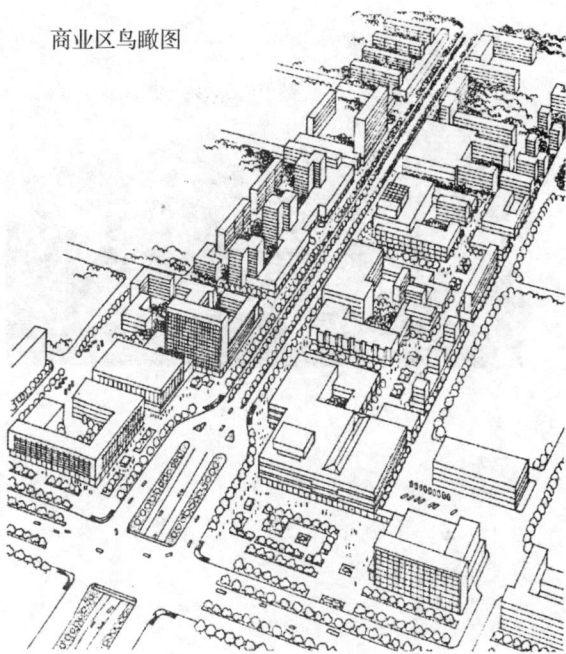

商业区鸟瞰图

图 3-7-3　北京王府井商业街改造方案

筑在高度体量上差距不大,因此很难从建筑尺度上识别城市中心。而更多要从形态和氛围上来区分。具有历史价值的传统老城由于其建筑的历史意义而被保护。同时由于老建筑需要相应尺度的周边环境,因此其外围环境的尺度也要严格控制。因此传统老城中心的尺度往往比新区尺度小。由此产生了城市形态的"盆地现象"——原有老城区的城市中心在尺度上较低矮,新中心则尺度高大,包围在老城中心外侧。从城市轮廓线来看,城市的轮廓线可以划分为低层、多层和高层轮廓线。

低层城市中心形态经历了较为漫长的历史时期,我国传统城市中,以一到二层居住建筑为主体,城市肌理细腻,密度高,但容积率低,随着城市发展,这一形态对现代城市功能的适应性很弱,容易成为城市大

图 3-7-4　上海里弄
街区和高层建筑

放射状的路网固定了城市中心

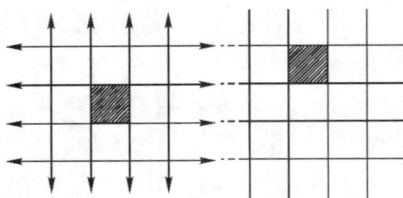

平行网格的中心可以产生移动

图 3-7-5　放射性路网与网格路网的中心

规模改造的对象。因此我国城市中心历史街区保护十分艰难，加上建筑本身年久失修，在城市快速发展而土地资源紧张的条件下，传统街区环境快速地大面积消失。很多历史街区不多的城市，由于缺少相应的尺度控制区，则小尺度街区与周围高层建筑形成巨大反差(图 3-7-4)。

从道路网来看，放射性路网对"中心"起到了加固作用。城市中心的位置比较固定。其优越的可达性使其不容易移动。平行网格路网在随着网格的扩展，则中心可能会位移或产生新的中心。应该说，城市的扩张一般都以城市中心为坐标，因此中心在区位上始终是有优势的。新城新区的规划在一定程度上可以降低城市中心的负荷与压力(图 3-7-6,3-7-7)。

从路网形态看，中心区道路网密度高，街区小。道路网形态有机，呈不规则形状。与之相反，新区路网形态规整，密度小。城市改造往往首先对道路网进行改造，很多情况下是对原来道路的拓宽及水道的填埋等。

3. 城市中心与城市规模

随着城市规模的不断扩大，传统的单一中心城市逐步发展成多中心城市，城市外围的居住新区、工业园区、科技高教园区等通过商业配套服务设施的建设形成新的中心。这些新区中心与原有中心相比，功能相对单一，同时由于缺少人文历史而凝聚力不强，在空间形态上也比较单调，而传统中心在不断改造中，核心力也在加强，辐射范围增加，在人的心理认知上产生难以动摇的中心概念(图 3-7-7)。

4. 老城的保护与更新

具有一定历史的城市都存在城市中心区老城的保护与更新问题。根据老城的历史文化价值，首先应明确其功能定位，大部分老城都可以作为文化旅游中心，其文化的延续需要保护其原有的居住功能和相应的居民结构，使其外在形态与内部生活相协调，同时补充一定的旅游服务设施。在城市新区建设新的城市中心，这样可以减少老城改造压力。

在老城改造中，不宜简单地拓宽拉直道路，老城一般范围不大，可以作为步行街区整体保护更新，在老城外围规划环线道路、绿带及集中停车库，为老城保护创造条件。老城的保护与更新密不可分，在保护原有肌理条件下，通过局部新建、加建、改建为老城注入活力。老城空间的密度高，公共、半公共、半私密空间层次丰富，具有适宜人交往的空间尺度环境保护这种空间尺度氛围比单纯的建筑保护更有社会意义，可以创造浓郁的生活与人文气息，拉近人与人交往的空间。为了保护低层老城区，新建建筑应在高度和形式上与之相适应，避免产生过大反差（图 3-7-7）。

所以新的城市中心的建立是一个缓慢的过程，除了物质的大量投入外，人口的多

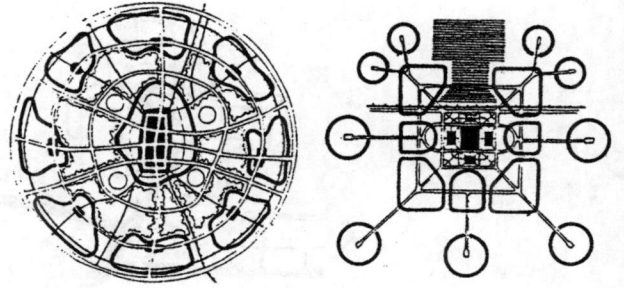

图 3-7-6　Whitten und Unwin 的缓解中心压力规划

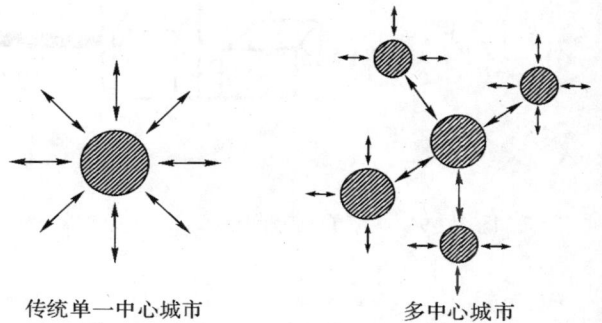

传统单一中心城市　　　　多中心城市

图 3-7-7　单中心和多中心城市

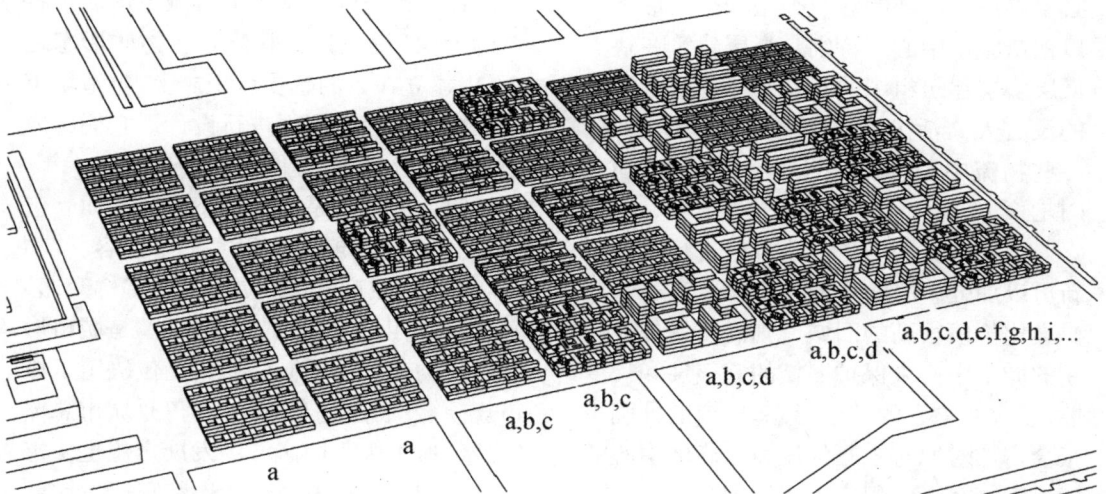

a　　　　a　　　a,b,c　　a,b,c　　a,b,c,d　　a,b,c,d　　a,b,c,d,e,f,g,h,i,...

图 3-7-8　城市低层保护区的规划方案，高度的渐变

（资料来源：Wei Wei, 2004）

203

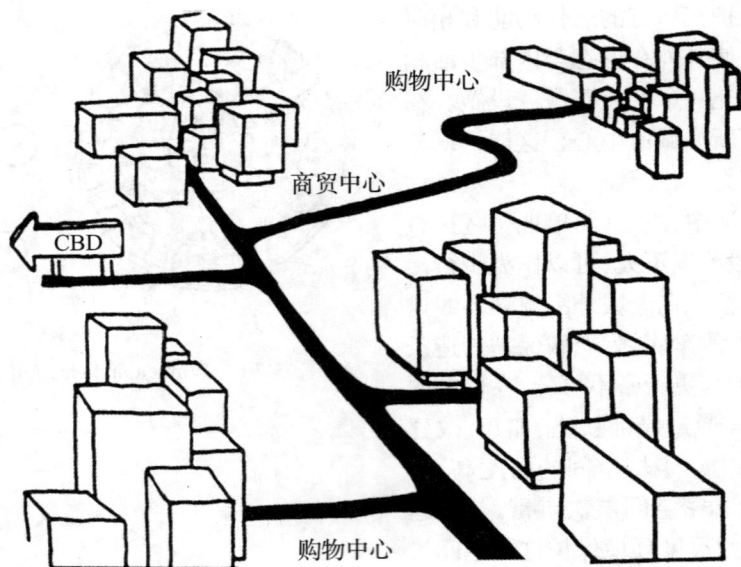

图 3-7-9　城市单一功能区

样化集聚及其产生的文化效益是塑造新的城市中心不可缺少的条件。因此物质空间形态的多样性和人性化是形成城市中心的必要条件。单纯的建筑类型和空间形态难以塑造城市中心。特别是高层建筑在缺少低层多层建筑组织的条件下只能成为机械的没有人文活力的单纯经济活动地点，如一些物流中心、服装市场、仓储购物中心、CBD 等（图 3-7-10）。

根据旧城的历史文化价值进行改造更新可以加强中心的功能，适应城市发展。历史文化价值很高的旧城，则需要另外建设新的城市中心来保护旧城的完整性和尺度性，形成双中心的城市形态。城市的外围扩张会增加对原有中心的压力，新区中心的建设则能在一定程度上缓解中心压力。除了商业服务设施外，具有文化和纪念意义的建筑会增加新区中心的识别性和中心感。

3.7.3　城市形象的塑造

1. 城市设计的金字塔

在城市空间的基础上，城市形成了各自的形象（意象），它既建立在物质形态之上，也建立在人的感受认识之上。塑造城市形象可以从三个层面进行设计。它们组成了城市设计金字塔（图 3-7-10）。

第一个层面是城市形态元素层面。包括"功能"、"建筑"和"环境"三个内容。"功能"中包括城市的"定位"、"社会"、"交通"和"使用"四个方面。"城市定位"是城市形态发展的前提，不同的城市定位决定了城市规模、发展速度及方向。不仅是城市总体定位。城市中不同区域的发展定位也决定了该区域的功能及总体形态特征。"社会"作为功能的一个方面，是影响城市形态的潜在要素。社会结构、社会层次及就业结构等从一个侧面影响城市及其区域的形态发展特点,"交通"是城市功能的一个重要方面,不同层面的交通系统分析是进行城市设计的基础。"使用"即人对建筑及空间的使用。人的"使用"既有一定共性,也存在差异。从人的"使用"习惯特点出发,有利于塑造积极的城市空间。

"建筑"是城市形态最主要的载体,从内容上可以划分为"建筑类型"、"高度体量"、"组织肌理"和"地方建筑"四个方面。"建筑类型"是不同使用功能的建筑所具有的一般特征,如住宅、公建、体育场馆等。"高度体量"是从三维物体形态上对建筑进行划分。"组织肌理"是建筑群体的组织形式和形态。"地方建筑"是有地方特点的建筑。"环境"是进行城市规划设计的前提条件,包括"地形"、"水"、"植被"和"现状",其中"地形"、"水"和"植被"是自然环境因素,而"现状"是人工环境因素。从自然和人工环境因素出发,对现状条件存在的问题、限制和潜力等进行分析是城市设计不可缺少的。

塑造城市形象的第二个层面是"城市空间"。城市空间中包括线性的"道路空间"和"街道空间",节点的"城市广场绿地"和点线结合的"空间序列",以及空中的"城市轮廓"。"道路空间"和"街道空间"的主要区别在于道路空间以机动车通行为主,而街道空间则以人行和非机动车通行为主,两者在功能和尺度上存在着较大差异。"城市绿地广场"为节点空间,存在不同尺度和层次。"序列空间"是线性和节点空间的穿插与复合,有多种组织形式。"城市轮廓线"主要表现为滨水城市和山城的远景轮廓线,应在总体上达到与"山水"的协调。

塑造城市形象的第三个层面即"城市形象"。"城市形象"的统一要素包括"城市中心与轴线"、"区域"和"边界"。

2. 城市形象的统一要素
——城市轴线

城市轴线是统一城市空间的有力手

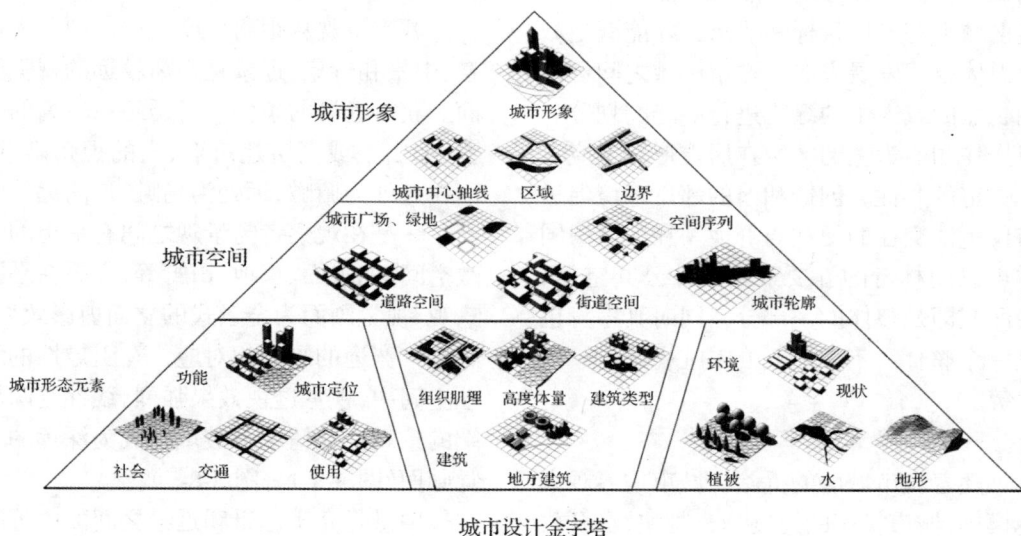

图 3-7-10　城市设计金字塔

段，在东西方城市中，城市轴线有不同的表现形式与意义。在中国传统城市中，中轴线是城市的脊梁，雄伟壮观的中轴线把整个城市凝聚在一起。西方城市中，放射型轴线连接重要城市节点及标志物，把城市空间整体上概括起来。可以说城市轴线对于整体城市空间的建构有极大的作用，特别是对于突出城市中心，不仅有功能结构价值，也有艺术审美意义。

在城市设计中，延续旧的或建立新的城市中轴线（轴线）对于塑造整体城市空间至关重要，城市轴线可以有多种形式：空间序列、林荫大道、绿色走廊等，兼有景观性及可进入性。轴线上塑造标志建筑有力地加强了城市的凝聚力。清晰突出的城市轴线有很好的可识别性，使人明辩方位，增加安全感和归属感。

——区域

城市范围的扩大，使城市不同区域具有相应的功能与形态，特色鲜明而又和谐统一的城市区域是组成整体的城市空间的前提。根据区域环境特点和功能要求来确定区域形态发展目标和要求，才能满足城市总体空间发展方向。城市区域之间可以用自然的或人工的绿化进行一定的划分。以居住功能为主的区域在居住形态上应考虑一定的共性，创造和谐的邻里环境促进市民生活交往的便利与舒适。在区域中同样可以用林奇的五要素来设计公共空间，使区域即是整体的一部分，同时其本身也是一个整体，有其自己的中心、标志、边界等。

——边界

随着城市城墙的拆除，城市边界越来越模糊，城市扩张的速度越来越快，在开放的城市中如何塑造边界，突出领域氛围，而又不失现代城市的开放性质，这一点值得思考。中国传统城市从家庭、府庙到宫城皇城等通过一道道城墙形成严格限定的区域。

可以说，不仅从管理上还是从心理上，边界始终是存在的，具有不同的形态特征。通过塑造城市边界，可以明确城市（区域）的范围，更好地控制城市的整体形态。自然屏障是天然的城市边界，山脉、河流、湖泊都是理想的城市边界。边界的塑造，一方面使城市形态能够控制在一定的尺度规模上，同时也可以保护完整的自然及农业资源不被蚕食。通过建设人工绿化圈带、绿色走廊也可以对城市以及城市区域进行明确地界定。城市与乡村自然是和谐的整体，城市不能无限制地扩张，在城市与自然之间应找到平衡点，塑造绿色的城市边界。

3.8 城市景观

3.8.1 概 述

城市景观从距离尺度上可以划分为远景、中景和近景。远景是距离较远的视觉画面。获得远景的条件：一是站在较高的位置，如山上或高层建筑上，人的视角高，画面在近处为俯瞰，远处为鸟瞰，是高远的画面。一是在观察者与景观之间有平坦的开敞空间，如水面、草地、田野等，人眼在平视景观，视觉画面为全景式的立面剪影效果。与这一宽远的画面相对应，在引导性的线性空间中，视觉透视效果强烈，线性空间尽端的景观在此情况下被烘托成为深远的视觉画面（图 3-8-1—图 3-8-3）。

中景是介于远景和近景之间的中等距离的视觉景观。如广场、街道、绿地等城市景观。视觉画面较为具体。空间（观察者与景观）范围不是很大，但有一定的视线距

图 3-8-1　宽远的画面图

离,从而保证景观的完整性(图 3-8-4)。近景是小范围空间的视觉画面如街巷、小广场和院落等。景观细节突出、注重局部,由于视距小,一般难以获得完整的建筑形体轮廓画面(图 3-8-5)。

建筑高度与建筑视距成正比。传统城市中,标志建筑通过广场、院落、道路形成良好的视距,使建筑完整地形成视觉画面和空间序列。巴洛克时期城市设计主要就是用轴线连接重要的标志建筑。高层超高层建筑需要大的视距,即远距离景观效应,很多情况下,人们在湖海对岸可以欣赏到较完整的画面,在近距离,建筑上部则消失在视觉画面以外。

一般情况下,视觉画面以一种为主,有时兼有其他二种景观,如在中国庭院近景中,也会渗透进远山高塔,这种画面借景在中国园林中很多见,画面以近景为主,但远景的加入增加了画面的层次与内容。如何使远中近景合理搭配,形成有艺术效果的画面,这需要整体的设计与思考。

3.8.2　城市构景

1. 单一高点

在对画面构图进行分析后,我们知道在人的正常视角条件下,单一高点形成稳定的三角形构图。所以,单一高点是形成完整画面的统一要素。缺少高点,画面平淡;多个高点,画面分散。怎样塑造高点,控制高点,我们要进行具体分析。

从城市整体来看,有山的城市比平地城市景观更加丰富,中国古代城市在选址时都把背山面水作为最佳条件,从景观上来看,山在城市一侧,形成城市背景高点,在城市中取景都会有较完整的构图,即山

图 3-8-2　高远的画面图

图 3-8-3　深远的画面

图 3-8-4　中景画面

（山上的塔）成为单一高点。城市中街道院落小巷中时而可见远山高塔，城市景观画面中，山与塔作为远景借到城市中，成为城市标志（图 3-8-6，3-8-7）。

在平地城市中，城市中心的高点则可以最大限度地统一城市景观，在城市四周都可以以高点为参照物，形成统一画面，这就是西方中世纪城市中心高耸的教堂所具有的视觉景观效果。多个高点在城市中分散布置，则某个高点成为其所在区域的控制点，而其他高点则为背景远点。人们在城市中随时都可见到高塔。作为远景，也作为高点，单一塔楼成为城市景观统一的要素（图 3-8-8）。

在城市广场绿地中，独立的高塔（纪念碑、柱、建筑等）能够把周围环境统一起来，形成完整的画面。高点的位置根据广场形状有很多可能，卡米罗·西特对此做了专门的研究，讨论教堂、喷泉与广场的关系及其视觉效果，规则、不规则的广场形式，居中还是居侧的高点建筑（图 3-8-9）。

2. 对　景

在重要或标志建筑物前方，通过道路广场引伸形成正对的建筑景观，称为对景。对景以标志物为主，画面反映完整的建筑轮廓形态，突出建筑景观。对景在东西方城市中是普遍采用的城市设计手法，建筑物位于道路尽端，视觉画面上为建筑正立面，突出建筑雄伟庄严的气势（图 3-8-10）。

中国传统城市的对景主要反映在中轴线上空间序列中的一系列对景。通过主体建筑物与空间尺度关系，塑造不同的对景效果，有壮观、开阔、压抑、威严等空间气氛。西方城市中，主要是道路与标志建筑

图 3-8-5　近景画面

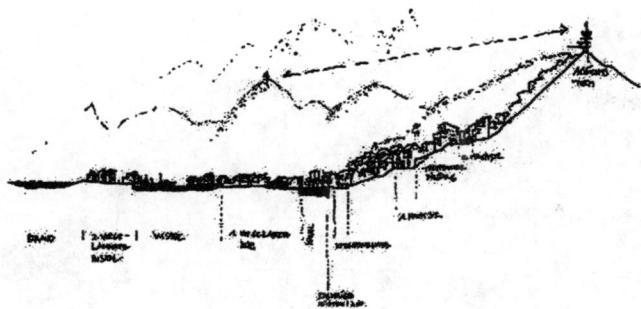

图 3-8-6　单一高点分析图

物连接对应，由于道路以标志物为中心呈放射状，故从多条道路上都可出现对景效果(图 3-8-11)。

直线空间两侧的对称布置可以加强标志建筑的庄严感。在线形空间入口用牌楼城门等景框元素与节点上的标志元素相对应，使人在进入线形空间过程中体会强烈的景观效果，加强了空间的艺术性与可识别性。在明清北京城中轴线空间中，城门与标志物合二为一，在序列空间上的重复运用，强调了线形空间的整体性，对景与框景的统一使景观具有双向标志性。

通过对景产生了开门见山的视觉效果，在远处则是深远的景观，在近处则是整体建筑物的全景。在城市中，对景有利于定位和方向识别，标志建筑起到了引

图 3-8-7　单一高点城市景观

图 3-8-8　以教堂为中心的城市景观

图 3-8-9　高点居中的城市广场（巴黎旺道姆广场）

图 3-8-10　欧洲城市对景

图 3-8-11　中国城市对景
(资料来源:Http:image.baidu.com)

图 3-8-12　江南水乡街景

导的作用。

在中国园林和欧洲中世纪城市，对景表现为另外一种形式，即不是一种正对的画面，由于道路曲折，标志建筑及景观不是呈现正立面的效果，并且可能被部分遮挡，但其形态轮廓更加立体，画面层次丰富，内容多样。中国园林往往通过取景框(一扇窗或一扇门)来框住画面。在路径设计上采用环绕形式，路径上设置亭、廊、台、阁来获得近景。中部开敞空间成为中景，同时远山楼阁借来作为远景。远中近景搭配获得了饱满的视觉画面。

从艺术性来讲，曲折的路径可以营造更加丰富变化的视觉画面。城市设计的根本目的是创造有趣味的城市空间，这种趣味性体现在活泼自然的人性化空间中，以欧洲中世纪城市和中国江南传统城镇为代表。在集权社会以及现代社会，由于权利表现和功能使用要求使城市道路笔直宽阔，城市对景也逐渐发生了变化。

3. 街　景

我们前面谈到街区模式时指出，中国城市以院落式布局为主，西方城市以沿街式布局为主。欧洲景观理论根本上从街景出发，对两侧建筑等进行限定。而我国城市在这一点上是没有基础的。院落式与沿街式的区别，是景观设计的不同基础。两种布局的差异导致沿街界面构成的差异，进而产生不同的街道景观。

中国传统城市大街多植行道树，树阴

浓密，两侧建筑低矮，街景主要由树木决定。同时有围墙大门穿插，街道界面较封闭，建筑退入围墙之内，从街道上难以观察，整个街道景观肃穆安静，围墙与树列使大街的引导性很强，在商业街中，店铺鳞次栉比，少有树木，气氛活跃，这种商业街形式与西方城市中大部分街道相似，不同的是建筑材料风格及街道尺度。由于沿街式布局，建筑多为下铺上宅，建筑的功能混合比较突出。另外值得一提的是江南城镇街景，传统街巷尺度宜人，街景也亲切、细腻、丰富，画面感强。其街巷窄小，水道、小桥、树木以及山墙骑楼连廊等相互穿插。形成如诗如画的街道景观(图3-8-12)。

随着街道尺度加大，建筑高度体量的增大，街景效果从小到大，从近到远。现代大城市中，街道宽直，以机动车通行为主，沿街多为大体量高层建筑呈间断式布局，街景宽远，层次多，高低起伏，具有剪影效果(图3-8-13)。

4. 近 景

近景是小尺度环境中的景观，一般建筑不超过2—3层，间距不超过20米，即我们前面提到的人眼可以细致观察的距离，在这种范围内，人与人的交往是直接的、个性化的，空间有半公共或半私密性。人们能识别建筑的细部特征、植物纹理及人物表情。

在四周围合的院落空间中，景观全为近景；而在街巷空间中，两端延伸的路径，在两个界面间和一定长度范围内则是近景。另外，在开敞或半开敞的小广场中，是近景为主的景观画面(图3-8-14)。近景是

图 3-8-13　北京金融街

图 3-8-14　近景画面

图 3-8-15　巴黎城市远景

描述个性环境的生动画面，不仅仅是物质形态，还有生活其中的人的状态，都能被清晰刻画，环境与人的关系在近景中可以更好地揭示。在江南小镇中，小桥台阶的纹理可见，人或倚或靠，与环境融为一体。通过对近景的观察，我们应从人的行为心理方式出发，更好地设计小尺度的环境，创造人性化的空间。

5. 远景

城市远景的塑造与控制是城市设计中比较重要的内容，需要对城市总体环境形态有宏观的安排。包括绿地、河湖及自然环境（开敞空间）的保护，视觉廊道（轴线）的设计，城市高点的控制，城市区域高度的划分以及城市轮廓线的设计与保护等。若城市临山而建，山体的轮廓线成为城市自然的轮廓线。人们都喜欢登高望远。渴望在小尺度空间中欣赏到大尺度空间，在山上建造楼阁，一方面自身成为标志景观，另一方面可以登楼远眺。在历史上，由于山上建造的困难以及生活的不便，一般在山上只建有寺庙塔楼。山体通过塔楼，形态

更加突出，轮廓线也更加清晰。对山体轮廓线的保护以及山上标志建筑的控制对于突出城市特征十分重要。山上建筑的体量高度必须有效限制。

除了山体对塑造城市轮廓线非常重要外，水体也是控制城市轮廓线的重要参考要素。水域的面积形态等是城市滨水景观设计的前提，为了不对大面积湖面产生压迫，建筑一般要根据临湖距离逐步升高，形成层次感，同时轮廓线要有一定起伏，形成优美线条。（图 3-8-15）

通过在城市中设计视觉通廊（景观轴线），可以让人在城市中看到远处自然或人工景观，增加城市的通透性。对城市不同区域高度的限定有利于塑造完整的城市空间与景观。城市远景反映了城市较为整体的面貌，很多远景成为城市的标志景观，因此要从宏观上来把握城市总体空间形态。

6. 对比与烘托

在低层的城市环境下，城市景观以近景为主，街道庭院尺度亲切宜人，景观细致丰富，在多层城市环境下，城市景观以中景

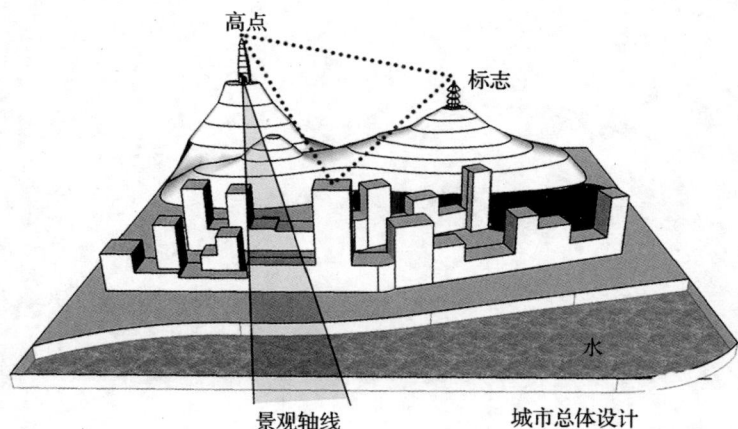

图 3-8-16 城市总体形态设计

为主，多层建筑需要相应的进深，广场街道尺度稍大，景观画面中建筑轮廓完整。在高层的城市环境下，城市轮廓线的观赏需要大尺度空间，所以高层建筑环境以远景为主，特别需要控制开敞空间下的建筑轮廓线。

通过小与大的对比，可以烘托重要建筑物，形成艺术效果。但对比需要控制在一定的尺度范围内。低层多层与超高层的对比则难以形成关联，甚至一般高层与超高层相比也相差悬殊，从而让人对尺度产生怀疑。城市应根据功能性质定位轮廓线尺度，不同轮廓线之间有一定的过渡控制。多层轮廓线则要求以多层建筑为主体。个别高层建筑为标志性建筑，而高层轮廓线则以高层为主体，个别超高层建筑为标志性建筑。以此形成有序的城市中心轮廓线。在低层建筑保护区，则要呈梯度严格控制高层建筑的渗透，从而整体保护传统城市空间以及视觉景观(图 3-8-16)。

第4章 城市设计分析方法与编制

4.1 城市设计分析方法

4.1.1 空间形体分析

空间形体分析是城市设计最基本的分析方法，即对物质形体空间作形式和组织关系的分析。这一分析一方面是平面的形体空间关系：水平面投影和纵向关系（剖面和立面），另一方面是三维的空间透视关系。

忽略建筑形式细节上的差异性，而仅从形体和比例关系上考虑建筑之间的关系，能够更为集中地关注空间与形体的关联，从尺度和比例关系上分析空间的基本特征；为空间设计规划与建筑保护打下基础。

1. 图底分析（Figure-Ground theory）

图底分析是空间形体分析的基础，是建筑（实）与空间（虚）在平面上的黑白表现（图4-1-1），从而可以清晰地看出城市空间的肌理（建筑体量关系、组成方式、街道空间结构特征和城市空间密度）。通过图底分析，一方面对城市总体（区域）的空间形态格局有一定认识，同时可以对某一街道、广场做细致的空间界面关系分析。

罗伯·克里尔对广场空间类型进行了总结归纳。以广场为中心分析了广场平面形式及连接（图4-1-2）。科林·罗在《拼贴城市》中采用图底比较，深刻地表现了城市实体与空间的变化，在黑白图底的城市平面图中，不同时期的城市肌理得到了清晰的呈现。

运用图底分析，可以排除不必要的干扰，而仅仅从实体与空间两者的关系上考

图 4-1-1　城市黑白图底关系
(资料来源：Curdes, Gerhard. Stadtstruktur und Stadtgestaltung[M]. Stuttgart, 1997)

虑问题，特别是在历史街道和古城保护中，透彻地分析城市肌理可以使肌理延续和发展，使新建与旧建相互协调。

2. 界面分析

界面分析有平面的空间界面分析、立面界面分析和剖面分析。平面的空间界面分析以某一空间（街道或广场）为中心，周边限定的建筑强调其限定空间的"边"，这个"边"作为限定空间的元素被综合分析。"边"成为空间围合的界面，其"长"与"短"，"进"与"退"，"实"与"虚"，功能的"吸附"与"排斥"，人与界面的关系等成为分析的内容（图 4-1-3）。

立面界面分析是对空间界面的竖向形式分析。罗伯·克里尔分析总结了立面的不同形式如：底层架空，倾斜与后退，突出与收缩等，概括了街道界面的一般和特殊形

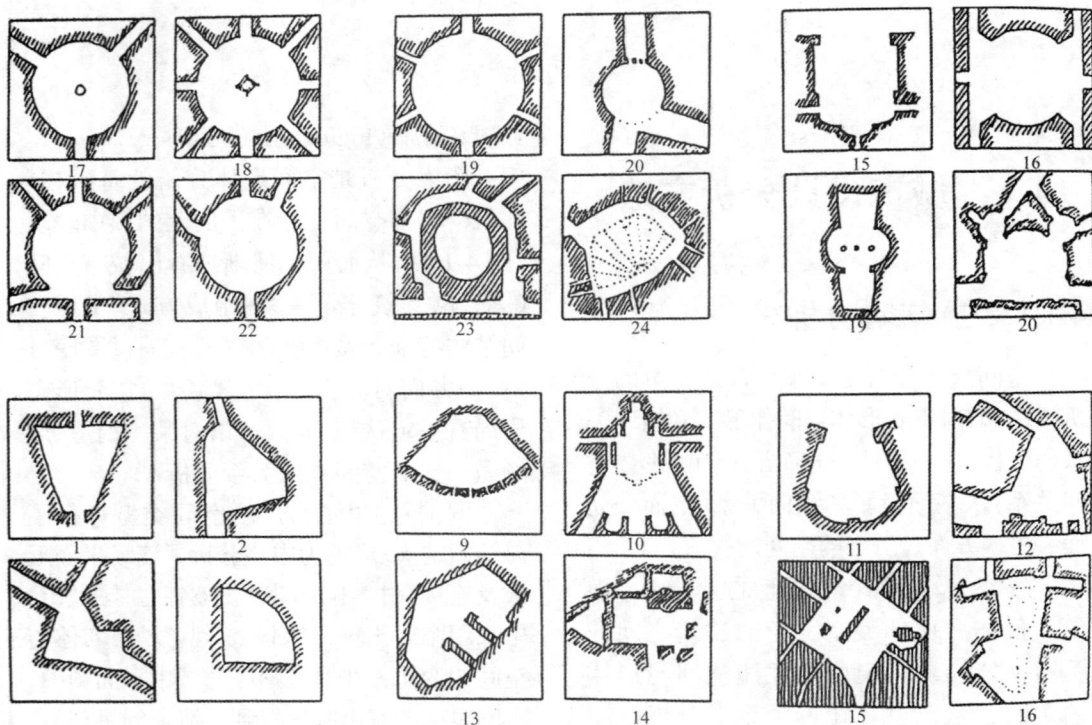

图 4-1-2　罗伯·克里尔的广场空间类型
(资料来源：克里尔，1991)

220

图 4-1-3　界面与人的活动
(图片来源:盖尔·交往与空间.[M]
中国建筑工业出版社,2002)

式。另外,立面分析还包括开窗形式、檐口高度、屋顶坡度形式以及建筑开口与连接方式等。立面分析对于历史街道广场空间保护十分重要。根据立面分析可以制定出建筑设计导则,规范新建建筑的形式,保证历史空间的完整与协调。

剖面分析从街道广场出发分析其不同位置的断面形式,从中了解空间的尺度、比例、地面与建筑衔接方式等。

通过界面分析可以进一步了解主体空间(公共空间)的水平及竖向构成方式,建筑不再作为一个独立实体被观察,而是作为与主体空间联系的界面。界面与空间的关系以及界面之间的关系构成研究的中心,从总体和相互关系上确定界面的形式。突出主题空间的整体性是城市设计的目标,从中可以看到城市设计对于建筑设计有很大的指导作用。其以公共空间为基础的观察点和出发点可以弥补建筑设计的自我局限性。让普通的建筑塑造生动的空间,让雄伟的建筑照亮城市的空间。

3. 空间序列分析

结合图底分析,从三维透视上检验视觉空间效果是一种三维的空间形体分析。透视学在文艺复兴时期产生后,对西方艺术影响很大。追求视觉的美与秩序成为其建筑及空间设计的一个目标,也是城市设计的一个基本出发点。卡米罗·西特对欧洲中世纪广场的分析,从不同方位考察了空间视觉效果,发现不规则广场所具有的景观多样性与变化是规则广场所不具有的。

空间序列分析是针对人的行进路线上

图 4-1-4　库仑的序列景象分析
(资料来源:库仑,1961)

的景观所做的连续性的分析,空间序列分析往往以一条街道、滨水走廊或轴线为研究对象。如戈登库仑(Gordon Gullen)在《城市景观》中所写的:"假如我们正步行穿越一个城镇:有一条笔直的马路,马路的尽头是一个院子,在院子的远端引出了另一条街道,在到达一座纪念碑前,街道稍有些弯曲。正如所料,我们拾径而行的第一视野是这条街道。当转入院落时,新的景观倏地在转折点映入眼帘,这样的景观一直陪伴我们穿越庭院。离开院子我们进入了另一条街道,尽管我们的行进速度始终如一,但新的景观再一次瞬间展露。……城镇景观也常常在一系列突然和戏剧性事件中展现。这被称为序列景象(Serial Vision)。"[①]　(图4-1-4)

传统的、曲折的、空间变化丰富的街道能产生不断变化的空间景观,而不断递进的中轴线也会形成起伏的空间序列景观,越是封闭性强的空间,空间转化带来的对比和意外越让人兴奋,而连续开敞的空间则不具备空间的刺激,这也是现代大城市景观一目了然,缺少空间序列的转变而让人觉得枯燥乏味的原因。

由于空间序列是以线性空间为主体的运动空间,空间序列的展开也是以此为基础的,线形空间的连接以及不同特点的线形空间构成空间景观变化的基础,因此在设计上应考虑线形空间类型的多样性及具有个性的节点(连接)的空间。通过空间序列分析我们可以有意识地进行空间转换的设计,让空间"收"、"放"、"转"、"折",增加空间的体验性和观赏性。

4. 运动系统

城市设计作为使人在运动过程中体

会、观察美的景观与环境的设计,始终把处理人的运动流线与人的视觉景观之间的关系作为设计的出发点,从古希腊雅典卫城的朝圣道的设计,巴洛克时期西克图斯五世(Sixtus V)对罗马的改建到中国传统城市中轴线的设计以及纳什(Nash)对伦敦摄政大街的改造,运动系统作为设计概念早已存在。

培根在《城市设计》一书中谈到"同时运动系统"时强调了"感受的连续性"。培根指出:"在一系列运动系统的条件下存在着空间感受的连续性,这是以不同速率、不同模式的各种运动为基础的,每一种运动系统既与其他系统相关联,又对居民生活总的感受起着一份作用。"[②]

运动系统分析应根据道路不同速度和功能使快速与慢速、步行和混行相对独立,同时又有机联系,形成不同的运动系统网络。有针对性地处理景观的连续与变化、路面形式与材料、建筑尺度与组织,达到整体协调的城市运动系统(图4-1-5)。

4.1.2　景观分析

景观分析从总体上包括城市总体的景观意向(不同区段的特色城市景观,城市自然景观)、城市天际线景观、开放空间景观、系统景观、城市夜景等。从分项来看又可划分标志景观、小品雕塑、城市色彩、铺地家具,建筑风格等。从类型上看又有一般景观和特殊景观,特殊景观使城市具有可识别性。

1. 总体景观分析

城市景观首先是一个综合的整体的景观意向。反映在人脑中成为城市意象,"整

---

①　戈登库仑(Gordon Gullen).城镇景观[M]. 1961
②　培根著,黄富厢译:城市设计[M],中国建工出版社,2003,34 页

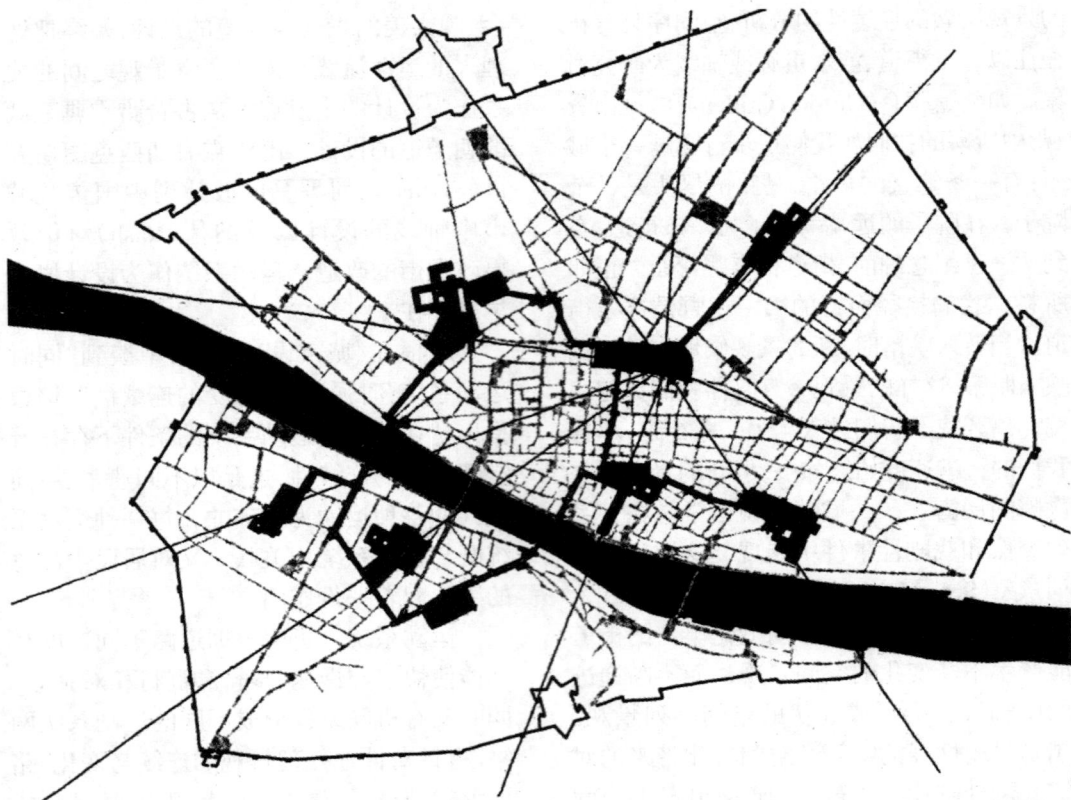

图 4-1-5　佛罗伦萨轴线运动系统
(资料来源:培根.《城市设计》,[M]/ 建筑工业出版社,2003)

体大于各部分的和"。整体由于各部分的有机结合而成为一个完整的更高层次的认知对象。因此,对总体景观的分析需要深入到其组成部分和元素以及它们的组织方式。王紫雯(2004)提出进行整体性景观分析中有以下五点:景观的空间网络结构;空间景观的特征要素;建筑空间的分布格局;建筑尺度的整体和谐;建筑细部特征的协调性。[①]这里强调了建筑形式、尺度、布局。这是城市景观中的基本组成元素。与此同时,环境与建筑之间的结合与关系,也是城市

总体景观所突出表现出来的。

城市不同发展时期有相应的城市发展区段,如老城区、殖民地时期的规划建设地区以及新时期的城市新区等。每个区段由于其某一时期建筑形式的集中而形成特色城市街区景观,如上海的豫园、外滩和浦东。这些特色街区景观综合构成了一个城市的总体景观,反映了城市的历史发展。因此,总体(整体)景观涵盖了多样的区段景观,它们之间存在渗透、对立和融合的关系,城市景观在城市快速发展时期往往矛

① 王紫雯,王媛.城市传统景观特质的整体性分析研究—以杭州市环湖地区为例[J]. 城市规划 2004,7,15 页

图 4-1-6　德国某城镇夜景照明规划
（资料来源：德国 SBA）

盾大于协调，对立大于统一。

2. 城市系统景观分析

　　城市自然环境景观对于突出城市形象有重要的作用，在总体景观分析中自然景观要素结构的分析对于明确城市总体景观特质，保护发展城市特色景观是十分必要的。自然景观分析可以从点、线、面出发，结合生态分析，综合考虑生态功能与视觉景观的关系。

　　城市天际线景观是城市总体景观的重要表现形式，在大面积开阔空间（河、湖、海）或山地环境下，城市呈现出全景式的视觉画面。因此分析城市滨水空间、山地城市以及建筑层次体量尺度是控制城市天际线景观的前提。

　　城市开放空间景观包括道路街景和广场绿地公园景观。开放空间由道路系统组织、贯穿节点式的广场绿地或大面积的公园水面。开放空间景观分析，首先从系统结构出发，找出主要轴线廊道空间，然后分析重要节点空间。大面积的绿地公园应从生态休闲功能出发来分析设计。

　　城市夜景逐渐成为城市景观不可分割的部分，自然景观、建筑及街道广场的照明增加了城市景观的魅力，夜景照明集中在公共开放空间，以点和线为主，勾画出山体、建筑和街道的轮廓，在照明方式上有多种，通过夜景分析可以确定夜景的构成及效果（图 4-1-6）。

3. 分项景观系统

　　分项系统涉及景观的某一方面，如色彩、标志物、小品雕塑、家具铺地，建筑风格。这些对城市景观意象也有很大的影响。人们对伦敦的城市印象中都有红色的双层巴士和电话亭，对欧洲古城的石块铺地和路灯也记忆犹新，各个城市地铁汽车站的标志醒目而不相同。罗马城市黄色砖石建筑的厚重与威尼斯色彩鲜艳的建筑形成对比。城市的各种细节元素都综合作用在人的景观体验中，并留下深刻印象（图

图 4-1-7　城市雕塑

4-1-7,4-1-8）。

对不同景观细节、元素进行系统分析可以提炼出城市特有的构成要素，在哈尔滨的城市特色景观规划中，提出了多个分项系统，并针对每个系统总结了控制方法和原则，如标志系统："城市标志是城市特色景观的重要构成要素，是城市的象征。城市标志系统包括城市标志和标志性建筑、标志性建筑群、标志性地段等。哈尔滨城市标志系统可分为八种类型:(1) 自然景物类;(2)城市重要雕塑;(3)城徽;(4)动态标志;

(5)城市空间景观标志;(6)特色建筑类;(7)城市标志街区;(8)城市指示标志等。标志系统分项还特别强调了城市出入口景观的规划控制、城市标志物的分级与控制原则等。"[①]城市分项景观系统的分析与规划对于构建特色的城市景观突出地方环境和人文特色有重要作用。

4.1.3　空间意象分析

1. 概　述

空间意象分析侧重于从人的主观感受解读城市的物质环境。物质环境中,人文历

---

① 刘生军,于英,徐苏宁.哈尔滨城市特色景观规划的诊释思维与方法[J].城市规划,2006,4,71 页

图 4-1-8　城市家具

史等因素综合作用于人的空间体验与感受。通过对人的主观空间感受的调查，可以从一个侧面了解城市意象的特点，分析不同感受的空间在形式、结构等方面的差异，了解人在空间认知与识别上的特征，这为更好地规划设计人性化空间，塑造特色城市景观意象提供了参考。

城市意象作为概念被凯文林奇 1960 年提出后，成为调查、分析、评价和设计城市空间的一种有效途径。在对城市意象的研究中，有的专家提出了不同的构成形式和类型。如 1970 年 D-Appleyard 通过对城市居民意象地图类型的实证研究，提出了空间主导型地图和路径主导型地图。而空间主导型地图又分为散点、马赛克、连接和格局 4 种子类型。路径主导型地图分为段、链、支环和网 4 种子类型。[①] B-Hillier 1993 提出了空间句法（Space Syntax），从空间认知角度得出轴线，凸多边形和视区三种基本空间表示方法（图 4-1-9）。这些作为城市空间分析的方法在现代计算机技术的支撑下形成了比较系统的理论与方法。但在对城市意象的直观分析上，凯文林奇的城市结构意象五元素仍然是城市意象空间分析

---

① 冯维波，黄光宇.基于重庆主城区居民感知的城市意象元素分析评价[J].地理研究，2006，5，804 页

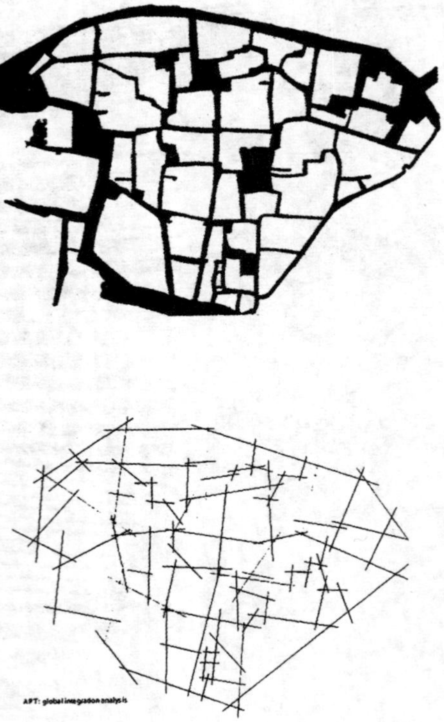

图 4-1-9　法国小镇平面和轴线分析
(资料来源:段进,希列尔.空间句法与城市规划[M].
东南大学出版社,2007)

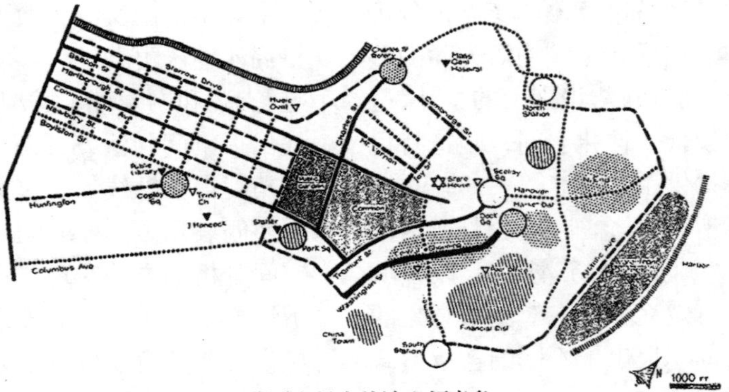

与设计的基本手段。

2. 凯文林奇的意象分析

　　林奇采用认知地图的方法,即要求被试者在白纸中绘出所在城镇的草图,得出了城市意象的五种元素:路径、边界、区域、节点和标志。我们可以认为,在城市不同层面,都可以运用这五种结构意象元素来分析,这五种元素性质是独立的,但组成方式是多样的,由此我们可以对城市空间结构形成比较清晰的认识(图 4-1-10)。

　　在调查方法上,除了认知地图以外,还有照片识别以及问卷调查。三者相结合,可以获得较为全面的意象认知数据,通过打分和数据处理可以对景观及空间进行总量分析,从而判断评价城市意象的整体可识别性、特征及差异性。如顾朝林等(2001)通过照片辨认和认知地图调查对北京城市意象空间进行的研究。

　　城市空间意象分析从最初的意象元素、空间类型和认知过程等逐渐过渡到对认知主体的行为及识别方式,社会文化差异及其对城市意象的影响等方面的研究,同时借助现代计算机技术,分析逐步趋向定量研究。

从草图中得出的波士顿意象

图 4-1-10　林奇通过认知地图对波士顿意象的分析
(资料来源:凯文·林奇,2001)

图 4-1-11　中国某城市广场

3. 空间注记

空间注记分析方法综合了基地分析、序列景观、心理学、行为建筑学等环境分析技术的优点，目前被认为是最有效的一种方法。所谓注记，是指"在体验城市空间时，把各种感受(包括人的活动、建筑细部等)使用记录的手段诉诸图面、照片和文字"。[①]

空间注记通过实证研究方法，分析城市空间的步行体验及环境对人的行为和认知的影响，得到行人的各种步行活动体验感受，为不同步行空间的比较提供分析框架，进而建立步行空间的设计理论及原则，使物质环境设计更深入人的心理环境体验中，对历史文化积存对人的心理影响有更加清楚的认识。

在运用空间注记方法调查时，需要有针对性地选择调查地点。街区自身应有一定代表性，同时几条街区之间有明显的差异性。在选择调查街区时，可以事先进行问卷调查，让被测试人选择和描述最喜欢(或不喜欢)的街道，从中进行比较筛选。选择好测试街区后，让被调查者从街区起点按路线步行至终点，然后画出草图并回答问卷。在完成几个街区的调查之后，被调查者可以选择自己喜欢的街区并解释原因。通过横向比较分析，我们可以得出街区物质环境形态与人的行为心理感受之间的关系，从功能美学交通等方面来分析街区的特点，从而找出步行空间环境设计所应注意的内容与问题，更好地进行空间设计。

在具体分析手法上，可采用道路等级系统分析，空间界面和空间序列分析以及

---

① 王建国.城市设计[M].南京东南大学出版社,1998,222 页。

视觉景观轴线分析等。结合前面的空间注记和城市意象的实证调查分析，可以更加系统深入地分析和设计城市运动系统空间。

4.1.4　场所—文脉分析

　　舒尔茨的场所理论引起人们对空间之上的历史文化的重视，场所和文脉的形成是个长时间的过程。历史的积淀使传统城市空间具有鲜明的个性。如何找出物质环境与人文场所的关系，如何发展城市空间的文脉，在空间与人之间建立联系，是场所文脉分析所关注的内容。

　　场所文脉分析包括对这一地段的历史演变，居民的构成，文化背景和生活方式，功能的使用与空间的利用形式，建筑的风格与细部特征等。这些都构成了形成特定场所所必须的内容（图 4-1-11，4-1-12）。

　　场所文脉分析对于有深厚的传统文化沉淀的古城或历史街区的城市设计是十分必要的。它可以成为设计的出发点或切入点，传统的肌理或元素可以在设计中重新阐述表达。两者之间产生呼应对比。我们前面谈到形式与场所之间没有必然的联系，复古建筑未必产生传统的场所，新的现代建筑也可以产生传统的场所氛围。因此在场所文脉分析中更应关注人与建筑、空间之间的互动形式：人在什么样的空间聚集，停留？哪些建筑元素与空间形式为人的活动提供了场所？传统的有活力的街道空间其功能与形式如何结合？雅各布在《美国大城市的生与死》中指出"多样性是城市的天性"这也就是传统城市空间与现代城市空间的一个重要的区别。小尺度多功能的

图 4-1-12　欧洲某城市广场

复合使传统城市空间充满活力。这种活力具有人性的文化的特点。现代城市功能集聚，其活力更多表现在经济的、机械的人流与物流流动状态。所以我们尊重传统空间，也是尊重人性、尊重历史、尊重文化。

场所文脉分析对于当前快速的城市改造建设有很强的现实意义。传统城市历史街区的保护不仅是外表形式的简单保护，而是场所精神的维护与发扬。运用现代的形式延续传统肌理、空间，不是为少数人提供怀旧的消费场所，而是使之成为居民生活交往的场所。场所文脉分析作为一种方法，不在于它能找到一种直接的理想的解决方案，而是提供一个理念和原则。在研究分析时从历史人文环境出发，细致深入地分析寻找保护延续场所感的元素，如一树一井、骑楼水池等，使新的建筑与传统空间相融合。

4.1.5　生态分析

1. 历史概述

生态问题越来越成为影响城市可持续发展的主要问题，现代城市的产生与发展加剧了人与自然的对立。随着城市的蔓延与扩张，人们有必要从区域生态系统出发，合理限制城市规模，保护水域、农田、山林等自然资源。

西方发达国家工业化发展及城市化进程比我国要早一两个世纪，在二十世纪初，从城市规划设计出发，许多规划师及生态学家合作，开展以保护生态系统为目的的区域及城市规划，如美国人 Olmsted 对波士顿绿地系统进行规划，将开放的绿地系统整合连接成为一个生态景观系统，成为

享有盛誉的"蓝宝石项链"。

2.《设计结合自然》

1969 年麦克哈格出版了《设计结合自然》（Design with Nature）一书，提出了一种科学系统的生态规划理论，他的核心生态观是"自然是过程"，"自然是一个过程，而这种过程就是一种组成社会价值的资源。任何场地都是历史、物质和生物过程的综合体。它们通过地质历史、气候、动植物、甚至场地上生存的人类暗示了人类利用的机会和限制。因此场地都存在某种土地利用的固有适宜性。"[1] "场地是原因"，通过对生态细目（生态因子）的调查，可以了解景观结构（地质、土壤、植被、气候等）和景观功能（能流、物流及物种迁移），在此基础上建立适宜度模型，最为广泛应用的是"千层饼法或称灰调子法，运用图层重叠技术和关系矩阵，用不同色调画出各因素图（深调子代表不利因素，浅调子代表有利因素），再叠加在一起，形成合成图即适宜度模型。

适宜度模型为确定土地利用的适宜性分区奠定了基础，调子越深土地利用的限制越大，调子越浅，则土地开发利用的限制越小，土地利用分区一般分为三个区域：保全区、保护区和开发区，保全区宜完全保存，保护区可有条件利用，开发区可开发利用。与此同时，麦克哈格还提出了土地利用集合概念，通过相容度表确定土地集合利用模式。麦克哈格的"千层饼法"强调了同一景观单元内的垂直生态过程[2]，通过其系统分析，可以减少建设对土地的侵蚀。如保护湿地沼泽，不能建对含水层有污染的设施等。

① 况平.麦克哈格及其生态规划方法[J].重庆建筑工程学院学报，第 13 卷第 4 期，1991，61-62 页
② 邹涛，栗德祥.城市设计实践中的生态学方法初探[J].建筑学报，2004，3，19 页

3. 生态系统和生态观

对于大范围的生态系统研究，则还需要考虑水平生态过程，涉及物质与能量的循环。如动植物迁移、水循环等,北美景观生态学家 Foster 建立了"斑块—廊道—基底"模式,形成"点—线—面"景观结构。从保护水平生态过程出发需要使上述三个景观元素高度连接,以廊道为基础,连接点与面。俞孔坚提出了生态安全格局(Ecological Security Patterns)概念。这一概念同样基于水平生态过程的保护,针对特定环境下生态系统空间格局把握其关键局部、方位和空间联系,从而形成生态整体格局。

生态分析相对来说侧重区域范围的规划设计,对于城市建成区来讲,生态分析是微观尺度层面上侧重人文因素的分析。城市环境中绿色因子:河道、山体、湖泊、绿地等是维护城市生态平衡的元素,其规模、形式和作用可以通过生态分析来论证确定。城市密度容量及交通的增加需要进一步对城市生态分析研究,建立城市生态分析体系,使城市内部达到生态平衡,减少空气污染和热岛效应等,同时使城市与区域建立生态联系,满足区域生态平衡。

城市设计主要涉及中、微观层面的城市物质环境设计,生态分析对于建立生态规划设计思路和城市设计的生态观是十分重要的,城市与生态都是三维空间结构,如何使建筑与自然有机结合,生态分析可以提出建议的思路与方法。

4.1.6 数字技术

随着信息技术的发展,数字技术在建筑及城市规划设计领域得到了越来越广泛的应用。数字技术在城市规划设计领域主要以 GIS(Geographic Information System 地理信息系统)为主,同虚拟数字城市把城市与建筑结合起来,为空间分析提供了强有力的辅助手段。

在城市设计领域应用 GIS 技术,可以对地形、坡度、视域、城市密度、容积和高度等进行现状分析及规划分析。GIS 具有拓扑结构分析和很强的空间分析和空间信息管理的功能。可以对数据存储、管理、分析和评价。我们前面谈到的生态分析、空间及景观分析都可以结合数字技术而获得精确的分析结果,从而更好地指导规划设计实施。

1. GIS 分析

建成区的土地利用、容积率、密度、道路停车、建筑形式布局、人口绿化等都可以通过 GIS 进行科学细致的分析与数据管理,通过信息叠加能深化分析内容,从某一方面信息推导出更多的结论。例如,通过 CAD 文件中的建筑轮廓和高度,以及道路划分信息得到城市容积率分析图。还可以通过建筑的占地面积,绘制出建筑边界后,在 GIS 系统中建立多边形的拓扑关系,自动生成每个建筑的占地面积,并进而获得每个建筑的建筑面积。[①] 通过对分析图的综合评价有利于推导出更加合理的解决方案。

2. 地形分析

地形条件是进行城市设计的前提,地形条件直接影响了规划布局、交通结构以及建筑形式。因此地形分析在城市设计中十分重要。特别是地形复杂地区,山地丘陵,盆地河谷,地形环境在平面图上难以清

---

① 胡明星,董卫.GIS 技术在历史街区保护规划中的应用研究[J]. 建筑学报,2004,12. P65.

晰的识别。通过 GIS 的"地形分析图"并结合数字高程模型（Digital Elevation Model，简称 DEM），就可以获得直观的地形模型及分析。一般来说，地形分析包括以下几点：

（1）地势分析——以地面高度为基准，色调随等高线上升而加深，地势情况直观。

（2）坡度分析——坡度分析图以不同色调表示不同的坡度，深色调一般表示较大坡度，根据坡度分析图可以得出相应的工地利用方式和建筑形式。

（3）坡向分析——坡向分析是根据不同朝向用不同色调表示，坡向主要对建筑的日照及间距有影响。

（4）竖向分析——在复杂的山地丘陵，通过数字高程（DEM）可做出沿道路的山体轮廓线，在保障山体轮廓的前提下，对建筑高度进行控制。

（5）视域分析——在 DEM 模型基础上选择城镇内的标高点和重要景观节点进行视域分析，可以保障控制开敞空间的闭合度。另外通过分析人的视觉感受，对道路两侧建筑高度体量进行控制。

3. 三维模拟

通过三维虚拟技术，可以对城市现状及规划方案的效果进行比较。虚拟画面和互动的操作界面和可视数据为方案评价和决策提供了直观的依据。

三维模拟可以从不同角度表现城市空间，不仅有具体逼真的建筑效果表现，还可以从形体出发对城市体量形式进行抽象表现，如从街区的层面进行形体空间分析。在城市设计层面，相对抽象的形体，三维分析更具有指导控制意义。城市主要是控制区

域空间形体的发展。包括对重要节点空间的详细设计。因此，空间尺度、界面形式和建筑高度体量是城市设计的核心问题。三维模拟可以从不同视点对城市空间进行观察比较，特别是从人的视点出发的城市景观分析对空间设计有很好的帮助。应当注意的是，过于逼真的三维虚拟容易分散人对空间的注意力而过多地关注建筑造型。因此在进行三维城市空间分析时，要考虑从宏观到微观的不同抽象度的模拟。

4.2　城市设计编制

4.2.1　城市设计成果编制划分

城市设计实践在性质上可分为两大类：控制导则型城市设计与工程设计型城市设计，相应的城市设计成果也可分为两个基本类型：导则控制型和蓝图型城市设计成果。在具体实践中，城市设计内容往往兼具控制导则性与工程设计性，只是两者构成的比例有偏差而已。一般而言，城市设计编制根据研究范围可以分为总体城市设计和详细城市设计；根据研究内容可以分为单项设计和综合设计；根据不同的设计阶段，还可以分为概念设计，实施设计和工程设计。[①]

1. 总体城市设计

总体城市设计的对象是大范围的区域、城市或城市分区。从总体层次上对城市的空间结构形态、公共开放空间系统、生态及绿色景观走廊和城市轮廓体量等进行规划设计，从而突出城市整体格局与特色

---

① 庄字.城市设计的运作[M].同济大学出版社,2004,109 页

风貌，确定不同地段的形态特点及发展目标，为下一层次的详细城市设计提供依据。总体城市设计平行于总体规划，既可以成为总体规划的部分内容，也可以作为独立的专项研究。总体城市设计对总体规划的平面布局进行三维的分析，从而优化修正总体规划中的内容。例如，在总体规划中往往对历史街区道路简单拓宽拉直，以线带面破坏了整个历史街区风貌，通过空间形态分析可以修正道路规划，完善城市总体规划，从而使历史街区保护获得法律依据。

2. 详细城市设计

详细城市设计一般对应于详细规划阶段，详细规划又可分为控制性详细规划和修建性详细规划，控制性详细规划对项目具体功能性质和内容不明确的地段作出控制性的规定，包括建筑高度，建筑后退红线距离，建筑体量体型色彩的原则性的规定说明。修建性详细规划主要是对城市地块具体的规划设计。

如何制定控制性详细规划，除了道路等规范要求可以作为依据，其他内容指标的确定则需要城市设计的专项研究，对应控制性详细规划层面的详细城市设计主要以街区为基本单位，研究整个区段以及有影响的周边区段的空间结构体量轮廓、自然环境、绿化视廊、轴线及步行系统等内容，提出控制性详细规划阶段所涉及的城市设计内容，并进一步具体化，增强可操作性和引导性，提高城市的环境品质。

3. 单项设计和综合设计

单项设计主要针对城市设计中某一项内容进行专门研究，如步行系统、地下空间系统等，由于设计的目的性强，因此对实践有较强的指导作用。例如在详细城市设计阶段对城市家具、照明设施及广告牌的设计就具有较强的可实施性。

综合设计考虑城市空间环境等方面的多项问题，在综合分析论证的基础上，提出整体的全面的解决方案，涉及城市或区段的总体空间设计以及道路绿化竖向设计等。一般来讲，总体城市设计和详细城市设计都是综合设计，其成果涉及城市设计中的各方面。

4. 概念设计、实施设计和工程设计

概念设计、实施设计和工程设计对应于不同的设计实践阶段。

概念设计，如一些新城或新区的概念设计，根据城市总体发展目标对新城总体形态和道路绿化等进行概念性设计。概念设计往往通过设计竞赛的形式对竞选方案综合比较，优化入选方案，在此基础上深化或完善城市总体规划或控制性规划。概念设计的评价主要从城市形态空间结构的合理性出发，不过多涉及具体的实施操作的内容，仅对实施的可行性和效果作适当预测分析。

实施设计是对确定的概念设计在实施组织和管理上的具体化，即提出如何使设计语言转化为付诸实施的运作计划、引导控制体系及管理程序等内容以及相关的规定、政策等。实施设计是联系城市设计概念、构思与实际操作之间的桥梁。[①]

工程设计针对具体的城市设计工程项目，与建筑设计和市政工程设计一样，工程设计有明确的项目委托方和设计任务书，设计结果以工程图纸为主要形式，应用于

---

① 庄宇.城市设计的运作[M].同济大学出版社,2004,113 页

建设实施，如广场或步行商业街的城市设计，图纸需要对地面铺地及形式、绿化、照明以及家具等进行详细表达和说明，以便施工建设。

4.2.2　城市设计编制过程

城市设计过程是从现状调查开始不断分析，提出方案并深入比较，最后完成具有指导性或可实施性的方案。

1. 现状调查

现状调查是规划设计的基本前提，根据设计的综合性或专项性，调查内容有所侧重。一般来讲，调查内容涉及自然资源信息、文化资源信息和物质环境条件，[1]见表3-3-1。

现状调查对于设计方案的建立和深入十分重要，通过现场踏勘、资料收集、问卷访谈等方法可以观察体验当地人的生活情况以及了解历史上的变迁。根据设计任务、范围和要求，有针对性地选择调查内容，区分一般性内容和专向性内容。建立资料的分类方法。从总体规划、社会经济、城市设计基础和建筑四方面可以总结相应的调查内容，如表3-3-2。

2. 分析与评价

"分析资料是在收集资料的基础上，以图表、文字等具体形式，对资料进行综合分析与评价，探求设计对象与相关环境系统的各种内在关系。分析阶段可以为准目标的确立和方案的构思提供客观基础，可以明确设计需要解决的主要问题、限制条件和可能的构思方向。"[2]

城市设计的核心内容是空间的结构肌理及与之相对应的功能组织，因此，这些内容的分析是城市设计分析的重点。随着城市设计研究内容与范围的扩展，分析资料的内容也在增加，对于大量资料的收集、整理和分析需要相应的工作方法才能避免在各种资料面前无所适从，要从解决问题的思路出发，从设计出发提炼相关资料重点分析。

通过相关因子及权重的选择能对复杂的内容进行分析评价，这在问卷访谈等方面应用较多，如对人的空间认知意象和感受进行综合比较判断。在专项分析中，应根据专业知识，对调查结果作出评价，如建筑质量。另外一些结果，应结合问卷调查和主观分析综合判断。我们前面谈到的城市设计分析方法，从专业角度研究了进行城市设计所需要的分析内容与方法，既是现状分析，同时也是设计思考。通过分析图的全面系统的表达，可以使人对现状的各方面有清晰的认识，对建立设计思路与出发点有极大帮助。凯文林奇对认知地图的分析为城市设计提供了新的思路，当前城市设计的关注点从物质空间形态研究向社会行为心理转变，那么如何进行分析和图纸表达，需要借助西方城市设计中的经验并结合实际来摸索。

3. 设计处理

在资料收集和分析的基础上可以对方案进行构思，在设计的发展阶段也应通过资料收集分析进一步比较深化，这些过程有一定的前后关系但也是平行循环进行的。

在设计中存在很多主观因素，进入设计的过程有感性直观的方式，也有系统全面的方式，二者相结合，可以使设计在理性

① 刘宛.城市设计实践论[M].中国建工出版社,2006.168 页
② 刘宛.城市设计实践论[M].中国建工出版社,2006,170 页

表 3-3-1

自然资源信息	自然条件、景观资源、气候、地形、水文、植被、景观标志等
文化资源信息	民俗习惯、人文活动、历史文化、人口结构、社会构成、经济状况等
物质环境条件	区位、用地结构、土地利用、功能划分、道路交通、公共空间、绿化街道、建筑类型风格等

表 3-3-2

总体规划方面	区域规划、用地规划、专项规划（交通、环境评估等）
社会经济方面	人口数据、发展、年龄社会结构、家庭结构、人口密度职业收入结构、私有财产关系等。
城市设计基础	历史发展、自然条件（地形、植被、气候土地、水等）、功能分配（居住、工作、休闲、市政等）、功能重点、交通结构（道路系统、公共交通、步行/自行车道路）、地块划分等
建筑方面	形式和功能、年限和状况、文物保护、整体效果、居住水平、所有权关系、变化发展等

的基础上达到一定的艺术性。设计过程可以说是一个不断深入认识问题和寻找解决方法的过程，在反复修改中找到最佳的设计结果。

设计的前提是对任务的现状分析，更确切地说是与问题相关的现状分析。在设计构思阶段，目标往往不十分清楚,面对复杂的矛盾关系想法很多或没有想法。因此要抓住城市设计的核心问题，从功能和形式角度进行空间设计。凯文林奇在《场地设计》(Site Planning)一书中提出了模仿设计、模块划分、自由探索、类型划分、重要功能设计和解决问题等设计方法，在设计中可以从一种方法入手，综合运用。

J·兰(Lang, Jon 1994)认为设计过程有两种:一种是基于经验的类型学方式,在设计构思时选取不同类型或模型，使之与环境相适应，这种方式有比较完整的套路,

比较容易找到解决问题的常规方案，同时方案的可操作性和可实施性较强。但也易于把设计者的思维束缚在固定的模式上，难以创造性地解决问题。另一种是基于特定项目，从发现问题到解决问题的方法，包括确定问题、设定目标、制定评判标准等过程。这两种方法可以说一种从形式上出发，另一种从过程上出发。在设计中，需要结合这两种方法，在形式方面采用类型学方式，这是经过长期实践总结出来的。在工作程序上则从问题入手，寻找有针对性的设计方案。

在宏观的综合性城市设计中，城市设计任务涉及从大空间范围到具体城市空间的设计，在设计过程中应从宏观到微观逐层深入。在宏观层次重点考虑自然景观方面的因素，在微观层次注重人的行为心理方面的因素,系统深化城市设计方案。一般

来讲，可以从以下几个层次来深入，见表
3-3-1。

4. 决策比较

由于城市设计多涉及城市形象和城市
空间形态控制等问题，在重要项目中，常采
用方案竞赛的形式，通过对多个方案的比
较，选择出优化方案。"在重大的城市开发
中，寻求国际咨询是广为接受的方法。方案
咨询可以收集不同文化背景下不同的思路
和特点，兼容并蓄，为政府部门或开发者提
供有益的启发。"① 城市设计方案由于涉及多个领域的内容，
如功能、美学、行为、心理、生态等，相应的
评价角度和侧重点会有所不同，这样要经
过综合评估来确定整体最优方案。综合方
案是在投标竞赛之后，以一个方案为主，综
合其他方案的优点进行调整，同时继续深
入和完善，成为具有可操作性的规划方案。
城市设计除了具体的工程设计项目有直接
的可实施性外，其他方案成果是对城市空
间形态发展的控制和引导手段，并对空间
发展结果提出意象性的蓝图。城市设计的
决策除了以蓝图为参考外，更要重视其对
空间发展所提出的原则、方法和步骤。从
而能够在此框架内经过 10 年、20 年的建
设达到蓝图所表现的城市意象。

在规划决策中，除了组织专家来评审
外，一些重要项目越来越多地鼓励市民参
与。这样，除了甲方（委托方）、设计方和实
施方以外，市民作为"知情方"参与到规划
决策中，虽然其专业知识上能力水平有限，
但通过市民的不同观点可以进一步比较和
讨论方案，使方案有更强的接受度，更好地
引导实施。

5. 反馈评估

评估反馈是设计运作的重要过程，其
中既有政府和专业界的评估，也有社会的
评论。通过听取多方面的反馈意见有助于
从已有建设项目中吸取经验教训。

城市设计项目实施后的评价是对已完
成项目的目的、执行过程、效益作用和影响
进行系统的客观的分析。在对方案进行评
估时，一般采用的办法有判别法、图形迭置
法、列表法、影响距阵法和原因—条件—结
果网络法。②

上述方法具有较强的系统性，通过加
权叠加等方法对方案的全面评估避免了一
定的主观盲目判断。除了专业评估以外，市
民和社会的舆论也是重要的反馈信息，作
为城市空间的使用者，市民对实践完成项
目的使用情况最有发言权。通过了解和听
取市民意见，促进公众参与才能使城市设
计更好的满足人们的需求。

4.2.3　城市设计成果编制

由于城市设计实践有多种划分方式，
以下仅按城市设计研究范围的分类，具体
说明之。

1. 总体城市设计

总体城市设计以区域，整个城市或城
市分区为研究对象，根据区域与城市（分
区）总体规划确定城市空间形态发展目标、
规划城市景观体系、公共空间系统、城市运
动体系及城市竖向轮廓。

城市设计成果一般包括城市设计导
则、设计图纸和附件三部分。设计导则以

① 刘宛.城市设计实践论[M].中国建工出版社,2006,176 页
② 刘宛.城市设计实践论[M].中国建工出版社,2006,271 页

文字、表格和图示等形式明确城市设计目标、原则、意图和实施措施；设计图纸以图形形式表现设计成果和分析；附件包括《基础资料汇编》和《城市设计研究报告》。研究报告（设计说明书）以现状分析理论研究、目标对策为主要内容，全面介绍整个城市设计研究工作。城市设计导则和图纸针对前面谈到的设计内容，从总体到独立系统提出控制和发展原则，城市设计导则中首先应在总则中阐明编制依据、适用范围、设计目标、设计原则、设计期限、解释权属部门等内容。[①]然后，从总体空间形态、城市景观、到公共开放空间、运动系统和特色区域逐项阐明其发展控制原则，最后针对实施措施提出完善的组织管理方式和公众参与形式等。

设计图纸配合设计导则包括系统设计图、节点详细表现图和设计导则的说明图。

2. 详细城市设计

与总体城市设计所关注的宏观的结构性的城市整体空间及体系相区别。详细城市设计以城市局部地段为研究对象，在总体城市规划和总体城市设计的指导下提出具体的控制要求和指导对策。详细城市设计既可以作为控制性详细规划前期的研究和制定基础，也可以作为控制性详细规划之后的具体补充和深化。详细城市设计成果由文件和图纸组成。文件包括设计文本和附件、设计说明和基础资料分析。图纸内容主要是空间形体和环境的系统设计图。在文字部分也配有相应的图示和分析图。

详细城市设计文字上要表达设计构思、目标和原则，提出明确的设计导则和要求，对现状有详细全面的分析，指出问题、需要和发展潜力。文字和图纸要针对不同的空间设计系统提出相应的设计原则与解决方案，重要节点需要形象具体的三维形体空间表现图。

详细城市设计的图纸及内容见表3-3-4。

3. 总体城市设计与详细城市设计比较

总体城市设计与详细城市设计运用于城市规划的不同阶段，有不同的侧重点和针对性，下表是对两者内容与深度的比较，见表3-3-5。

表 3-3-3

区　域	涉及整个区域的市政设施（教育、文化、体育、交通等），公共服务（商业、服务业、政府等），就业，对功能关系在空间进行划分
整个城市	城市总体发展或某方面发展规划
城市片区	内城区、居住区、工业区等城市局部发展规划，形态设计
城市局部核心区	城市局部的中心区，功能混合区，框架规划和形态设计
街　区	由街道、绿地划分出的区块，"详细规划"层次的城市设计
建　筑	建筑设计导则，文物保护

---

① 庄宇.城市设计的运作[M].同济大学出版社,2004,131 页

表 3-3-4　详细城市设计图纸及内容[①]

序号	图纸名称	主要表现内容
（1）	空间结构设计图	核心区空间，门户区空间，景观，交通，商业发展轴
（2）	用地功能分布图	用地性质组成（10类）
（3）	开发强度设计图	地块容积率等级（6级）
（4）	建筑高度设计图	按米计，共分8档，每档间隔9~40m
（5）	分期实施计划图	分保留、当前开发、近期、中远期4类
（6）	外部空间结构设计图	反映建筑实体与空间图底关系
（7）	地下公共空间分布图	位置范围
（8）	商业空间分布图	分地下层，一层，地上地下叠层空间3楼
（9）	开放空间分布图	广场，绿地，下沉广场，二层平台，半室外空间
（10）	绿化系统设计图	城市绿化，组团绿地，街头绿地，绿化步行道
（11）	城市景观设计图	标志建筑，核心区景观，门户区景观，景观视廊
（12）	道路等级与功能设计图	主、次、支路，消防路，机动车路，非机动车、公交车路线，机动车、自行车停车场
（13）	交通系统设计图	机动车流线，公交路线，机动车、自行车停车场，出租车站，自行车停放点
（14）	步行系统设计图	流线，垂直联系点，地下二层流线
（15）	建筑位置控制图	红线，多层建筑、高层建筑控制线位置，主要车辆出入口，广场绿地，跨街横道等

表 3-3-5　总体城市设计与详细城市设计内容及其深度比较[②]

		总体城市设计	详细城市设计
基本特征		（1）以宏观原则和整体对策为主要内容； （2）与总统规划的功能空间分类（如用地分类：大、中、小类）有一定对应关系	（1）以对微观具体要素的设计控制和引导为目的； （2）是对具体要素的体型空间布置的研究塑造
具体要素设计内容及深度	城市特色	搜集挖掘历史、文化资源，提出策略原则；归纳城市特色，进行特色分区	考虑区位环境和文化传统，在具体地段内研究塑造
	城市景观	整体竖向利用策略、高层建筑与建筑高度控制宏观策略、视觉走廊系统；设置雕塑、建筑、夜景的原则措施	各地块建筑高度控制、标志建筑、景观性质、景观视廊、落实具体形体要素
	空间结构	宏观关系（景观、空间系统、轴线）	微观关系（核心、入口、景观、轴线），建筑与空间图底关系，位置范围
	绿化与广场	总体结构框架、分类及分布、总体指导原则对策	位置范围、类别系统，具体要素控制内容
	街道与交通	体系发展战略、性质、分类与等级	道路等级、分类、车、人、自行车、出租车流线、站点、场地、消防通道、步行、垂直交通

① 扈万泰.城市设计运行机制[M].东南大学出版社，2002，50页
② 扈万泰.城市设计运行机制[M].东南大学出版社，2002，51页

		总体城市设计	详细城市设计
具体要素设计内容及深度	功能区域	居住区、工业区、商业区等不同功能环境评价;问题、原则、对策;地段内功能分布与组织	
	人的活动	构筑行为场所体系;制定发展控制和引导原则	解决具体地段内的活动场所内容
	重点内容深入设计	根据资源挖掘提出项目构想,初步意象性详细规划设计方案	对各地块进行形体意象设计,进行三维表现
	建筑单位控制		红线控制,退线控制,出入口控制,开发强度控制,广场、绿地,高度控制,体型控制
成果形式特征		(1)文本所包含的目标、原则、对策措施占主导地位; (2)图纸以对应于文本的各要素和空间系统图为主	(1)以形体控制图则和三维形体示范为主,并辅以必要的系统图; (2)文本的控制内容是针对单位设计的规划设计条件

主 要 参 考 文 献

[1] 麦克哈格,黄经纬译.设计结合自然[M].天津:天津大学出版社,2006

[2] 况平.麦克哈格及其生态规划方法[J].重庆建筑工程学院学报,第 13 卷第 4 期,1991

[3] 段进,希列尔.空间句法与城市规划[M].南京:东南大学出版社,2007

[4] 邹涛,栗德祥.城市设计实践中的生态学方法初探[J].建筑学报,2004,3

[5] 冯维波,黄光宇.基于重庆主城区居民感知的城市意象元素分析评价[J].地理研究 2006,5

[6] 凯文·林奇著,林庆怡等译.城市形态[M].北京:华夏出版社,2001

[7] 王建国.城市设计[M].南京:东南大学出版社,1998

[8] 培根著,黄富厢译.城市设计[M].北京:中国建工出版社,2003.

[9] 赵杰.城市设计理论在古城保护中的应用研究[J].规划 50 年—2006 中国城市规划年会论文集(中册),2006

[10] 戈登库仑(Gordon Gullen).城镇景观[M],1961

[11] 洪亮平.城市设计历程[M].北京:中国建工出版社,2002,

[12] 王紫雯,王媛.城市传统景观特质的整体性分析研究以杭州市环湖地区为例[J].城市 规划 2004,7

[13] 刘生军,于英,徐苏宁.哈尔滨城市特色景观规划的诊释思维与方法[J].城市规划 2006,4

[14] 胡明星,董卫.GIS 技术在历史街区保护规划中的应用研究[J].建筑学报,2004,12

[15] 庄宇.城市设计的运作[M].上海:同济大学出版社,2004,

[16] 刘宛.城市设计实践论[M].北京:中国建工出版社,2006,

[17] 金广君,顾玄渊.论城市设计成果的特征[J].建筑学报,2005

[18] 扈万泰.城市设计运行机制[M].南京:东南大学出版社,2002

[19] 王建国.现代城市设计理论和方法[M].南京:东南大学出版社,2001

[20] 沈玉麟编著.外国城市建设史[M].北京:中国建筑工业出版社,1998

[21] 董鉴泓编著.城市规划历史与理论研究[M].同济大学出版社,1999

[22] 候幼彬.中国建筑美学[M].哈尔滨:黑龙江科学技术出版社,1997

[23] 傅熹年中国古代城市规划、建筑群布局及建筑设计方法研究[M].北京:中国建工出版社,2001

[24] 梁雪,肖连望编著.城市空间设计[M].天津:天津大学出版社,2000

[25] 朱自煊.中外城市设计理论与实践[J].国外城市规划,1991

[26] 金广君.图解城市设计[M].哈尔滨:黑龙江科学技术出版社,1999

[27] 董鉴鸿主编.城市规划历史与理论研究[M].上海:同济大学出版社,1999

[28] 阮仪三.江南古镇[M].上海出版社, 1998

[29] 徐思淑,周文华.城市设计导论[M].北京:中国建筑工业出版社

[30] 罗伯·克里尔,钟山,秦家濂译.城市空间[M].上海:同济大学出版社,1991

[31] 杨,盖尔.交往与空间[M].北京:中国建筑工业出版社,2002

[32] Matthew Carmona. 城市设计的维度[M].江苏科学技术出版社,2005

[33] 简·雅各布斯著,金衡山译.美国大城市的死与生[M].译林出版社,2006

[34] Alexander, Christopher. A new theory of urban design [M]. New York, 1987

[35] Benevolo, Leonardo. Die Geschichte der Stadt[M]. Frankfurt am Main. New York, 1983

[36] Curdes, Gerhard. Stadtstruktur und Stadtgestaltung[M]. Stuttgart, 1997

[37] Curdes, Gerhard. Stadtstrukturelles Entwerfen[M]. Stuttgart, 1995

[38] Gordon Cullen-Townscape[M]. London, 1961

[39] Prinz, Dieter. St. dtebauliches Gestalten [M]. Stuttgart, 1997

[40] Rowe, Colin & Koetter. Fred-Collage City[M]. Cambridge: MIT Press, 1978

[41] Sitte, Camillo. Der St. dtebau nach seinen künstlerischen Grunds. tzen [M]. Wien, 1972

[42] Reinborn, Dietmar. St.dtebau im 19-und 20-Jahrhundert[M]. Stuttgart, 1996

[43] Staedtebau-Institut der Uni Stuttgart. Lehrbausteine Staedtebau [M]. Stuttgart, 2001

[44] Wei Wei. Stadtgestaltung in Peking[M]. Stuttgart, 2004